人工智能应用与实战系列

深度学习应用与实战

韩少云　王海军　杨瑞红　等编著

電子工業出版社
Publishing House of Electronics Industry
北京•BEIJING

内 容 简 介

本书系统介绍了神经网络和深度学习，并结合实际应用场景和综合案例，让读者深入了解深度学习。

全书共 16 章，分为 4 个部分。第 1 部分介绍了深度学习基础算法与应用，主要包括神经网络和深度学习的相关概念、多层神经网络的基本原理和具体应用、卷积神经网络的原理及项目案例实现、优化算法与模型管理。第 2 部分介绍了深度学习进阶算法与应用，主要包括经典的深度卷积神经网络，ResNet、DenseNet 和 MobileNet，目标检测的基本概念和常见算法，循环神经网络的基本概念和具体应用。第 3 部分介绍了时空数据模型与应用，主要包括 CNN-LSTM 混合模型的基本概念和具体应用，多元时间序列神经网络、注意力机制和 Transformer 的基本结构和具体应用。第 4 部分介绍了生成对抗网络及其应用，主要包括生成对抗网络的基本概念及其模型的结构和训练过程，使用检测模型、识别模型对车牌进行检测与识别。

本书适合对人工智能、机器学习、神经网络和深度学习等感兴趣的读者阅读，也适合作为本科院校和高等职业院校人工智能相关专业的教材。本书可以帮助有一定基础的读者查漏补缺，使其深入理解和掌握与深度学习相关的原理及方法，并能提高其解决实际问题的能力。

图书在版编目（CIP）数据

深度学习应用与实战 / 韩少云等编著. —北京：电子工业出版社，2023.5
（人工智能应用与实战系列）

ISBN 978-7-121-45365-6

Ⅰ. ①深… Ⅱ. ①韩… Ⅲ. ①机器学习 Ⅳ. ①TP181

中国国家版本馆 CIP 数据核字（2023）第 060314 号

责任编辑：林瑞和　　　特约编辑：田学清
印　　刷：天津千鹤文化传播有限公司
装　　订：天津千鹤文化传播有限公司
出版发行：电子工业出版社
　　　　　北京市海淀区万寿路 173 信箱　　　邮编：100036
开　　本：787×980　1/16　印张：21　字数：508 千字
版　　次：2023 年 5 月第 1 版
印　　次：2023 年 5 月第 1 次印刷
定　　价：109.00 元

凡所购买电子工业出版社图书有缺损问题，请向购买书店调换。若书店售缺，请与本社发行部联系，联系及邮购电话：（010）88254888，88258888。

质量投诉请发邮件至 zlts@phei.com.cn，盗版侵权举报请发邮件至 dbqq@phei.com.cn。

本书咨询联系方式：010-51260888-819，faq@phei.com.cn。

《深度学习应用与实战》编委会

前　言

人工智能的概念在 1956 年达特茅斯学术会议中首次被提出。经过半个多世纪的发展，人工智能从简单的计算智能过渡到感知智能，一直发展到现在的认知智能。于是，让计算机“听懂”或“看懂”人的心声或意图，受到了无数优秀学者和科研人员的关注，这背后的技术最终发展为计算机科学及人工智能领域的一个重要分支——深度学习。

如今，深度学习已经取得了长足的进展，并且它已经渗透到人们生活的方方面面。人们平时常用的人脸识别、车牌识别、自动驾驶等功能，都是以深度学习为核心的人工智能产品。同时，随着计算机及相关技术的发展和算力的提高，人工智能已经进入深度学习时代。越来越多的深度学习技术趋于成熟并显现出巨大的商业价值。

- 图像分类：图像分类是指给定一张图像或一段视频判断图像或视频中包含什么类别的目标。目前，图像分类在很多领域有着广泛的应用，包括安防领域的人脸识别和智能视频分析等、交通领域的交通场景识别等。
- 目标检测：目标检测的任务是找出图像中指定的目标（物体），确定它们的类别和位置，是计算机视觉领域的核心研究问题之一。
- 文本生成：文本生成是指系统接收非语言形式的信息作为输入，生成可读写的文字。目前，文本生成的应用有文本摘要、古诗词生成和文本复述等。

随着神经网络和深度学习的不断发展，国内外深度学习应用型人才的缺口也逐年增大。究其原因，一方面，近几年各行业对深度学习领域人才的需求快速增加；另一方面，深度学习是人工智能的核心技术，涉及高等数学、线性代数、信息学、生物学、计算机科学等众多学科，因此其入门门槛较高，需要掌握人工智能相关的多种理论基础和模型算法。市面上大多数与深度学习相关的书籍注重理论知识的讲解，而讲解深度学习案例的书籍相对较少。虽然理论知识是深度学习必不可少的基础，但案例实战是帮助读者更好地理解理论知识的最佳方式。为此，达内时代科技集团将以往与深度学习相关的项目经验、产品应用和技术知识整理成册，通过本书来总结和分享深度学习的实践成果。编著者衷心希望本书能为读者开启深度学习之门！

本书内容

本书围绕神经网络的基本概念（单层神经网络、多层神经网络），深度学习的基础技术（卷积神经网络、循环神经网络）、核心技术（目标检测、文本生成），编码器-解码器模型等内容进行讲解，并详细介绍了多元时间序列神经网络、注意力机制、Transformer模型等相关技术，最后结合项目案例介绍了生成对抗网络的内容。本书注重理论联系实际，采用大量丰富案例，讲解力求深入浅出，帮助读者快速理解深度学习相关模型和算法的基本原理与关键技术。本书既适合高等职业院校和本科院校的学生学习使用，也适合不同行业的深度学习爱好者阅读。在内容编排上，本书的每章内容都具备一定独立性，可以帮助读者掌握使用机器学习算法和深度学习算法处理同一类问题并独立地解决一类实际问题的能力，建议读者根据自身情况选择性阅读。各章之间循序渐进、形成有机整体，使全书内容不失系统性与完整性。本书分为4个部分。

- 第1部分（第1～4章）：深度学习基础算法与应用。首先介绍神经网络和深度学习的相关概念。然后介绍多层神经网络的基本原理和具体应用。最后详细介绍卷积神经网络的原理、项目案例实现，以及优化算法与模型管理。
- 第2部分（第5～9章）：深度学习进阶算法与应用。首先介绍经典的深度卷积神经网络模型。然后介绍ResNet、DenseNet和MobileNet，并结合项目案例完成违规驾驶行为的识别。最后介绍目标检测的基本概念和常见算法及循环神经网络的基本概念和具体应用。
- 第3部分（第10～14章）：时空数据模型与应用。首先介绍CNN-LSTM混合模型的基本概念和具体应用。然后介绍多元时间序列神经网络和注意力机制，并使用DCRNN和MTGNN实现交通流量预测。最后介绍Transformer的基本结构和具体应用，并结合历史轨迹数据完成车辆行驶轨迹的预测。
- 第4部分（第15~16章）：生成对抗网络及其应用。首先介绍生成对抗网络的基本概念及其模型的结构和训练过程，并使用TecoGAN模型实现视频超分辨率。然后介绍使用检测模型、识别模型对车牌进行检测与识别。

书中理论知识与项目案例的重点和难点部分均采用微视频的方式进行讲解，读者可扫描每章中的二维码观看视频、查看作业与练习的答案。

另外，更多的视频等数字化教学资源及最新动态，读者可以关注以下微信公众号，或添加小书童获取资料与答疑等服务。

达内教育研究院教材资源

高慧强学公众号

达内教育研究院 小书童

致谢

本书是达内时代科技集团人工智能研究院团队通力合作的结果。全书由韩少云、冯华和刁景涛策划、组织并负责统稿，参与本书编写工作的有达内集团及众多院校的老师，他们对相关章节内容的组织与选编做了大量细致的工作，在此对各位编著者的辛勤付出表示由衷的感谢！

感谢电子工业出版社的老师们对本书的重视，他们一丝不苟的工作态度保证了本书的质量。

为读者呈现准确、翔实的内容是编著者的初衷，但由于编著者水平有限，书中难免存在不足之处，敬请专家和读者给予批评指正。

编著者

2023 年 3 月

目　录

第 1 部分　深度学习基础算法与应用

第 2 部分 深度学习进阶算法与应用

第 3 部分 时空数据模型与应用

第 4 部分 生成对抗网络及其应用

深度学习基础算法与应用

人工智能（Artificial Intelligence，AI）是指使用机器代替人类实现认知、识别、分析、决策等功能，并研究模拟人类智能理论、方法、技术的科学，与之相关的领域近些年发展十分快速。机器学习和深度学习是实现人工智能最重要的方式。深度学习的发展推动了计算机视觉、自然语言处理、语音识别、推荐系统等多个领域的快速发展，是人工智能领域较为重要的组成部分。

简单来说，深度学习是一种包括多个隐含层的多层感知机。它通过组合低层特征，形成更抽象的高层表示。深度学习通过加深网络的层数，可以提取数据层次特征。本部分（第 1～4 章）内容主要讲述深度学习基础算法与应用，主要包括以下内容。

（1）第 1 章主要介绍单层神经网络相关知识。本章先介绍了深度学习的基本概念，同时阐述了深度学习和神经网络的关系，并介绍了神经网络的起源。然后介绍了常见的深度学习框架和张量的基本概念。最后介绍了单层神经网络的基本结构，并介绍了回归模型和分类模型，同时分别使用 TensorFlow 和 PyTorch 实现鸢尾花分类。

（2）第 2 章主要介绍多层神经网络相关知识。本章先介绍了多层神经网络的基本结构，包括激活函数和反向传播的基本概念。然后介绍了梯度下降算法，主要包括批量梯度下降算法、随机梯度下降算法和小批量梯度下降算法，并介绍了如何使用正则化方法处理过拟合问题。最后分别使用 TensorFlow 和 PyTorch 实现 MNIST 手写数字分类。

（3）第 3 章主要介绍卷积神经网络相关知识。本章先介绍了图像的基础原理，并介绍了卷积运算的基本知识，包括卷积的定义、原理和计算方式。然后介绍了卷积神经网络的基本结构，主要包括卷积层、激活函数层、池化层和全连接层。最后介绍了基于卷积神经网络实现 MNIST 手写数字识别的项目案例。

（4）第 4 章主要介绍优化算法与模型管理相关知识。本章先介绍了如何使用 TensorFlow 和 PyTorch 实现数据增强。然后介绍了梯度下降算法的优化方法，具体包括 Momentum 优化器、Adagrad 优化器、RMSprop 优化器和 Adam 优化器。最后介绍了使用 TensorFlow 和 PyTorch 实现模型保存和加载的方法，并介绍了结合 TensorFlow 构建卷积神经网络模型实现车辆识别的项目案例。

第 1 章

单层神经网络

技能目标

- 了解深度学习的基本概念和原理。
- 理解深度学习中张量的概念。
- 理解神经网络的原理。
- 掌握深度学习多分类项目的处理方式。
- 掌握 TensorFlow、PyTorch 两种深度学习框架的使用。

深度学习推动了计算机视觉、自然语言处理（Natural Language Processing，NLP）、自动语音识别、强化学习和生物医学信息学等多个领域的快速发展，是人工智能领域较为重要的组成部分。本章将对深度学习的基础内容进行介绍，以使读者理解深度学习的基本概念，掌握深度学习框架的基本使用，并快速进入到深度学习领域中。

本章包含的项目案例如下。

- 使用鸢尾花数据集分别基于 TensorFlow 和 PyTorch 完成多分类结果预测。

1.1 深度学习的基本概念

1.1.1 深度学习的概述

人工智能是指使用机器代替人类实现认知、识别、分析、决策等功能，并研究模拟人类智能理论、方法、技术的科学，与之相关的领域近些年发展十分快速，而机器学习与深度学习是实现人工智能最重要的方式。机器学习是让机器去分析数据以找到数据的内在规律，并通过找到的内在规律对新数据进行预测与处理。深度学习是基于深层神经网络实现的模型或算法，可以通过对数据特征的学习来进行结论的预测。人工智能、机器学习和深度学习的关系如图 1.1 所示，即机器学习是人

图 1.1 人工智能、机器学习和深度学习的关系

工智能的分支技术，而深度学习是实现机器学习的技术之一，三者是包含与被包含的关系。

深度学习作为人工智能领域最有成效的实现技术之一，通过叠加多层神经网络来提高算法的性能，它于 2006 年被提出之后，就展现出强大的学习能力，故其常被应用于以下领域。

（1）计算机视觉，包括图像识别、目标检测、语义分割、视频理解、图像生成等。

（2）NLP，包括机器翻译、聊天机器人等。

（3）强化学习，包括虚拟游戏、机器人、自动驾驶等。

与传统的机器学习相比，深度学习具有以下特点。

（1）不需要进行数据预处理。使用机器学习算法构建模型之前，一般需要进行大量的数据预处理工作，将数据的特征进行提取并完成处理之后输入机器学习算法中进行模型训练，此过程往往会耗费大量的时间与精力，并会占用较多的计算资源。而使用深度学习算法解决问题时，不需要对数据进行过多的预处理，通常可以直接将数据输入构建的深度学习模型进行训练。数据的特征提取工作可由深度学习模型自行完成，节省了大量的数据预处理时间。

（2）需要海量的数据进行模型构建。使用机器学习算法构建模型时，所需要的数据集往往比较小，数据量规模一般在 10 万条以下。而深度学习模型的网络层数一般较深，模型的参数个数可达到百万、千万甚至数十亿级别。因此，模型在进行训练时需要规模巨大的数据集才能得到较好的预测效果。

（3）需要较强的算力。传统的机器学习对算力没有太多要求，在一般的 CPU 上进行训练也能得到满意的模型性能。而深度学习模型因其具有规模巨大的参数个数，故在深度学习中进行模型构建时，往往较为依赖并行加速计算设备，如 GPU 或 TPU 等。

（4）具有更强的学习能力。传统机器学习模型的参数个数比较固定，模型的容量也比较固定，但是对于深度学习而言，随着网络层数的增加，深度学习模型的容量会相应增加，且学习能力也会相应增强，它可以学习到较为复杂的数据的规律，从而解决较为复杂的问题。但是在深度学习模型学习能力增强的同时，也可能引入新的问题，如模型容易出现过拟合等。

1.1.2 神经网络

DL-01-v-001

由 1.1.1 节内容可知，深度学习是基于神经网络结构的，而神经网络结构又模仿了生物神经系统信号处理与传输过程。生物神经元结构如图 1.2 所示。由图 1.2 可知，生物神经元由树突、细胞体、轴突等部分组成。其中，树突的作用为从其他神经元接收信号并传递到细胞体，细胞体的作用为对从树突接收到的信号进行处理，轴突的作用为从细胞体接收信号并将其传输到其他神经元。通过树突与轴突，可以将来自前一个神经元的信号传输到下一个神经元。当一个神经元接收多个前神经元的信号时，这些信号会在神经元细胞体内进行累积，当累积到一定程度时，会产生新的信号向

其他神经元进行传输。依靠树突与轴突，大量的神经元之间可以相互连接，从而形成结构复杂的生物神经网络系统，以完成信号处理与传输，使生物根据信息做出相应的行为。

深度学习神经元结构如图 1.3 所示。其中，输入 1、输入 2、输入 3 表示神经元的输入信号，权重 1、权重 2、权重 3 表示各个输入信号的权重，求和相当于生物神经元输入信号累积的过程，非线性函数映射相当于生物神经元的信号处理。完成了非线性函数映射之后的信号如果超过了所设置的阈值，那么信号会传输给下一个神经元。

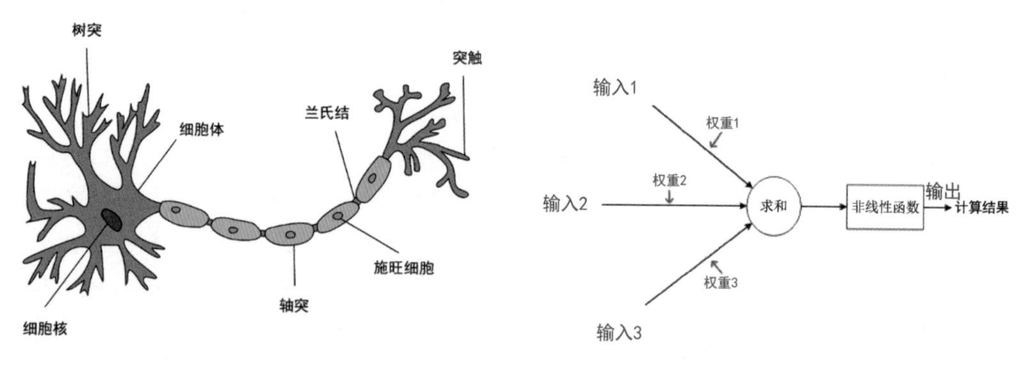

图 1.2 生物神经元结构

图 1.3 深度学习神经元结构

神经元与神经元之间可以进行相互连接，从而形成复杂的深度神经网络。深度神经网络的网络结构如图 1.4 所示。圆形节点即神经元，也称为节点或单元。整个网络结构可分为输入层、隐藏层及输出层，层与层之间通过有向箭头进行连接，代表信号的传输。其中，输入层用于接收输入数据，该层神经元的个数应与输入数据的个数保持一致。隐藏层位于输入层与输出层之间，用于处理复杂的非线性问题，可以有一个或者多个隐藏层，每个隐藏层可以有多个神经元。一般情况下，隐藏层层数越多，隐藏层中的神经元越多，隐藏层处理非线性问题的效果越好。输出层用于输出最终的预测结果，根据不同的预测结果，神经元的个数也会有所不同。当用神经网络进行分类时，输出层神经元的个数与类别的个数一致。

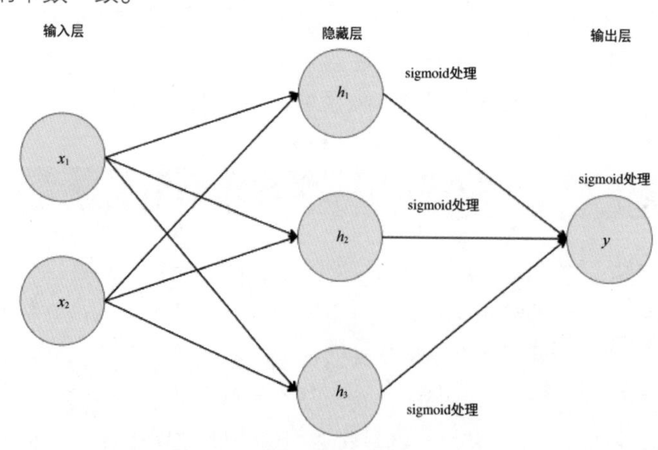

图 1.4 深度神经网络的网络结构

值得注意的是，神经网络中的神经元是按层进行排列的，也有些资料文献把神经元的层数称为神经网络的深度。最简单的神经网络是单层神经网络。单层神经网络只有输入层和输出层。

1.2　深度学习框架

1.2.1　常见框架介绍

在深度学习领域，如果开发者要从零开始进行深度学习算法的开发，难度是相当大的。值得庆幸的是，目前已经有了多个成熟的深度学习框架。使用深度学习框架，开发者可以更快速、更便捷地进行深度学习算法的开发。现在常用的深度学习框架有 TensorFlow、PyTorch、Keras、Caffe PaddlePaddle（飞桨）等。

TensorFlow 是 Google 在 2015 年发布的开源深度学习框架，是最常用的深度学习框架之一，它支持多种编程语言及多种操作系统，具有完备的生态环境，具有如 TensorFlow Hub、TensorFlow Lite、TensorFlow Research Cloud 等多个子项目，为开发者提供了丰富的应用程序接口（Application Porgram Interface，API），使得开发者可以快速设计深度学习网络，而不用耗费大量时间编写底层代码。

PyTorch 是 Facebook 在原 Torch 编程框架的基础上推出的，使用 Python 为主要的开发语言，采用命令编程方式，极大地方便了神经网络模型的构建与训练。PyTorch 不但具有良好的接口设计，而且使用起来相当简单，可与 Numpy、Scipy 库等完美结合，同时具有基于张量的性能优越的 GPU 加速设计，在学术界是主流的深度学习框架。

Keras 是基于 Python 语言设计编写的，它可以在 TensorFlow 上运行，是一个高层的 API，支持卷积神经网络和递归神经网络，在 CPU 和 GPU 上均可运行。使用者可以使用 Keras 快速实现开发目标。Keras 的缺点为缺乏底层实现，对底层框架进行了抽象，运行效率不高，灵活性不足。目前 Keras 已经被完全封装在 TensorFlow 当中，使用 TensorFlow 的 Keras 模块可以获得 Keras 所有的编程效果。

Caffe 是基于 C++语言开发的，它主要用于解决卷积神经网络问题，对于其他神经网络并不适用。Caffe 提供了 Python 语言的编程接口，它可以基于 Python 语言进行应用的开发，也可以运行在 GPU 和 CPU 上。2017 年，由 Facebook 对 Caffe 进行了升级，形成了 Cafffe2。

提到深度学习框架，不得不提国内著名的 PaddlePaddle。PaddlePaddle 是百度在 2016 年宣布开放的深度学习框架，是我国首个自主研发、功能完备的深度学习平台，集成了模型训练与推理、基础模型库、端到端的开发套件及各种常用的工具库等，是目前国内市场份额最高的深度学习框架，可以应用在搜索、图像识别、语音语义识别理解、情感分析、机器翻译、用户画像推荐等领域中，帮助越来越多的行业完成人工智能赋能，实现产业智能化升级。

除以上提到的深度学习框架，还有其他的框架可用于深度学习算法的开发与研究，如 Theano、CNTK、MXNetDeeplearning4j、ONNX 等。

为了满足不同用户的需求，本书主要介绍使用 TensorFlow 和 PyTorch 进行项目的实现与讲解。如果项目实现中没有相应的框架，用户可在配置好 Python 环境后，参考以下安装步骤安装相应框架（详细的编程环境搭建可扫码观看视频）。

1. 操作系统为 Windows 7 及以上

打开 CMD 命令行终端界面，输入以下命令进行安装。

```
pip install tensorflow==2.4.0
pip install torch==1.9.1 torchvision==0.10.1 torchaudio==0.9.1
```

2. 操作系统为 Ubuntu18.04 及以上

打开 Terminal 命令行终端界面，输入以下命令可以进行安装，在安装过程中要输入当前账号的密码进行身份核实。

```
sudo pip install tensorflow==2.4.0
sudo pip install torch==1.9.1 torchvision==0.10.1 torchaudio==0.9.1
```

1.2.2 张量

编程人员在使用 TensorFlow 或 PyTorch 构建神经网络模型时，均要使用的数据结构是张量。张量可以理解为多维数组，如图 1.5 所示。其中：0 阶张量是标量，常用于向框架传递参数；1 阶张量是向量，可用于保存简单的数据信息；2 阶张量是矩阵，可用于保存数据集或者灰度图像；3 阶张量是三维数组，可用于保存彩色图像。

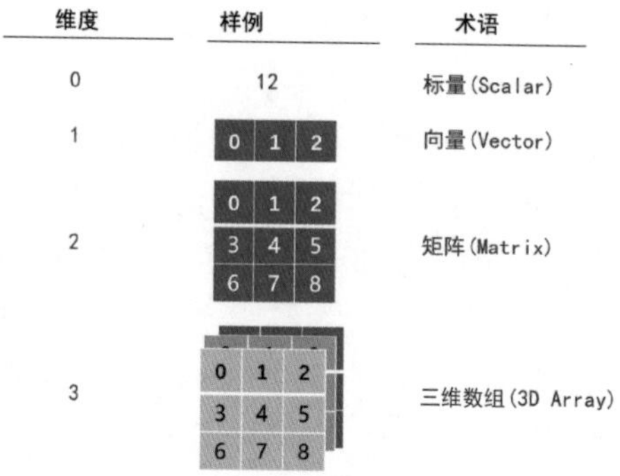

维度	样例	术语
0	12	标量(Scalar)
1	0 1 2	向量(Vector)
2	0 1 2 3 4 5 6 7 8	矩阵(Matrix)
3	0 1 2 3 4 5 6 7 8	三维数组(3D Array)

图 1.5　张量

1.3 单层神经网络的概述

1.3.1 回归模型

当一个神经网络只有输入层与输出层时，它是一个单层神经网络，是最为简单的神经网络，可用于实现线性回归分析，也可用于解决简单的二分类问题，还可用于解决多分类问题。

当使用单层神经网络实现线性回归分析时，其原理与使用机器学习实现线性回归分析的原理完全一致。单变量线性回归模型如图 1.6 所示。其中 x 为自变量，y 为因变量。

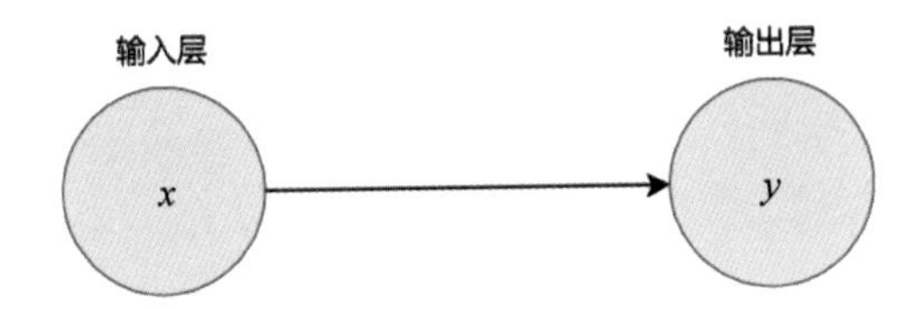

图 1.6　单变量线性回归模型

单变量线性回归模型的数学表达式如下。

$$\hat{y} = \theta x \tag{1.1}$$

式中，θ 表示权重，需要通过训练得到最优值。

对于线性回归模型，损失函数一般使用均方误差（Mean Square Error，MSE），如下式所示。

$$\text{cost} = \frac{1}{2m}\sum_{i=1}^{m}\left(y_i - \widehat{y_i}\right)^2 \tag{1.2}$$

式中，m 表示样本总数；$\hat{y}_i$ 表示预测结果；i 表示 m 个样本中的第 i 个。

线性回归模型可以使用 TensorFlow 实现，代码如下所示。

```
from tensorflow.keras.models import Sequential #序列化模式构建模型
from tensorflow.keras.layers import Dense #构建模型层
from tensorflow.keras.optimizers import Adam #优化器（梯度下降）
import matplotlib.pyplot as plt

x_data = [[1], [2], [3]]
y_data = [[1], [2], [3]]

#构建模型
model = Sequential()
#输入特征为 1 个，  输出神经元 1 个
model.add(Dense(1, input_dim=(1)))

#显示模型结构
model.summary()

#模型配置
model.compile(optimizer=Adam(0.01), loss='mse')

#模型训练
history = model.fit(x_data, y_data, epochs=400, verbose=0)

#读取训练过程中的损失值
cost_list = history.history['loss']
#损失值迭代过程可视化
plt.plot(cost_list)
plt.show()
```

```
#预测
print(model.predict(x_data))
```

运行代码，结果如下所示。

```
Model: "sequential"
_________________________________________________________________
Layer (type)                 Output Shape              Param #
=================================================================
dense (Dense)                (None, 1)                 2
=================================================================
Total params: 2
Trainable params: 2
Non-trainable params: 0
_________________________________________________________________
[[0.9999998]
 [1.9999999]
 [3.0000002]]
```

TensorFlow 线性回归模型案例损失函数图像如图 1.7 所示。

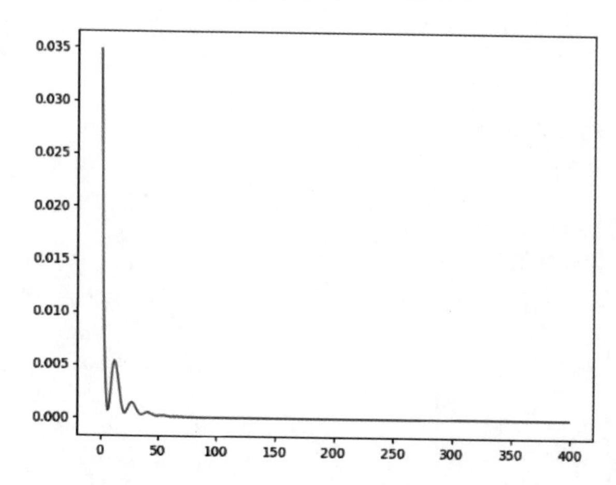

图 1.7　TensorFlow 线性回归模型案例损失函数图像

线性回归模型也可以使用 PyTorch 实现，代码如下所示。

```
import numpy as np
import torch
import torch.nn as nn
from torch.autograd import Variable

#判断运行版本的类型
device = torch.device("cuda:0" if torch.cuda.is_available() else "cpu")
```

```
x_data = [[1], [2], [3]]
y_data = [[1], [2], [3]]

#使用变量存储特征和标签
X = Variable(torch.Tensor(x_data))
Y = Variable(torch.Tensor(y_data))

#数据添加到算力中(GPU 或 CPU)
X = X.to(device)
Y = Y.to(device)
#构建模型
model = nn.Linear(1, 1, bias=True)

#模型加载到 GPU 中
model.to(device)

#调用代价函数
criterion = nn.MSELoss()

#优化器使用
optimizer = torch.optim.Adam(model.parameters(), lr=0.01)

#模型训练处理
epoch = 401
loss_history = np.zeros(epoch)
for step in range(epoch):
    optimizer.zero_grad() #梯度归零，否则每次会叠加
    hypothesis = model(X)
    cost = criterion(hypothesis, Y)
    cost.backward() #反向传播，梯度累加处理
    optimizer.step() #更新参数
    loss_history[step] = cost.data.cpu().numpy()
    if step % 100 == 0:
      print('第{}次循环'.format(step), '代价数值为{}'.format(cost.data.cpu().numpy()))

import matplotlib.pyplot as plt
plt.plot(loss_history)
plt.show()
#预测结果
print(model(X).data.numpy())
```

运行代码，结果如下所示。

```
第 0 次循环 代价数值为 0.6825248599052429
```

```
第 100 次循环 代价数值为 0.0017628517234697938
第 200 次循环 代价数值为 0.000599097169470042
第 300 次循环 代价数值为 0.00013945851242169738
第 400 次循环 代价数值为 2.298615981999319e-05
[[1.0068479]
 [2.001233 ]
 [2.9956183]]
```

PyTorch 线性回归模型案例损失函数图像如图 1.8 所示。

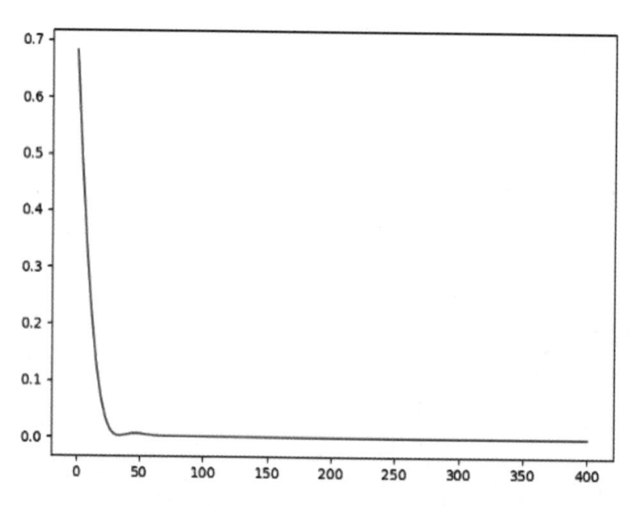

图 1.8 PyTorch 线性回归模型案例损失函数图像

以上就是使用 TensorFlow 和 PyTorch 实现单变量线性回归模型的代码，可以看出两种框架之间的实现方法存在一些差异，但是整体原理都是相同的，同时代码的运行结果是一样的。

1.3.2 二分类模型

DL-01-v-002

深度学习中的二分类原理与机器学习中的逻辑回归算法原理相同，均是对特征进行线性计算之后，使用 sigmoid 函数对所得的结果进行概率转换，sigmoid 函数的输出结果用于最终二分类结果的判断。二分类模型原理图如图 1.9 所示。

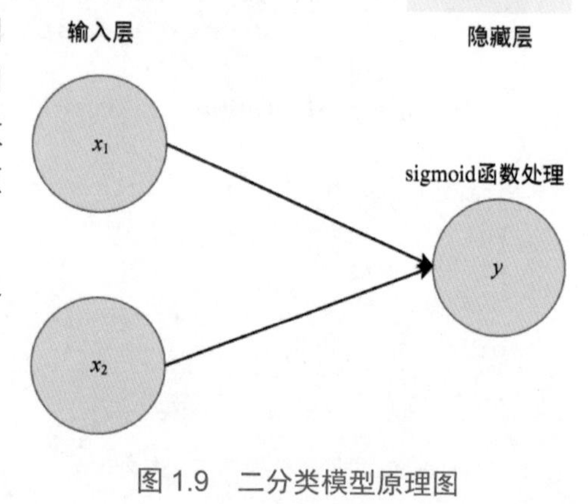

图 1.9 二分类模型原理图

其中，x(x_1、x_2)为输入的特征，以上模型的数学表达式如下所示。

$$\begin{cases} z = \theta x \\ \hat{y} = \dfrac{1}{1+\mathrm{e}^{-z}} \end{cases} \tag{1.3}$$

式中，$\hat{y}$ 表示 sigmoid 函数的输出结果，即样本正类别的预测概率。

二分类模型的损失函数可以使用二分类交叉熵，其表达式如下所示。

$$\text{cost} = -\frac{1}{m}\sum_{i=1}^{m} y_i \log\hat{y}_i + (1-y_i)\log(1-\hat{y}_i) \tag{1.4}$$

式中，y_i 表示样本的真实标签，即正类别标签（使用 1 表达）和负类别标签（使用 0 表达）。

二分类模型可以使用 TensorFlow 实现，代码如下所示。

```
from tensorflow.keras.models import Sequential
from tensorflow.keras.layers import Dense
from tensorflow.keras.optimizers import SGD
from tensorflow.keras.losses import binary_crossentropy    #二分类交叉熵
import numpy as np

x_data = np.array(
        [[1, 2],
         [2, 3],
         [3, 1],
         [4, 3],
         [5, 3],
         [6, 2]])
#二分类模型标签使用 0、1 表达正、负类别
y_data = np.array(
        [[0],
         [0],
         [0],
         [1],
         [1],
         [1]])

model = Sequential()
model.add(Dense(1, input_dim=2, activation='sigmoid'))

sgd = SGD(lr=0.1) #学习率 0.1
#二分类交叉熵损失
model.compile(loss=binary_crossentropy, optimizer=sgd)

model.summary()
#verbose=0 不显示每次运算结果
model.fit(x_data, y_data, epochs=2000, verbose=0)

#打印预测结果

print('预测结果：', model.predict_classes(x_data))
```

运行代码，结果如下所示。

```
Model: "sequential"
_________________________________________________________________
Layer (type)                 Output Shape              Param #
=================================================================
dense (Dense)                (None, 1)                 3
=================================================================
Total params: 3
Trainable params: 3
Non-trainable params: 0
_________________________________________________________________
预测结果： [[0]
 [0]
 [0]
 [1]
 [1]
 [1]]
```

二分类模型也可以使用 PyTorch 实现，代码如下所示。

```
import torchfrom torch.autograd import Variable
import numpy as np
import torch.nn.functional as F #调用损失函数

torch.manual_seed(777)

device = torch.device('cuda:0' if torch.cuda.is_available() else 'cpu')

#二分类模型标签使用 0、1 表达正、负类别
x_data = np.array([[1, 2], [2, 3], [3, 1], [4, 3], [5, 3], [6, 2]],
dtype=np.float32)
y_data = np.array([[0], [0], [0], [1], [1], [1]], dtype=np.float32)

X = Variable(torch.from_numpy(x_data))
Y = Variable(torch.from_numpy(y_data))

#构建模型后，使用 sigmoid 函数进行二分类处理
linear = torch.nn.Linear(2, 1, bias=True)
sigmoid = torch.nn.Sigmoid()
model = torch.nn.Sequential(linear, sigmoid)

optimizer = torch.optim.SGD(model.parameters(), lr=0.1)

for step in range(2001):
    optimizer.zero_grad()
```

```
    hypothesis = model(X)
    #调用二分类损失函数
    cost = F.binary_cross_entropy(hypothesis, Y)
    cost.backward() #累加梯度值
    optimizer.step()

    if step % 500 == 0:
       print(step, cost.data.numpy())

#准确结果预测
predicted = (model(X).data > 0.5).float()
print('预测结果为: ', predicted)
```

运行代码，结果如下所示。

```
0 1.712296
500 0.23114319
1000 0.14640494
1500 0.1071307
2000 0.08467975
预测结果为:  tensor([[0.],
        [0.],
        [0.],
        [1.],
        [1.],
        [1.]])
```

1.3.3　多分类模型

DL-01-v-003

在深度学习与机器学习中，多分类的概念与原理是不同的，比较明显的是标签的表达方式。在深度学习中，一般情况下，类别标签是使用独热（One-Hot）编码进行表达的。独热编码也叫独热码，是指使用与类别个数相等的 0 或 1 组成的一系列二进制数来表示类别，有几个类别就有几个比特（bit），而且对应类别的位置为 1，其余位置全为 0。例如，一个三分类问题，标签为 0、1、2，将其转化为独热编码后，0 对应的独热编码为(1,0,0)，1 对应的独热编码为(0,1,0)，2 对应的独热编码为(0,0,1)。使用独热编码可以将离散标签的取值扩展到欧几里得空间，从而使得离散标签的某个取值对应欧几里得空间的某个点，并且使得特征之间的距离计算更加合理。

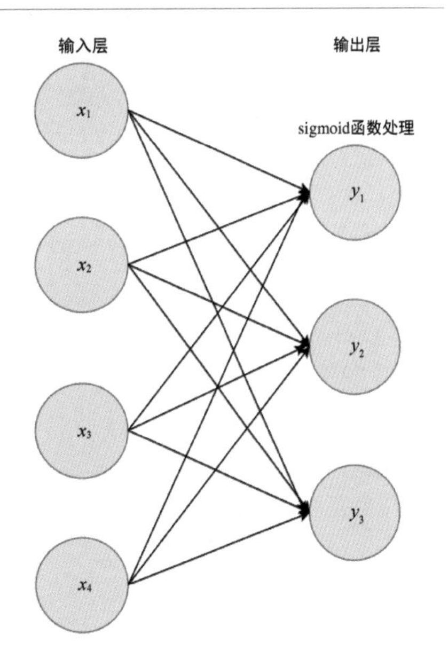

图 1.10　三分类模型原理图

三分类模型原理图如图 1.10 所示。其中，x_1、x_2、x_3、x_4

为输入特征，y_1、y_2、y_3为以独热编码的方式共同组成预测结果。除二分类模型之外（使用 sigmoid 函数进行预测，详见 1.3.2 节），其他模型最终预测的类别个数和输出层的神经元个数是一致的，输出层一个神经元对应一个类别，神经元的输出值为对应该类别的概率。

在多分类模型中，softmax 函数的作用是将输出层神经元的输出值转换为概率，具体计算公式如下。

$$\begin{cases} z = \theta x \\ \hat{y}_j = \dfrac{e^{z_j}}{\sum\limits_{i=1}^{c} e^{z_c}} \end{cases} \tag{1.5}$$

式中，x 表示输入特征；$\hat{y}_j$ 表示预测样本某一个类别的概率；c 表示样本的类别个数。softmax 函数的计算原理如图 1.11 所示。z_1、z_2、z_3 的值经过 softmax 函数处理过后分别转换为概率，对应的概率值为 0.88、0.12、0，分别对应三个类别的预测概率。最终三分类模型的预测类别为第一个，因为此类别的概率值最高。

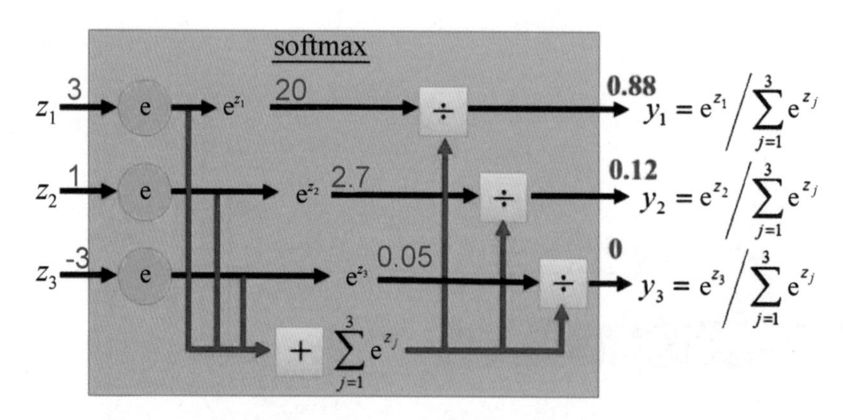

图 1.11　softmax 函数的计算原理图

多分类模型可以使用 TensorFlow 实现，代码如下所示。

```
from tensorflow.keras.models import Sequential
from tensorflow.keras.layers import Dense, Activation
from tensorflow.keras import optimizers, losses, metrics
import numpy as np

#4 个特征，3 个类别
x_data = np.array([[1, 2, 1, 1],
                   [2, 1, 3, 2],
                   [3, 1, 3, 4],
                   [4, 1, 5, 5],
                   [1, 7, 5, 5],
                   [1, 2, 5, 6],
```

```
                [1, 6, 6, 6],
                [1, 7, 7, 7]],
               dtype=np.float32)

y_data = np.array([[0, 0, 1],
                [0, 0, 1],
                [0, 0, 1],
                [0, 1, 0],
                [0, 1, 0],
                [0, 1, 0],
                [1, 0, 0],
                [1, 0, 0]],
               dtype=np.float32)

#构建模型，输入神经元 4 个，输出神经元 3 个
#数据集为多分类模型，使用 softmax 函数处理多分类
model = Sequential()
model.add(Dense(3, input_shape=(4,)))
model.add(Activation('softmax'))

model.summary()

#与二分类模型有区别，损失函数和评估指标需要使用多分类模型
model.compile(loss=losses.categorical_crossentropy,
            optimizer=optimizers.Adam(0.1),
            metrics=metrics.categorical_accuracy)

model.fit(x_data, y_data, epochs=2000)
```

运行代码，结果如下所示。

```
Model: "sequential"
_________________________________________________________________
Layer (type)                 Output Shape              Param #
=================================================================
dense (Dense)                (None, 3)                 15
_________________________________________________________________
activation (Activation)      (None, 3)                 0
=================================================================
Total params: 15
Trainable params: 15
Non-trainable params: 0
_________________________________________________________________
…
Epoch 1998/2000
```

```
    1/1 [==============================] - 0s 2ms/step - loss: 0.0025 - categorical_
accuracy: 1.0000
    Epoch 1999/2000
    1/1 [==============================] - 0s 962us/step - loss: 0.0024 - categorical_
accuracy: 1.0000
    Epoch 2000/2000
    1/1 [==============================] - 0s 2ms/step - loss: 0.0024 - categorical_
accuracy: 1.0000
```

多分类模型也可以使用 PyTorch 实现，代码如下所示。

```
import torch
from torch.autograd import Variable
import numpy as np

#4 个特征，3 个类别
x_data = np.array([[1, 2, 1, 1],
                   [2, 1, 3, 2],
                   [3, 1, 3, 4],
                   [4, 1, 5, 5],
                   [1, 7, 5, 5],
                   [1, 2, 5, 6],
                   [1, 6, 6, 6],
                   [1, 7, 7, 7]],
                  dtype=np.float32)
y_data = np.array([[0, 0, 1],
                   [0, 0, 1],
                   [0, 0, 1],
                   [0, 1, 0],
                   [0, 1, 0],
                   [0, 1, 0],
                   [1, 0, 0],
                   [1, 0, 0]],
                  dtype=np.float32)

X = Variable(torch.Tensor(x_data))
Y = Variable(torch.Tensor(y_data))

#构建模型，输入神经元 4 个，输出神经元 3 个
linear = torch.nn.Linear(4, 3, bias=True)
model = torch.nn.Sequential(linear)

optimizer = torch.optim.Adam(model.parameters(), lr=0.1)

#与二分类模型有区别，损失函数和评估指标需要使用多分类模型
#该函数会调用 softmax 函数
```

```
criterion = torch.nn.CrossEntropyLoss()
for step in range(2001):
    optimizer.zero_grad()
    hypothesis = model(X)
    #多分类交叉熵函数
    cost = criterion(hypothesis, torch.argmax(Y, 1).long())
    cost.backward()
    optimizer.step()

    if step % 500 == 0:
        print(step, cost.data.numpy())

#准确率
h = model(X) #预测概率
pre = torch.max(h, 1)[1].data.numpy() #预测类别
y_ = torch.max(Y, 1)[1].data.numpy() #真实类别
print('最终准确率为：\n', np.mean(pre==y_))
```

运行代码，结果如下所示。

```
0 3.8339326
500 0.10022605
1000 0.039195858
1500 0.020332035
2000 0.012143669
最终准确率为：
1.0
```

1.4 单层神经网络实现鸢尾花分类

1.4.1 使用 TensorFlow 实现鸢尾花分类

1. 实验目标

DL-01-v-004

（1）理解神经网络模型的构建方式及多分类模型处理操作方式。

（2）使用 TensorFlow 完成神经网络的编写。

（3）模型运算过程中的参数处理。

2. 实验环境

使用 TensorFlow 实现的实验环境如表 1.1 所示。

表 1.1 使用 TensorFlow 实现的实验环境

硬 件	软 件	资 源
PC/笔记本电脑	Ubuntu 18.04/Windows 10 Python 3.7.3 TensorFlow 2.4.0 Sklearn 0.20.3	无

3. 实验步骤

创建 tensorflow_iris.py 文件，并按照以下步骤编写代码完成本次实验。

1）数据处理

导入所需 TensorFlow 库，加载鸢尾花数据集并进行处理。

```
from sklearn.datasets import load_iris
from sklearn.model_selection import train_test_split
from tensorflow.keras import layers, models, optimizers, losses, metrics
from tensorflow.keras import utils
import matplotlib.pyplot as plt

#读取鸢尾花数据集，并进行切分
x, y = load_iris(return_X_y=True)
x_train, x_test, y_train, y_test = train_test_split(x, y, random_state=123)
#将 y 标签进行独热编码
y_train = utils.to_categorical(y_train, 3)
y_test = utils.to_categorical(y_test, 3)
```

2）模型构建

此步骤包含模型的构建、配置及训练。

```
#模型构建
model = models.Sequential()
model.add(layers.Dense(3, input_dim=(4), activation='softmax'))
#模型配置
model.compile(optimizer=optimizers.Adam(0.01),
            loss=losses.CategoricalCrossentropy(), metrics=['accuracy'])
#模型训练
history = model.fit(x_train, y_train, epochs=100, validation_data=(x_test,
y_test))
```

3）训练过程评估

```
#绘制模型评测效果
plt.rcParams['font.sans-serif'] = ['SimHei']
loss = history.history['loss']
```

```
val_loss = history.history['val_loss']
plt.plot(loss, color='red', label='训练损失')
plt.plot(val_loss, color='blue', label='测试损失')
plt.legend()
plt.show()
```

在终端输入以下命令运行本实验。

```
python3 tensorflow_iris.py
```

输出内容较多，部分结果显示如下。

```
Epoch 98/100
4/4 [==============================] - 0s 9ms/step - loss: 0.3983 - accuracy: 0.9649 - val_loss: 0.3559 - val_accuracy: 1.0000
Epoch 99/100
4/4 [==============================] - 0s 9ms/step - loss: 0.3943 - accuracy: 0.9674 - val_loss: 0.3613 - val_accuracy: 0.9737
Epoch 100/100
4/4 [==============================] - 0s 9ms/step - loss: 0.3984 - accuracy: 0.9793 - val_loss: 0.3640 - val_accuracy: 0.9737
```

从以上结果可看出，模型的准确率约为 97%，训练效果优异。TensorFlow 训练损失和测试损失可视化效果图如图 1.12 所示。由图 1.12 可以看出，训练损失和测试损失几乎没有差距，模型未出现过拟合问题。

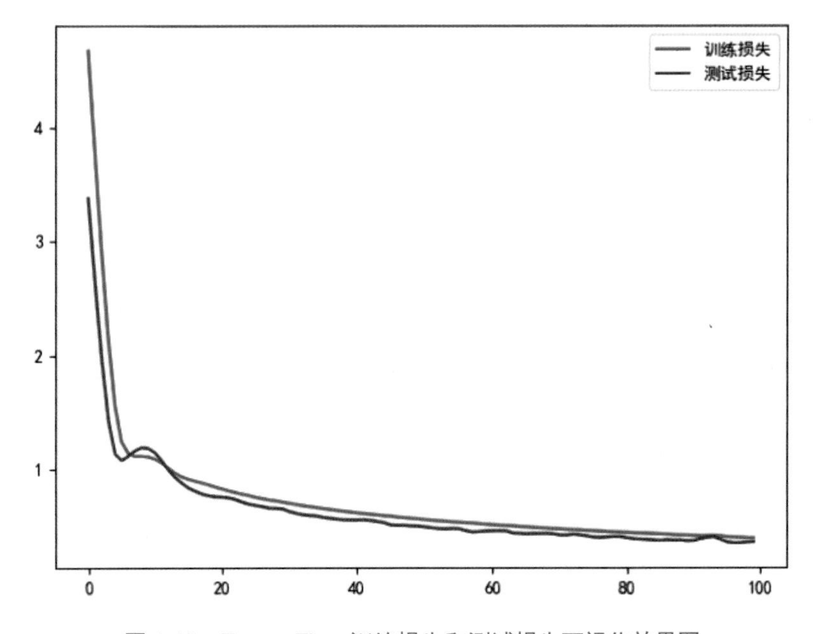

图 1.12　TensorFlow 训练损失和测试损失可视化效果图

1.4.2 使用 PyTorch 实现鸢尾花分类

1. 实验目标

（1）理解神经网络模型的构建方式及多分类模型处理操作方式。

（2）使用 PyTorch 完成神经网络的编写。

（3）模型运算过程中的参数处理。

2. 实验环境

使用 PyTorch 实现的实验环境如表 1.2 所示。

表 1.2 使用 PyTorch 实现的实验环境

硬　件	软　件	资　源
PC/笔记本电脑	Ubuntu 18.04/Windows 10 Python 3.7.3 Torch 1.9.1 Sklearn 0.20.3	无

3. 实验步骤

DL-01-v-005

创建 torch_iris.py 文件，并按照以下步骤编写代码完成本次实验。

1）数据处理

导入所需 PyTorch 库，加载鸢尾花数据集并进行处理。

```
from sklearn.datasets import load_iris
from sklearn.model_selection import train_test_split
import torch
import matplotlib.pyplot as plt

#读取鸢尾花数据集，并进行切分
x, y = load_iris(return_X_y=True)
#数据集切分
train_x, test_x, train_y, test_y = train_test_split(x, y, test_size=0.3)

#设置变量
x_train = torch.autograd.Variable(torch.Tensor(train_x))
x_test = torch.autograd.Variable(torch.Tensor(test_x))
y_train = torch.autograd.Variable(torch.Tensor(train_y))
y_test = torch.autograd.Variable(torch.Tensor(test_y))
```

2）模型构建

此步骤同样包含模型的构建、配置及训练。

```
#模型构建
model = torch.nn.Sequential(
    torch.nn.Linear(4, 3)
)
#设置代价函数
cost = torch.nn.CrossEntropyLoss()
#设置优化器（梯度下降）
opti = torch.optim.Adam(model.parameters(), lr=0.1)
#模型训练
train_loss = []
val_loss = []
for I in range(101):
    #训练损失计算
    h = model(x_train)
    loss = cost(h, y_train.long())
    train_loss.append(loss)
    loss.backward()
    #验证损失计算
    h1 = model(x_test)
    loss_ = cost(h1, y_test.long())
    val_loss.append(loss_)
    #------------------
    opti.step()
    opti.zero_grad()
    if I % 20 == 0:
        pre = torch.max(h, 1)[1]
        acc = torch.mean((y_train==pre).float())
        print(I, acc.data.numpy(), loss.data.numpy())
```

3）训练过程评估

```
#绘制模型评测效果
plt.rcParams['font.sans-serif'] = ['SimHei']
plt.plot(train_loss, color='red', label='训练损失')
plt.plot(val_loss, color='blue', label='测试损失')
plt.legend()
plt.show()
```

在终端输入以下命令运行本实验。

```
python3 torch_iris.py
```

输出内容较多，部分结果显示如下。

```
60 0.9809524 0.25191554
80 0.9904762 0.21011081
100 0.9904762 0.18093613
```

当学习率调整到 0.1，训练轮数为 100 时，模型的准确率可以达到 99%。PyTorch 训练损失和测试损失可视化效果图如图 1.13 所示。从图 1.13 中可看出训练损失和测试损失差距值很小，模型没有出现过拟合问题。

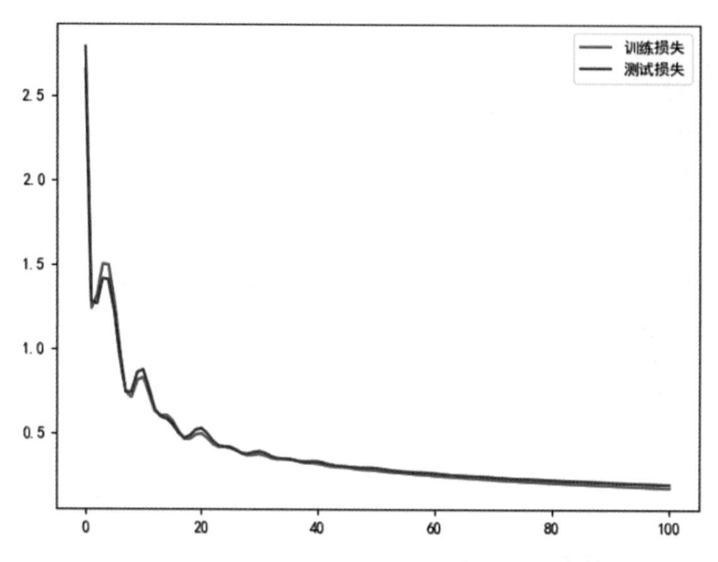

图 1.13 PyTorch 训练损失和测试损失可视化效果图

本章总结

- 深度学习是机器学习的一种实现方式，机器学习又是人工智能的一个组成部分。
- 常用的深度学习框架有 TensorFlow、PyTorch、Keras、Caffe、PaddlePaddle。
- 深度学习是基于神经网络结构的，而神经网络结构又模仿了生物神经系统的信号处理与传输过程。
- 多分类处理和二分类、线性回归不同，输出层神经元个数和预测类别个数相同，而且类别标签是用独热编码表示的。

作业与练习

DL-01-c-001

1．[单选题] softmax 函数的作用是（　　）。

A．进行多分类处理操作　　B．可以有效防止模型出现过拟合问题

C．是一种常用的激活函数　　D．是一种独热编码的处理方式

2．[单选题] 关于深度神经网络描述正确的是（　　）。

A．输出层的神经元数量总是一个　　B．深度神经网络必须有隐藏层

C．隐藏层可以有一个或者多个　　D．隐藏层对于模型没有任何作用

3．[单选题] 一阶张量代表的是（　　）数据类型。

A．标量　　B．向量　　C．矩阵　　D．三维矩阵

4．[单选题] 下面说法正确的是（　　）。

A．深度学习的数据量要比机器学习的数据量少

B．深度学习算法相比机器学习算法简单

C．深度学习算法精度一定比机器学习算法精度高

D．深度学习不需要进行大量的数据预处理操作

5．[单选题] 在代码编写过程中，下列说法错误的是（　　）。

A．二分类模型和多分类模型的损失函数不能混用

B．模型训练不一定需要使用小批量梯度下降算法

C．TensorFlow 不可以从训练集中切分部分数据集作为验证数据

D．optimizer.zero_grad()函数可检测导数是否为零、是否达到最优解

第2章

多层神经网络

技能目标

- 理解多层神经网络的工作原理。
- 了解常见梯度下降算法。
- 理解常用正则化处理方法。
- 掌握构建多层神经网络模型的方式。

深度学习算法的基础是神经网络，而多层神经网络的出现解决了非线性问题，可以更好地处理复杂的分类任务。

本章包含的项目案例如下。

- 手写数字识别。

使用深度学习框架构建神经网络模型并对其进行训练，以实现识别手写数字的功能。用户可通过此项目案例更好地理解神经网络模型基本模块的构建流程。

2.1 多层神经网络的概述

2.1.1 隐藏层的意义

异或（XOR）运算存在线性不可分的问题，其效果表达图如图 2.1 所示。单层神经网络中没有添加非线性处理的激活函数，无法处理该问题。在多层神经网络中，使用隐藏层配合激活函数，可以处理该问题及更为复杂的其他非线性问题，其中激活函数就是一种常用的处理非线性问题的方法。一般而言，多层神经网络的隐藏层越多，处理效果会越好。

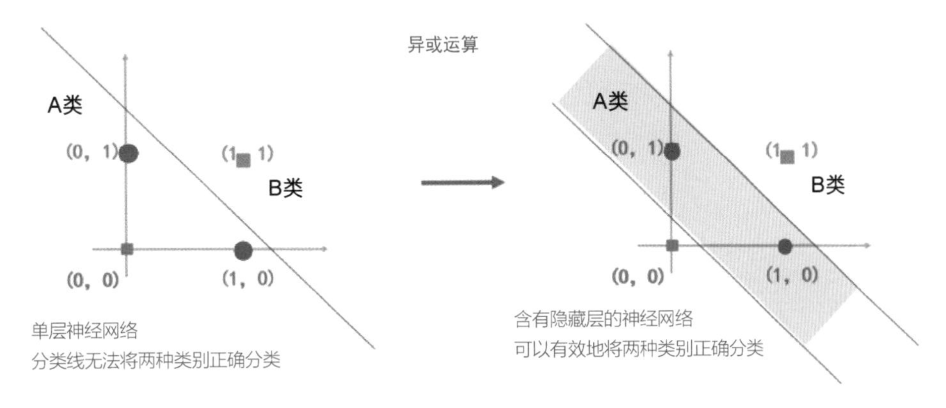

图 2.1　异或数据的效果表达图

图 2.2 所示的包含隐藏层的神经网络可以很好地解决异或问题。该神经网络由三层神经元组成，除了输入层和输出层，还包含一个隐藏层。输入层输入两个特征，隐藏层中包含三个神经元，隐藏层使用 sigmoid 函数（一种激活函数）对数据进行激活，激活后的数据要交给输出层进行二分类处理，输出层只有一个神经元。

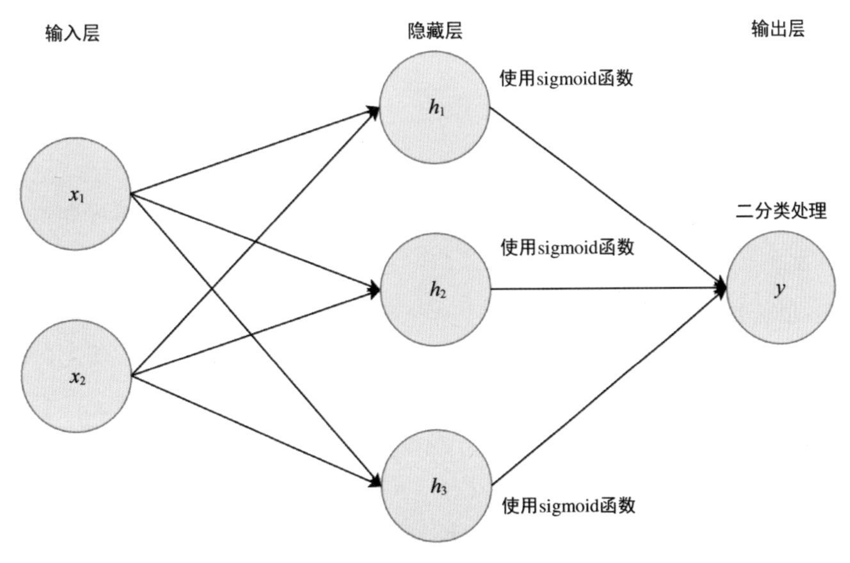

图 2.2　包含隐藏层的神经网络

2.1.2　激活函数

DL-02-v-001

激活函数（Activation Function）是在神经网络的神经元上运行的非线性函数，能够将线性问题转为非线性问题，从而可以利用神经网络处理更多非线性问题。激活函数的本质是为神经网络引入非线性因素，将线性特征映射到非线性特征空间，并在新特征空间中寻找分类边界，从而解决线性模型不能解决的问题。在深度学习中，常用的激活函数有以下几种。

1）sigmoid 函数

sigmoid 函数又称 S 型函数，表达式如下所示。

$$\mathrm{sigmoid}(x)=\frac{1}{1+\mathrm{e}^{-x}}$$

sigmoid 函数及其导数曲线如图 2.3 所示。由图 2.3 可知，sigmoid 函数的值域为(0,1)，当 x=0 时，其导数值较大，当 x<−2 或 x>2 时，其导数值逐渐趋于 0。

2）tanh 函数

tanh 函数即双曲正切函数，表达式如下所示。

$$\tanh(x)=\frac{\mathrm{e}^{x}-\mathrm{e}^{-x}}{\mathrm{e}^{x}+\mathrm{e}^{-x}}$$

tanh 函数及其导数曲线如图 2.4 所示。由图 2.4 可知，tanh 函数的值域为(−1,1)，当 x=0 时，其导数值较大，当 x 取其他值时，其导数值逐渐趋于 0。

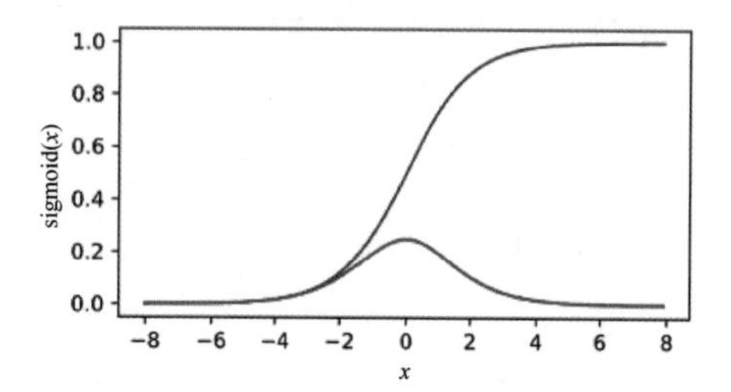

图 2.3　sigmoid 函数及其导数曲线

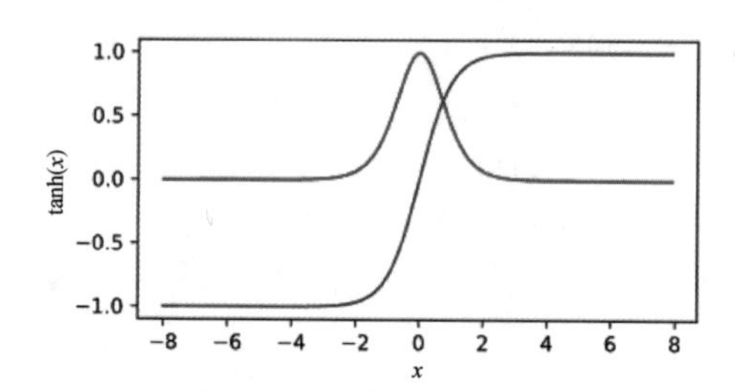

图 2.4　tanh 函数及其导数曲线

3）ReLU 函数

ReLU（Rectifier Linear Unit，修正线性单元）函数是一个取最大值的函数，它的值域为[0, +∞)，表达式如下所示。

$$\mathrm{ReLU}(x)=\max(0,x)$$

该函数只保留输入中为正的部分，负的部分全部设置为 0。

ReLU 函数及其导数曲线如图 2.5 所示。由图 2.5 可知，当 x<0 时，ReLU 的导数值为 0，当 x>0 时，ReLU 函数的导数值为 1。该函数可以很好地解决梯度消失的问题。

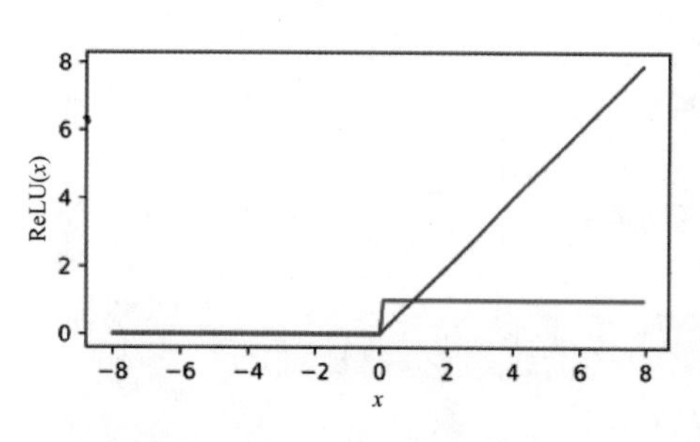

图 2.5　ReLU 函数及其导数曲线

在深度学习中，要选择适合当前模型的激活函数并不是一件容易的事。但是可以将候选的激活函数分别在验证集或测试集中进行测试，比较使用不同激活函数时模型的性能，选择模型性能最好时使用的激活函数即可。本章给出以下参考建议，用户可以参考。

（1）如果模型用于处理二分类问题，即输出只有 0 或 1 两种取值，此时输出层可以先使用

sigmoid 函数，其他非输出层使用 ReLU 函数。

（2）在隐藏层上可以使用 ReLU 或 tanh 函数，但是一般会优先使用 ReLU 函数，再尝试使用其他激活函数。

（3）tanh 函数适合大多数模型，如果不确定模型要使用哪个激活函数，可以尝试使用 tanh 函数。

2.1.3　反向传播

DL-02-v-002

在深度学习过程中，损失函数的梯度与损失函数的反向传播是相当重要的，它们决定了模型性能的好坏。

对于一个深度学习模型，给定输入值 x，假设模型的输出值（预测值）由函数 $f(x)$ 给出，该预测值与实际值 Y 之间存在误差。因此需要定义一个损失函数，用来衡量模型的预测值与实际值之间的误差。

理论上，损失函数的值越小越好，当损失函数的值为 0 时，代表的是预测值与实际值之间没有误差，这种情况是最理想的，但是事实上无法达到。所以，在实际的应用中，模型训练的目标往往是在可接受的误差范围内求解损失函数的最小值。

对于一个多元函数而言，函数对各个自变量的偏导数所组成的向量即梯度。因此，梯度是一个矢量，具有大小与方向，当函数在某一点处沿着梯度的方向改变时，如果变化最为快速，变化率最大，则函数沿着此方向可取到最大值。反过来，如果函数沿着梯度的反方向改变，那么它可以以最快的速度取到最小值。对于损失函数而言，沿着梯度的反方向收敛速度最快，即该函数能以最快的速度到达最小值点。

但问题是，损失函数是如何沿着梯度的反方向到达最小值点的呢？这便是反向传播的职责所在。设函数 $y = f(x)$，输出为 E，此时的反向传播顺序为将 E 乘以节点的局部导数（偏导数），传递给前一个节点。反向传播过程如图 2.6 所示。

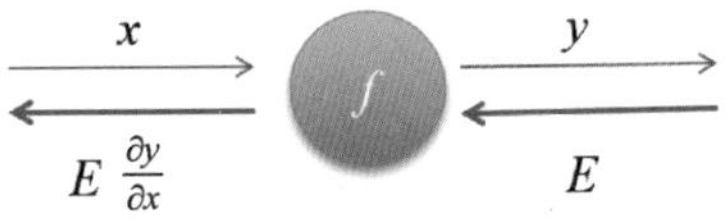

图 2.6　反向传播过程

设有复合函数 z，其表达式如下所示。

$$\begin{cases} z = t^2 \\ t = x + y \end{cases} \tag{2.1}$$

z 对 x 的偏导数（x 的变化对 z 的影响），如下所示。

$$\frac{\partial z}{\partial x} = \frac{\partial z}{\partial t}\frac{\partial t}{\partial x} \rightarrow \frac{\partial z}{\partial t} = 2t, \frac{\partial t}{\partial x} = 1 \rightarrow \frac{\partial z}{\partial x} = \frac{\partial z}{\partial t}\frac{\partial t}{\partial x} = 2t \cdot 1 = 2(x+y) \tag{2.2}$$

同理，z 对 y 的偏导数的表达式如下所示。

$$\frac{\partial z}{\partial y}=\frac{\partial z}{\partial t}\frac{\partial t}{\partial y}\rightarrow\frac{\partial z}{\partial t}=2t,\frac{\partial t}{\partial y}=1\rightarrow\frac{\partial z}{\partial y}=\frac{\partial z}{\partial t}\frac{\partial t}{\partial y}=2t\cdot 1=2(x+y) \quad (2.3)$$

因此，z 的梯度表达式为

$$\nabla z=\left\{\frac{\partial z}{\partial x},\frac{\partial z}{\partial y}\right\}=\{2(x+y),2(x+y)\} \quad (2.4)$$

有了梯度，就可以进行反向传播，此时 z 的反向传播过程示意如图 2.7 所示。

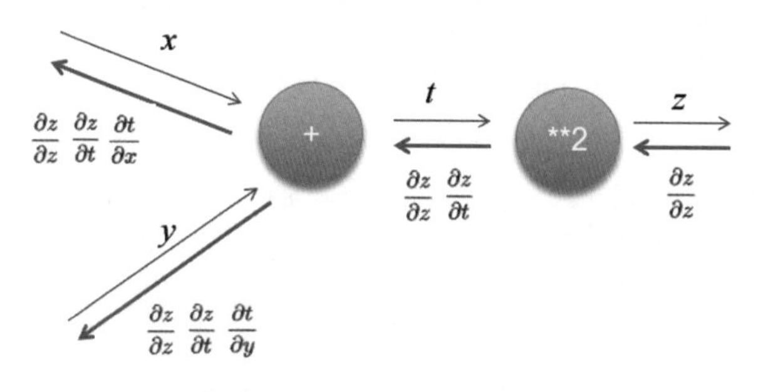

图 2.7　z 的反向传播过程示意

先将损失函数反向地向模型的各层进行传播，使得模型各层根据损失函数的变化选择合适的步长以对模型各个参数进行调整，然后使用调整后的模型参数进行一次训练，从而得到新的模型参数，再一次进行训练，如此反复，当损失函数的值符合误差范围要求时，模型参数为所求，以上为梯度下降的基本思路。

2.1.4　异或处理代码实现

可以使用 TensorFlow 与 PyTorch 分别实现图 2.2 所示的神经网络模型，以完成异或运算的分类。神经网络模型可以使用 TensorFlow 实现，代码如下所示。

```
from tensorflow.keras.models import Sequential
from tensorflow.keras.layers import Dense, Activation
from tensorflow.keras import optimizers, losses, metrics

#异或运算
x_data = [[0., 0.],
          [0., 1.],
          [1., 0.],
          [1., 1.]]
y_data = [[0.],
          [1.],
          [1.],
          [0.]]
```

```
#构建模型，输入层 2 个神经元，隐藏层 3 个神经元，输出层 1 个神经元
model = Sequential()
model.add(Dense(3, input_dim=2))
model.add(Activation('sigmoid'))
model.add(Dense(1, activation='sigmoid'))
model.compile(loss=losses.binary_crossentropy,
            optimizer=optimizers.Adam(0.05),
            metrics=metrics.binary_accuracy)

model.summary()
model.fit(x_data, y_data, epochs=200)
```

运行代码，可以得到如下结果（由于结果较多，因此此处只显示最后几行数据）。由结果可以看出，经过 200 次训练后，模型的准确率达到 1，所有的标签全部预测正确，异或数据的分类得到了很好地解决。

```
    Epoch 198/200
    1/1 [==============================] - 0s 5ms/step - loss: 0.0618 - binary_accuracy: 1.0000
    Epoch 199/200
    1/1 [==============================] - 0s 4ms/step - loss: 0.0610 - binary_accuracy: 1.0000
    Epoch 200/200
    1/1 [==============================] - 0s 6ms/step - loss: 0.0603 - binary_accuracy: 1.0000
```

神经网络模型也可以使用 PyTorch 实现，代码如下所示。

```
import torch
from torch.autograd import Variable
import numpy as np
import torch.nn.functional as F

#异或运算
x_data = np.array([[0, 0], [0, 1], [1, 0], [1, 1]], dtype=np.float32)
y_data = np.array([[0], [1], [1], [0]], dtype=np.float32)

X = Variable(torch.from_numpy(x_data))
Y = Variable(torch.from_numpy(y_data))

#构建模型，输入层 2 个神经元，隐藏层 3 个神经元，输出层 1 个神经元
linear1 = torch.nn.Linear(2, 3, bias=True)
linear2 = torch.nn.Linear(3, 1, bias=True)
sigmoid = torch.nn.Sigmoid()
model = torch.nn.Sequential(linear1, sigmoid, linear2, sigmoid)
```

```
optimizer = torch.optim.Adam(model.parameters(), lr=0.05)

for step in range(501):
    optimizer.zero_grad()
    hypothesis = model(X)
    cost = F.binary_cross_entropy(hypothesis, Y)
    cost.backward()
    optimizer.step()
    #准确率计算
    predicted = (model(X).data > 0.5).float()
    accuracy = (predicted == Y.data).float().mean().numpy()
    if step % 100 == 0:
        print(step, '损失函数：', cost.data.numpy(), '准确率：', accuracy)
```

运行代码，可以看到运行结果如下。由此可得在进行了 200 次训练之后，模型的准确率也达到了 1。通过 2 个框架的代码实现证明，只要使用带有隐藏层的神经网络模型，便可以解决类似异或的非线性问题。

```
0 损失函数： 0.7848027 准确率： 0.5
100 损失函数： 0.4231017 准确率： 0.75
200 损失函数： 0.051925987 准确率： 1.0
300 损失函数： 0.022602627 准确率： 1.0
400 损失函数： 0.013477744 准确率： 1.0
500 损失函数： 0.009184193 准确率： 1.0
```

2.2 梯度下降算法

DL-02-v-003

多种优化的梯度下降算法是基于基本梯度下降的思想产生的，如批量梯度下降算法、随机梯度下降算法、小批量梯度下降算法。

2.2.1 批量梯度下降算法

批量梯度下降（Batch Gradient Descent，BGD）算法是最原始的梯度下降算法，在每一次迭代时使用所有样本进行参数更新。当损失函数为凸函数时，批量梯度下降算法可以找到损失函数的最小值，即模型的最优解。但是正因为每次都使用全部数据进行迭代更新，当训练样本数量较大时，训练过程将会变得缓慢。

2.2.2　随机梯度下降算法

随机梯度下降（Stochastic Gradient Descent，SGD）算法不同于批量梯度下降算法，该算法每次迭代仅使用一个样本进行参数更新，从而使得训练速度有所加快。

随机梯度下降算法随机选择一个样本，每次迭代只随机优化一个数据的损失函数，从而使其训练速度比批量梯度下降算法的训练速度明显加快。但是由于每次随机选择样本进行梯度下降，更新的参数不能代表整体数据集的结果，所以随机梯度下降算法只能收敛到局部最优解。

2.2.3　小批量梯度下降算法

小批量梯度下降（Mini-Batch Gradient Descent，MBGD）算法是对批量梯度下降算法及随机梯度下降算法的折中，每次迭代使用一部分数据进行参数更新，训练速度较快，可以基于矩阵进行参数更新。相比随机梯度下降算法而言，小批量梯度下降算法的训练速度有所减慢，但是并不太明显。

DL-02-v-004

2.3　正则化处理

与机器学习类似，在使用深度学习模型解决问题时，模型有时也会出现过拟合问题，从而导致模型预测性能下降。例如，当模型的参数个数相当多，但是用于训练的数据不足时，模型便会出现过拟合问题。在深度学习中，除可以通过增加训练数据来解决过拟合问题之外，还可以使用正则化方法来解决过拟合问题，常用的用于正则化处理的正则化方法介绍如下。

2.3.1　L1 正则化与 L2 正则化

L1 正则化与 L2 正则化是最常用的正则化方法，原理与机器学习中的 L1、L2 正则化方法一致，均为在损失函数的基础上增加一个正则化项。由于添加了正则化项，模型的权重变小，因此模型更加简洁，在一定程度上可以减弱由过拟合问题产生的影响，增强模型的性能。

2.3.2　Dropout 正则化

Dropout 正则化是深度学习中解决模型过拟合问题使用最多的方法，该方法通过在训练时按照随机设置的比例断开模型中神经元的连接，使得一部分神经元失去活性，不参与模型计算，减少模型的参数个数以减弱模型的过拟合程度。Dropout 正则化的原理如图 2.8 所示。图 2.8（a）所示为未添加 Dropout 的正常神经网络，图 2.8（b）所示为添加 Dropout 的神经网络，可以看出，只有一部分神经元参与了模型的计算，显示为ⓧ的神经元与其他神经元的连接是断开的。

通过 Dropout 设置的失活神经元不是固定的，每次训练时都会随机选择神经元使之失活，但是在模型的测试阶段，神经网络模型中的神经元会全部激活参与测试。

在训练深度学习模型时，一般通过 Dropout 设置失活神经元的比例不会超过 50%。

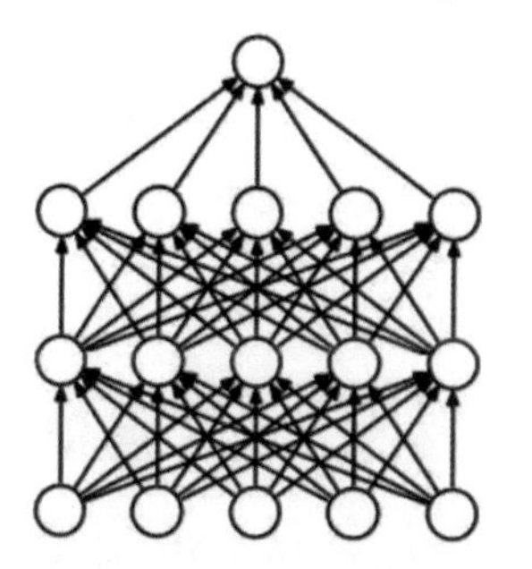

（a）未添加 Dropout 的正常神经网络　（b）添加 Dropout 的神经网络

图 2.8　Dropout 正则化的原理

2.3.3　提前停止

当深度学习模型发生过拟合问题时，往往体现为训练时模型的性能相当优异，但测试时模型的性能却比训练时模型的性能相差较大。依据这个特点，如果能在模型训练时的性能与测试时的性能相当时提前停止（Early Stopping）模型的训练，便有可能得到性能较为优越的模型。提前停止便是依据该思路，将一部分训练集作为验证集，在模型训练的同时对模型进行验证，当验证集的性能越来越差或者性能不再提高时，停止对模型的训练，从而在一定程度上减弱模型的过拟合程度，改善模型的性能。

2.3.4　批量标准化

批量标准化（Batch Normalization，BN）是针对单个神经元进行的。首先计算当前神经元所有输入的均值及标准差，利用计算所得的均值与标准差对当前神经元的输入进行标准化，并将处理结果输入下一个神经元进行训练，从而破坏了原输入数据的分布，防止相同的样本在训练过程中被多次使用，在一定程度上缓解了模型出现的过拟合问题。

2.4　手写数字识别

2.4.1　MNIST 数据集简介

MNIST 是一个手写数字的图像数据集，共统计了 250 人的手写数字，分成训练集与测试集，其中训练集（mnist.train）有 60000 行数据，测试集（mnist.test）有 10000 行数据。不管是训练集还是测试集，每一行数据均可分为包含手写数字的图像数据和该图像数据对应的标签（数字）。在使用 MNIST 数据集时，一般可将图像数据设为 x，对应的标签设为 y。

MNIST 数据集中每一张图像包含 28×28 个像素。图 2.9 所示为数字 1 的像素矩阵，使用 28×28 矩阵进行了保存。

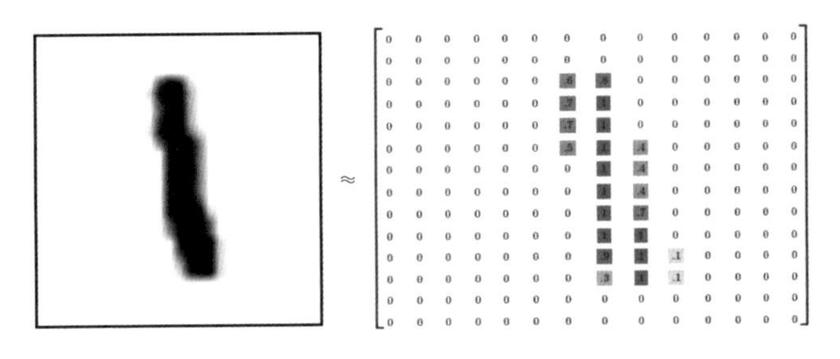

图 2.9　数字 1 的像素矩阵

把像素矩阵展平，可得到长度为 28×28=784 的向量，MNIST 数据集中的图像为该向量空间中的点。

在 MNIST 数据集中，mnist.train.images 是一个形状为[60000, 784]的张量，第 1 个维度数字用来索引图像，第 2 个维度数字用来索引每张图像中的像素点。MNIST 数据集训练数据维度如图 2.10 所示。张量中的一个元素表示某张图像中像素的强度值。

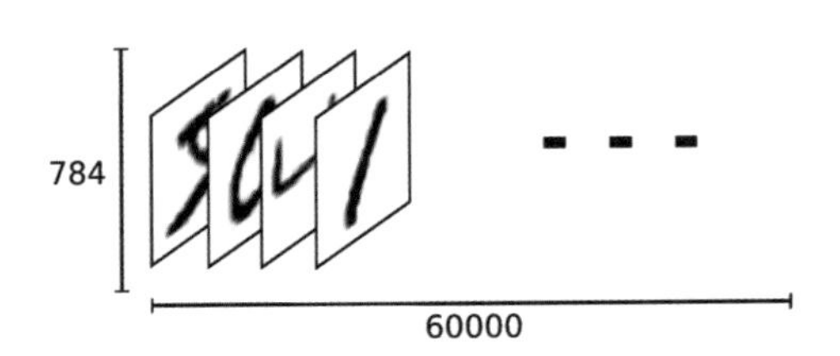

图 2.10　MNIST 数据集训练数据维度

MNIST 数据集的标签在 0 到 9 之间，用来描述给定图像中对应的数字，故在模型进行训练与测试之前，通常会对标签进行独热编码。

一个独热向量除了某一位是 1，其他各位都是 0，数字 n 是只在第 n 位（从 0 开始）为 1 的 10 维向量。例如，标签 0 的独热编码为[1, 0, 0, 0, 0, 0, 0, 0, 0, 0]。因此，mnist.train.labels 是一个[60000, 10]的矩阵。

2.4.2　使用 TensorFlow 实现 MNIST 手写数字分类

1. 实验目标

（1）理解神经网络模型的构建方式及激活函数的意义。

（2）使用 TensorFlow 完成深度神经网络的编写。

（3）Dropout 在深度神经网络中的作用。

DL-02-v-005

2. 实验环境

使用 TensorFlow 实现的实验环境如表 2.1 所示。

表 2.1 使用 TensorFlow 实现的实验环境

硬 件	软 件	资 源
PC/笔记本电脑	Ubuntu 18.04/Windows 10 Python 3.7.3 TensorFlow 2.4.0	无

3. 实验步骤

创建 tensorflow_dnn_mnist.py 文件，按照以下步骤编写代码完成本次实验。

1）基础配置

导入所需的 TensorFlow 库，并配置神经网络模型参数。

```
from __future__ import print_function

from tensorflow.keras.datasets import mnist
from tensorflow.keras.models import Sequential
from tensorflow.keras.layers import Dense, Dropout
from tensorflow.keras import utils

#设置初始参数
#使用小批量梯度下降算法处理模型，每批次数据量为 128 个样本
batch_size = 128
#分类类别为 10
num_classes = 10
#总计训练 15 轮数据集
epochs = 15
```

2）数据处理

对数据集进行切分，切分为特征和标签，并进行数据处理。

```
#获取数据集并切分训练集和测试集
(X_train, y_train), (X_test, y_test) = mnist.load_data()
#数据集转化
X_train = X_train.reshape(60000, 784)
X_test = X_test.reshape(10000, 784)
X_train = X_train.astype('float32')
X_test = X_test.astype('float32')
```

```
#对特征进行归一化处理操作
X_train /= 255
X_test /= 255
print(X_train.shape[0], '训练样本数量')
print(X_test.shape[0], '测试样本数量')
#多分类模型，将标签进行独热编码处理
y_train = utils.to_categorical(y_train, num_classes)
y_test = utils.to_categorical(y_test, num_classes)
```

3）模型构建

```
#模型构建
#包含 2 个隐藏层，每个隐藏层神经元数量为 256 个
#每个隐藏层使用 Dropout 预防过拟合问题
model = Sequential()
#第 1 个隐藏层
model.add(Dense(256, input_dim=784, activation='relu'))
model.add(Dropout(0.3)) #失活比例 0.3
#第 2 个隐藏层
model.add(Dense(256, activation='relu'))
model.add(Dropout(0.3))
#输出层，进行多分类处理
model.add(Dense(num_classes, activation='softmax'))
```

4）模型配置与训练

```
#模型配置， 使用多分类交叉熵进行处理
model.compile(loss='categorical_crossentropy',
            optimizer='adam', metrics=['accuracy'])

history = model.fit(X_train, y_train,
                    batch_size=batch_size, #设置批处理量
                    epochs=epochs, #总计训练数据集轮次
                    verbose=1,
                    #使用训练集中 20%数据作为测试数据
                    validation_split=0.2)
```

5）模型结果预测

```
#项目预测结果
score = model.evaluate(X_test, y_test, batch_size=batch_size)
print('\nTest loss:', score[0])
print('Test accuracy:', score[1])
```

在终端输入以下命令运行本实验代码。

```
python3 tensorflow_dnn_mnist.py
```

输出内容较多，显示部分结果如下。

```
    375/375 [==============================] - 1s 3ms/step - loss: 0.0396 - accuracy:
    0.9872 - val_loss: 0.0825 - val_accuracy: 0.9781
    Epoch 13/15
    375/375 [==============================] - 1s 2ms/step - loss: 0.0413 -
accuracy: 0.9859 - val_loss: 0.0807 - val_accuracy: 0.9798
    Epoch 14/15
    375/375 [==============================] - 1s 2ms/step - loss: 0.0346 -
accuracy: 0.9877 - val_loss: 0.0796 - val_accuracy: 0.9801
    Epoch 15/15
    375/375 [==============================] - 1s 3ms/step - loss: 0.0369 -
accuracy: 0.9870 - val_loss: 0.0772 - val_accuracy: 0.9805
    79/79 [==============================] - 0s 1ms/step - loss: 0.0660 -
accuracy: 0.9807

    Test loss: 0.06601439416408539
    Test accuracy: 0.9807000160217285
```

从以上结果可看出，模型的准确率达到 98%，模型性能相当优越。

2.4.3 使用 PyTorch 实现 MNIST 手写数字分类

1. 实验目标

DL-02-v-006

（1）理解神经网络模型的构建方式及激活函数的意义。

（2）使用 PyTorch 完成深度神经网络的编写。

（3）Dropout 在深度神经网络中的作用。

2. 实验环境

使用 PyTorch 实现的实验环境如表 2.2 所示。

表 2.2 使用 PyTorch 实现的实验环境

硬　件	软　件	资　源
PC/笔记本电脑	Ubuntu 18.04/Windows 10 Python 3.7.3 Torch 1.9.1 Torchvision 0.10.1	无

3. 实验步骤

创建 torch_dnn_mnist.py 文件，按照以下步骤编写代码完成本次实验。

1）基础配置

导入 PyTorch 库，并配置神经网络模型参数。

```
from torch.autograd import Variable
import torchvision.datasets as dsets
import torchvision.transforms as transforms
import torch.nn.init

torch.manual_seed(777)  #reproducibility

#设置初始参数
#使用小批量梯度下降算法处理模型，每批次数据量为 128 个样本
batch_size = 128
#总计训练 15 轮数据集
training_epochs = 15
#Dropout 中保存的神经元数量 70%
keep_prob = 0.7
```

2）数据处理

对数据集进行切分，进行小批量设置。

```
#获取 MNIST 数据集，如果没有数据集会从网络下载
mnist_train = dsets.MNIST(root='MNIST_data/',
                          train=True,
                          transform=transforms.ToTensor(),
                          download=True)

mnist_test = dsets.MNIST(root='MNIST_data/',
                         train=False,
                         transform=transforms.ToTensor(),
                         download=True)

#数据加载器，设置批处理量
data_loader = torch.utils.data.DataLoader(dataset=mnist_train,
                                          batch_size=batch_size,
                                          shuffle=True)
```

3）模型构建

```
#模型构建
#包含 2 个隐藏层，每个隐藏层神经元数量为 256 个
#每个隐藏层使用 Dropout 预防过拟合问题
linear1 = torch.nn.Linear(784, 256, bias=True)
linear2 = torch.nn.Linear(256, 256, bias=True)
linear3 = torch.nn.Linear(256, 10, bias=True)
```

```
relu = torch.nn.ReLU() #激活函数使用ReLU 函数
dropout = torch.nn.Dropout(p=1 - keep_prob)

model = torch.nn.Sequential(linear1, relu, dropout,
                            linear2, relu, dropout,
                            linear3)
```

4）模型配置与训练

```
#调用损失函数和优化器
criterion = torch.nn.CrossEntropyLoss()
optimizer = torch.optim.Adam(model.parameters(), lr=0.001)
for epoch in range(training_epochs):
    #统计每个小批次的代价值
    avg_cost = 0
    #小批量处理数据
    total_batch = len(mnist_train) // batch_size

    for i, (batch_xs, batch_ys) in enumerate(data_loader):
        X = Variable(batch_xs.view(-1, 28 * 28))
        Y = Variable(batch_ys)

        optimizer.zero_grad()
        hypothesis = model(X)
        cost = criterion(hypothesis, Y)
        cost.backward()
        optimizer.step()
        #统计每一轮次的代价值
        avg_cost += cost / total_batch

    print("[Epoch: {:>4}] cost = {:>.9}".format(epoch + 1, avg_cost.item()))

print('Learning Finished!')
```

5）模型结果预测

```
#查看测试集的处理效果
X_test = Variable(mnist_test.test_data.view(-1, 28 * 28).float())
Y_test = Variable(mnist_test.test_labels)

#预测结果并打印准确率
prediction = model(X_test)
correct_prediction = (torch.max(prediction.data, 1)[1] == Y_test.data)
accuracy = correct_prediction.float().mean()
print('Accuracy:', accuracy)
```

在终端输入以下命令运行本实验代码。

```
python3 torch_dnn_mnist.py
```

输出内容较多，显示部分结果如下。

```
[Epoch:   14] cost = 0.0364415348
[Epoch:   15] cost = 0.0345238969
Learning Finished!
Accuracy: tensor(0.9753)
```

从以上结果可看出，模型的准确率达到 97.5%，模型性能也相当不错。

本章总结

- 通过具有隐藏层的多层神经网络可以很好地解决非线性问题。
- 常用的激活函数有 sigmoid、ReLU、tanh 等，其中 ReLU 函数是比较常用的激活函数。
- 在神经网络模型的训练过程中，参数的更新是通过反向传播配合梯度下降算法完成的。
- 可以通过 L1 正则化与 L2 正则化、Dropout 正则化、提前停止、批量标准化等方法避免神经网络模型出现过拟合问题或减弱过拟合问题产生的影响。

作业与练习

DL-02-c-001

1. [单选题] 不属于深度学习正则化方法的是（　　）。
   A. L1 正则化与 L2 正则化　　B. 随机梯度下降
   C. 批量标准化　　D. Dropout 正则化
2. [单选题] 如果数据集规模非常大，不建议使用（　　）算法处理数据。
   A. 随机梯度下降
   B. 小批量梯度下降
   C. 批量梯度下降
   D. 小批量梯度下降或者随机梯度下降
3. [单选题] 以下对 Dropout 描述正确的是（　　）。
   A. Dropout 处理过拟合问题的方式是在目标函数基础上添加正则项
   B. Dropout 中的随机失活比例可以随意设置
   C. 只可以作为激活函数
   D. 在模型的测试过程中，所有的神经元都处于激活状态

4．[单选题] 以下对 MNIST 数据集描述正确的是（　　）。

A．它是一个手写字母数据集

B．总计分类类别有 26 个

C．训练集有 10000 条数据

D．测试集有 10000 条数据

5．[单选题] 反向传播的本质是（　　）。

A．梯度下降

B．正则化处理

C．非线性激活函数

D．代码编写格式

第3章

卷积神经网络

本章目标

- 了解计算机图像的生成原理。
- 理解卷积提取特征的方式。
- 理解卷积运算的原理。
- 掌握卷积神经网络的网络结构。
- 掌握使用框架构建卷积神经网络模型。

图像识别领域的研究是深度学习研究最主要的一个方向，生活中到处都可以看到深度学习在图像识别领域的研究成果，如物体分类、人脸识别、智能美颜等。卷积神经网络是深度学习能够“看懂”图像的关键技术，本章将介绍卷积神经网络的原理及实现。

本章包含的项目案例如下。

- 基于卷积神经网络实现 MNIST 手写数字识别。

使用深度学习框架构建卷积神经网络模型，在 MNIST 数据集上进行训练，实现手写数字识别功能。

3.1 图像基础原理

3.1.1 像素

计算机展示的图像都是使用传感器捕获的。构成图像的基础单位称为像素，像素数越多，图像越清晰。图像的清晰度对比如图 3.1 所示。同样尺寸的图像，像素数越多，图像表达的效果越细腻。

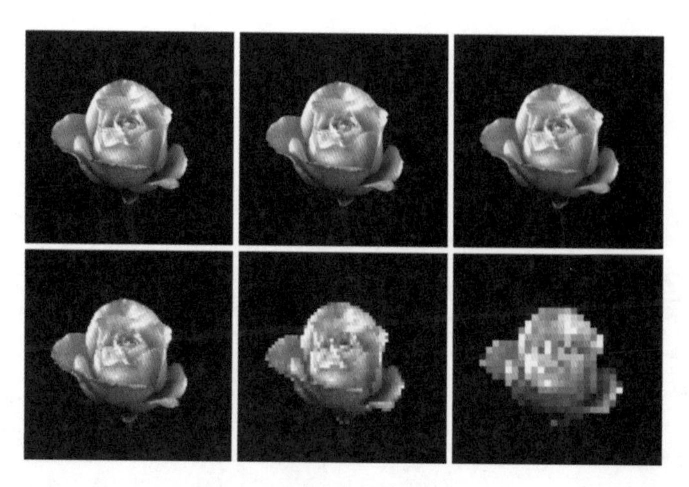

图 3.1 图像的清晰度对比

3.1.2 灰度值

在图像学中，黑白图像称为灰度图。每个像素点只存储一个值，该值称为灰度值，用于表达图像的细节。图像灰度值原理如图 3.2 所示，图 3.2（a）所示为图像展示效果，图 3.2（b）所示为像素灰度值矩阵。灰度值的取值范围为 0～255，取值越大，对应的像素点越明亮。

(a)

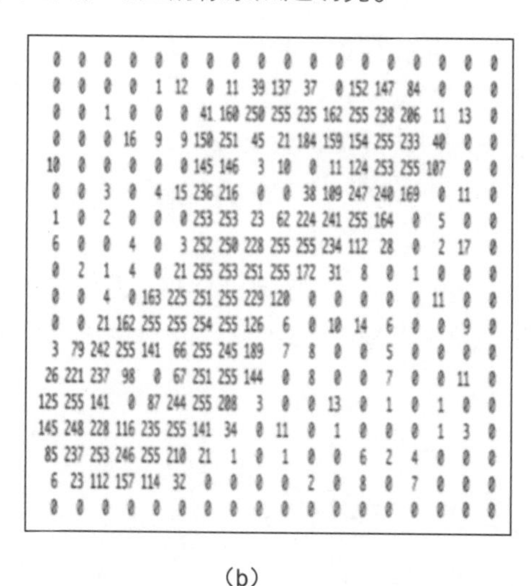

0	0	0	0	0	0	0	0	0	0	0	0	0	0	0	0	0	0
0	0	0	0	1	12	0	11	39	137	37	0	152	147	84	0	0	0
0	0	1	0	0	0	41	160	250	255	235	162	255	238	206	11	13	0
0	0	0	16	9	9	150	251	45	21	184	159	154	255	233	40	0	0
10	0	0	0	0	0	145	146	3	10	0	11	124	253	255	107	0	0
0	0	3	0	4	15	236	216	0	0	38	109	247	240	169	0	11	0
1	0	2	0	0	0	253	253	23	62	224	241	255	164	0	5	0	0
6	0	0	4	0	3	252	250	228	255	255	234	112	28	0	2	17	0
0	2	1	4	0	21	255	253	251	255	172	31	8	0	1	0	0	0
0	0	4	0	163	225	251	255	229	120	0	0	0	0	0	11	0	0
0	0	21	162	255	255	254	255	126	6	0	10	14	6	0	0	9	0
3	79	242	255	141	66	255	245	189	7	8	0	0	5	0	0	0	0
26	221	237	98	0	67	251	255	144	0	8	0	0	7	0	0	11	0
125	255	141	0	87	244	255	208	3	0	0	13	0	1	0	1	0	0
145	248	228	116	235	255	141	34	0	11	0	1	0	0	0	1	3	0
85	237	253	246	255	210	21	1	0	1	0	0	6	2	4	0	0	0
6	23	112	157	114	32	0	0	0	0	2	0	8	0	7	0	0	0
0	0	0	0	0	0	0	0	0	0	0	0	0	0	0	0	0	0

(b)

图 3.2 图像灰度值原理

3.1.3 彩色图像表达

对于彩色图像，需要使用红、绿、蓝（R、G、B）三原色表达其颜色构成，此时一个像素点内有三种数值（红色、绿色、蓝色通道的灰度值），将三种数值进行融合从而生成各种颜色。

图像有一个或多个颜色通道。灰度图有一个颜色通道，彩色图像有三个颜色通道。例如，一张红色的图像，每一个像素点的灰度值均是(255,0,0)，分别代表红色、绿色、蓝色通道的灰度值。

3.2　卷积的作用及原理

3.2.1　卷积的概述

卷积是指在滑动窗口中提取图像特征的过程，可以形象地理解为先用放大镜把每步都放大并且进行拍摄，再把拍摄所得结果拼接成一个新图像的过程。

使用卷积可以提取常用的图像特征，包括颜色特征、形状特征、空间特征、纹理特征。颜色特征是指基于像素点的特征，提取的是图像内物体的表面特征，是一种全局的特征。形状特征用于描述物体的形状，它可能是全局特征，也可能是局部特征。一般分为两类，一类是轮廓特征，用于描述物体边界形状；另一类是区域特征，用于描述物体内部形状。空间特征是指图像中多个目标物体之间相互的位置或方向关系。纹理特征与颜色特征一样，均是全局特征，但是纹理特征是基于多个像素点区域进行统计计算的。

3.2.2　卷积运算的原理

DL-03-v-001

卷积运算是使用卷积核对原始图进行遍历计算，将计算结果生成特征图，其原理示例一如图 3.3 所示，第一次卷积运算从原始图左上角开始，如图 3.3（a）所示，红框中的灰度值与卷积核中的数值进行卷积运算，得到特征图中红框的灰度值；在进行第二次卷积运算时，红框向右侧移动一个单元格，如图 3.3（b）所示，同样经过计算得到特征图中对应于红框的灰度值；对图像的前三行完成卷积运算后，红框下移一行，并从原始图最左侧开始进行同样的运算，如图 3.3（c）所示，一直移动到原始图右下角位置，如图 3.3（d）所示，卷积运算完成，可得特征图全部的灰度值。

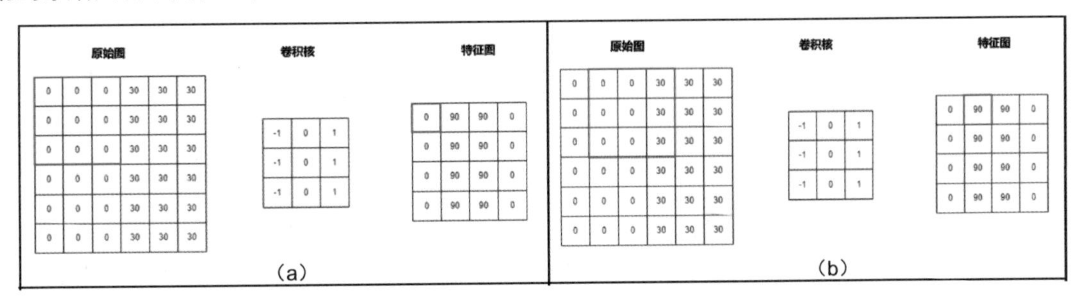

图 3.3　卷积运算原理示例一

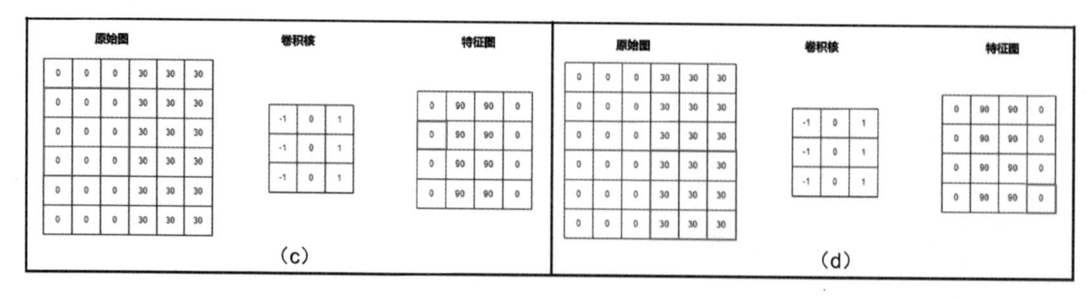

图 3.3　卷积运算原理示例一（续）

3.2.3　卷积运算的方式

卷积运算的方式是将原始图框中的区域（见图 3.3 中的红框）与卷积核进行点积运算，运算所得结果为特征图的灰度值，其运算原理示例二如图 3.4 所示，图 3.4（a）所示为原始图，图 3.4（b）所示为卷积核。当计算虚线框中原始图灰度值与卷积核中数值的卷积运算的结果时，运算公式如下：$2\times1+8\times0+9\times2+1\times1+2\times0+8\times1+7\times3+7\times0+2\times0=50$，可以将点积运算理解为先将虚线框中原始图灰度值与卷积核对应数值相乘，再进行求和。

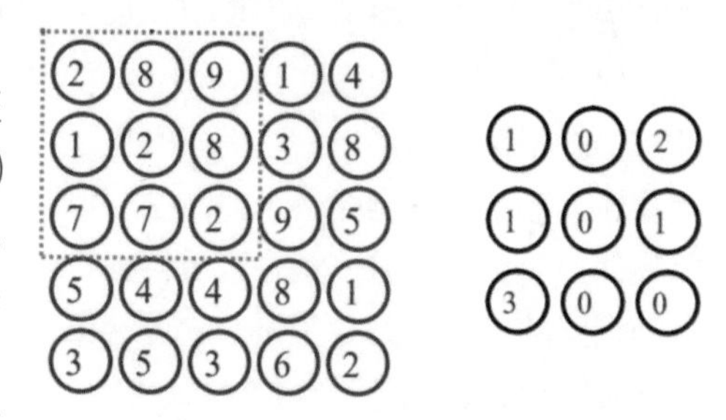

图 3.4　卷积运算原理示例二

3.2.4　卷积表达的含义

卷积是深度学习提取图像特征的重要方式。卷积处理后的效果如图 3.5 所示。图 3.5（a）所示为对图像使用灰度值进行卷积运算的处理过程，图 3.5（b）所示为将灰度值转化为颜色后的效果。根据卷积处理的特点，图像经过卷积处理之后，其轮廓部分会被高亮显示，从而可以找到图像中特征的轮廓。

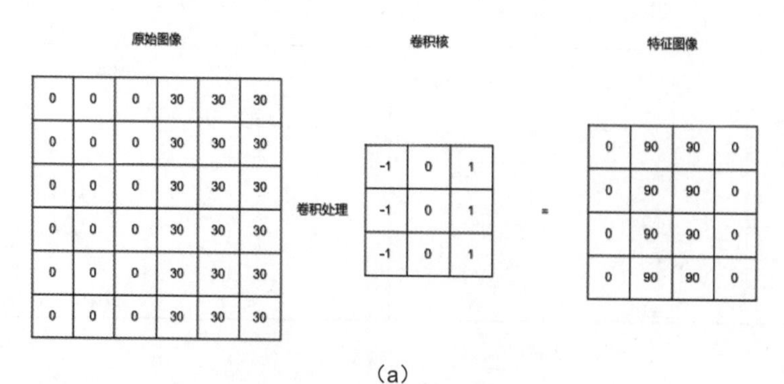

(a)

图 3.5　卷积处理后的效果

（b）

图 3.5　卷积处理后的效果（续）

由此可知，卷积不仅可以有效地提取出图像特征，还可以有效地提取图像中的轮廓。卷积效果展示如图 3.6 所示。一般情况下，在提取图像特征时，会使用具有多个通道的卷积核对图像进行多次卷积，以提取图像中的多个特征，从而使得提取到的图像特征更加明显，易于区分，方便后续的处理。

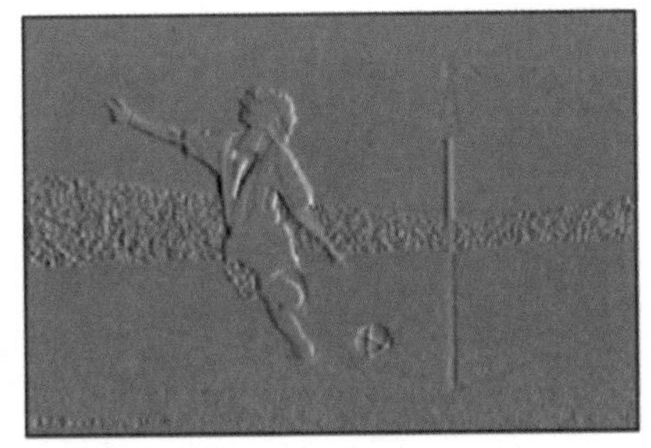

图 3.6　卷积效果展示

3.2.5　卷积相关术语

在对图像使用卷积进行特征提取时，需要了解以下相关的术语。

（1）卷积核。卷积核包含用于卷积运算的参数，卷积核的通道数与原始图的通道数相同。例如，当原始图是 3 个通道时，那么所使用的卷积核也是 3 个通道。如果卷积核有多个通道，生成的特征图灰度值是通过将不同通道点积运算求和产生的，此时特征图的通道数与卷积核的通道数相同。

（2）卷积核尺寸。卷积核尺寸即卷积核的大小。常见的卷积核尺寸以奇数形式出现，如 3×3、5×5 等。

（3）特征图。经过卷积运算后所生成的图像称为特征图。

（4）特征图尺寸。特征图尺寸即所生成特征图的大小，一般情况下会比原始图小，通过设置卷积运算的参数可以使特征图尺寸与原始图尺寸相同。

（5）步长。进行卷积运算时，每次点积运算结束后，下一次运算在原始图上移动的像素称为步长。

（6）零填充。零填充是指在原始图周围填充灰度值为 0 的像素，主要目的是保证生成的特征图尺寸与原始图尺寸相同。如果不做零填充，那么生成的特征图尺寸要比原始图尺寸小。

（7）感受野。感受野是指特征图中的点对应于原始图上的区域，在计算时不考虑“边界填充”。第 1 个卷积层的特征图中像素的感受野大小为卷积核的尺寸，其余卷积层的特征图中像素的感受野大小和它之前所有层的卷积核尺寸、步长均有关系。

感受野如图 3.7 所示。对一张尺寸为 7×7 的原始图，先经过卷积核尺寸为 3×3、步长为 2 的第 1 次卷积后，再经过卷积核尺寸为 2×2、步长为 1 的第 2 次卷积，最终输出尺寸为 2×2 的特征图。第 1 次卷积特征图像素的感受野为 3，但是第 2 次卷积特征图的每个单元是由尺寸为 2×2 的第 1 次卷积构成的，因此回溯到原始图以后，第 2 次卷积特征图中像素的感受野为 5。

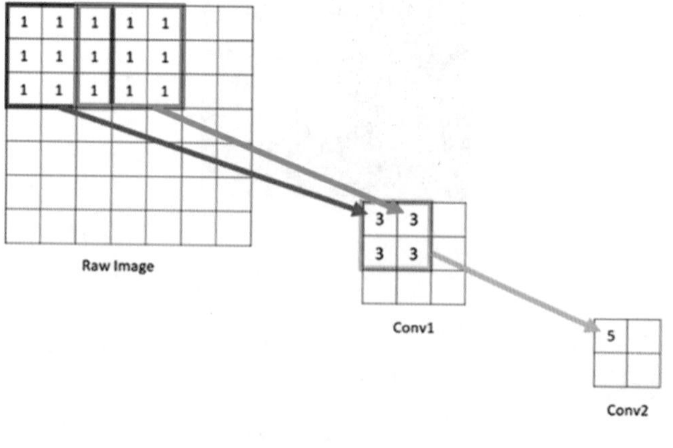

图 3.7　感受野

3.3　卷积神经网络的基本结构

3.3.1　卷积神经网络的网络结构

卷积神经网络（Convolutional Neural Network, CNN）是一种前馈人工神经网络，主要结构有卷积层（Convolutional Layer）、ReLU 层（ReLU Layer）、池化层（Pooling Layer）、全连接层（Fully Connected Layer），如图 3.8 所示。

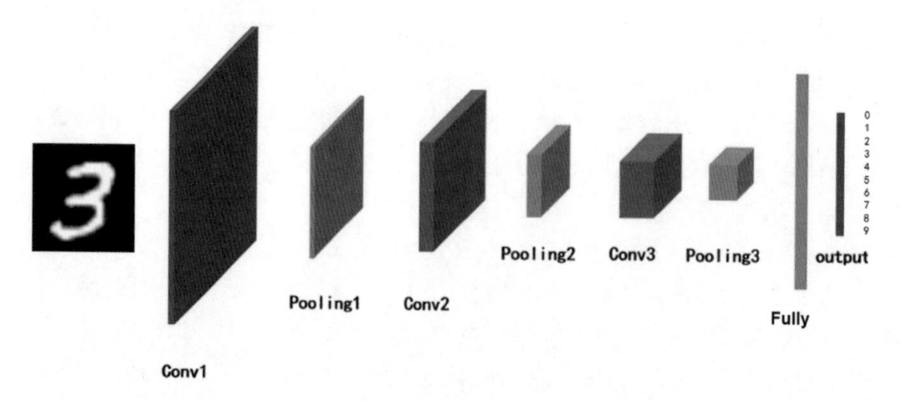

图 3.8　卷积神经网络

3.3.2　卷积层

使用卷积层代替传统多层神经网络进行图像特征的处理，具有很多的优势，主要优势如下。

（1）图像不变性。传统多层神经网络不能处理矩阵类型的张量，需要将张量转换为 1 维向量。传统多层神经网络处理图像结果展示如图 3.9 所示。如果图像只发生轻微变换，转换为 1 维向量的张量就会受到很大的影响，从而导致预测结果出错。而卷积神经网络基于矩阵进行计算，可以保持图像原有形态，图像位置发生轻微变换不会影响预测结果。

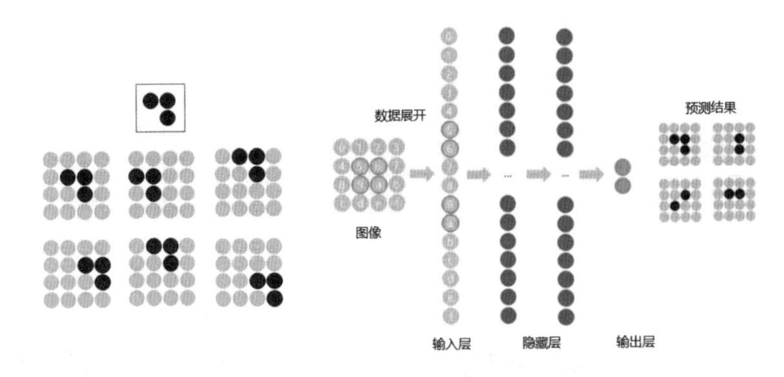

图 3.9　传统多层神经网络处理图像结果展示

（2）参数个数少。根据全连接层的特性，如果图像尺寸越大，全连接层的参数个数也就越多，在模型训练时消耗的时间也就越长，如图 3.9 所示。而卷积核运算过程中参数个数极少。例如，3×3 的单通道卷积核参数个数为 10（卷积核的参数个数为 3×3=9，外加一个偏置 b，共 10 个参数），可以大幅度缩短模型训练消耗的时间。

（3）局部感知。局部感知是指在每次卷积过程中只考虑感受野范围内的像素，其他像素不予考虑。传统多层神经网络因算法特性，考虑的是整张图像，即感受野是整张图像。卷积神经网络的感受野并不是整张图像，而是基于卷积核尺寸的一个区域，此特性使得卷积神经网络在识别目标对象时更关注图像的细节特征而不是全局特征，从而导致卷积神经网络在预测过程中相比传统多层神经网络而言，结果更为优异。

3.3.3　ReLU 层

在卷积层之后往往会对卷积的结果进行非线性转换，此时就需要使用激活函数。在众多的激活函数中，较为常用的激活函数为 ReLU 函数，可以使用 ReLU 函数直接对卷积的结果进行处理，也可以在卷积层后添加 ReLU 层，对整个卷积层的运算结果进行非线性转换。

ReLU 函数对卷积的结果只保留正值，如图 3.10 所示。

在卷积神经网络的运算过程中，使用 ReLU 函数的主要目的是将生成的特征图灰度值转为非负数值，避免灰度值超程，同时可以避免在传播过程中神经网络出现梯度消失的现象。

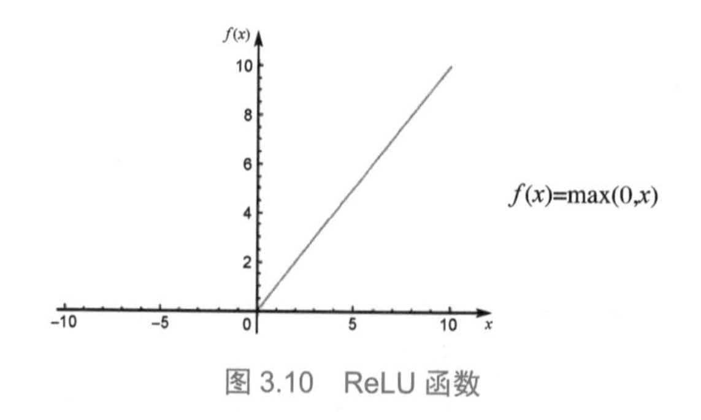

图 3.10 ReLU 函数

3.3.4 池化层

池化是一种减小特征图尺寸、降低过拟合风险的措施。池化效果展示如图 3.11 所示，图 3.11（a）所示为池化前的原始图，尺寸为 260×200，图 3.11（b）所示为池化后的效果，图像尺寸变为 120×100，即图像尺寸变为之前尺寸的一半，但是图像中车辆的显示效果并没有太大变化。减小特征图的尺寸，在一定程度上可以减少神经网络全连接层的参数个数，从而可以一定程度上降低发生过拟合的概率。

图 3.11 池化效果展示

基础的池化方式有最大池化和平均池化。最大池化是指将每个颜色区域中最大的灰度值提取出来，并将结果记录到池化后的图像中，其原理图如图 3.12 所示。平均池化的原理与最大池化的原理类似，不同的是，平均池化将每个颜色区域的灰度值求解后的均值作为池化图像的灰度值。

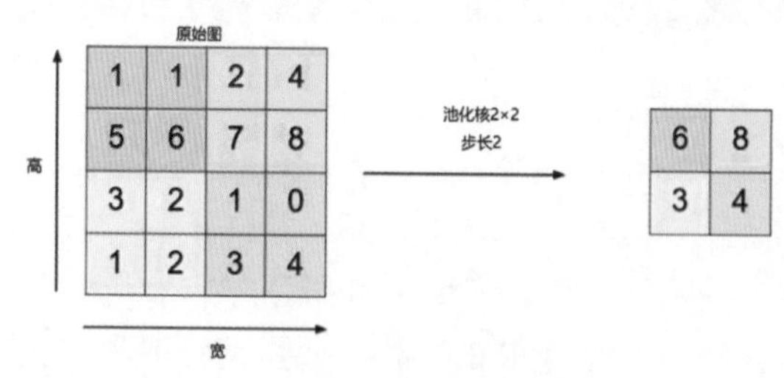

图 3.12 最大池化原理图

3.3.5　全连接层

全连接层将最后得到的特征映射到线性可分的空间。通常，卷积神经网络会将末端得到的特征图平摊成一个长的列向量，经过全连接层计算之后，传输到输出层。整体而言，全连接层在整个卷积神经网络中起到分类器的作用，通过连接所有特征，将所有特征传递给具体的分类器进行分类或者回归处理。在以识别分类为目标的卷积神经网络中，一般使用 softmax 函数将最终的输出量化为概率，通过概率可预测最终的识别结果。

3.4　基于卷积神经网络实现 MNIST 手写数字识别

3.4.1　构建卷积神经网络模型

基于卷积神经网络进行图像分类的操作流程如图 3.13 所示。在图 3.13 中，输入图像为手写数字图像，其尺寸为 28×28×1（宽、高、通道数），分别为图像的宽、高及通道数。首先使用 C1 层对图像的特征进行提取，该层使用了 16 个卷积核，并进行零填充处理，卷积后的特征图尺寸为 28×28×16；其次使用 S2 层对特征图进行处理，其尺寸变为之前特征图尺寸的一半，即 14×14×16；再次将池化后的特征图输入 C3 层进行卷积运算，经过 C3 层处理后，特征图尺寸变为 14×14×36；最后使用 S4 层对特征图进行降采样处理。

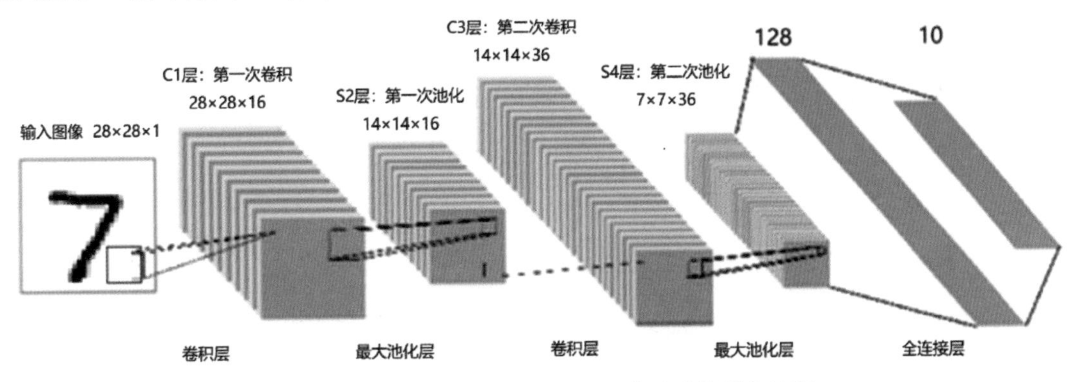

图 3.13　基于卷积神经网络进行图像分类的操作流程

经过 S4 层处理后，一张图像的维度变为了 7×7×36，是一个三维矩阵，在输入全连接层之前，需要先将特征图展平成一维向量（7×7×36=1764 维），然后将该向量输入神经元个数为 128 的全连接层中，最后的输出层为 10 个神经元，与手写数字的类别个数一致，最终的识别结果为一张图像属于各类别的概率。

卷积神经网络的架构不是固定的，可根据实际情况构建卷积神经网络模型。理论上，卷积层数越多、卷积核越多，卷积神经网络的分类效果会越优异。

3.4.2 使用 TensorFlow 实现卷积神经网络 MNIST 手写数字分类

1. 实验目标

DL-03-v-003

（1）掌握卷积神经网络模型的构建过程。
（2）使用 TensorFlow 完成卷积神经网络的编写。
（3）理解卷积神经网络各组成部分的原理。

2. 实验环境

使用 TensorFlow 实现的实验环境如表 3.1 所示。

表 3.1 使用 TensorFlow 实现的实验环境

硬 件	软 件	资 源
PC/笔记本电脑	Ubuntu 18.04/Windows 10 Python 3.7.3 TensorFlow 2.4.0	无

3. 实验步骤

创建 tensorflow_cnn_mnist.py 文件，按照以下步骤编写代码完成本次实验。

1）基础配置

导入所需的 TensorFlow 库，并进行卷积神经网络模型参数配置。

```
from tensorflow.keras.datasets import mnist
from tensorflow.keras.models import Sequential
from tensorflow.keras import optimizers, losses
from tensorflow.keras.layers import Dense, Dropout, Activation, Flatten
from tensorflow.keras.layers import Conv2D, MaxPooling2D
from tensorflow.keras import utils

#参数设置
batch_size = 128
nb_classes = 10
nb_epoch = 12

#图像维度设定
img_rows, img_cols = 28, 28
#卷积核数量
nb_filters = [16, 36]
#池化尺寸
pool_size = (2, 2)
#卷积核尺寸
kernel_size = (3, 3)
```

2）数据处理

将数据集进行切分为特征和标签，并进行处理。

```
#切分数据集
(X_train, y_train), (X_test, y_test) = mnist.load_data()

X_train = X_train.astype('float32')
X_test = X_test.astype('float32')
#图像灰度值归一化处理
X_train /= 255
X_test /= 255
#卷积处理，将图像转换为 数量，宽，高，通道
X_train = X_train.reshape(-1, 28, 28, 1)
X_test = X_test.reshape(-1, 28, 28, 1)

#独热编码处理
Y_train = utils.to_categorical(y_train, nb_classes)
Y_test = utils.to_categorical(y_test, nb_classes)
```

3）模型构建

```
#构建模型
model = Sequential()
#C1 层卷积，使用 16 个卷积核，卷积尺寸为 3×3，零补边处理
model.add(Conv2D(nb_filters[0], kernel_size, padding='same', input_shape=
(28, 28, 1)))
#卷积后使用 ReLU 函数激活，保证池化后灰度值非负
model.add(Activation('relu'))
#S2 层最大池化，减小图像尺寸，防止过拟合
model.add(MaxPooling2D(pool_size=pool_size))
#C3 层卷积，使用 36 个卷积核，卷积尺寸为 3×3，零补边处理
model.add(Conv2D(nb_filters[1], kernel_size, padding='same'))
#卷积后使用 ReLU 函数激活，保证池化后灰度值非负
model.add(Activation('relu'))
#S4 层最大池化，减小图像尺寸，防止过拟合
model.add(MaxPooling2D(pool_size=pool_size))
#全连接处理
#将数据展平，由三维矩阵转化为一维向量
model.add(Flatten())
#使用 128 个神经元的隐藏层进行过渡
model.add(Dense(128))
model.add(Activation('relu'))
model.add(Dropout(0.25))
#输出层处理，十分类预测
model.add(Dense(nb_classes))
```

```
model.add(Activation('softmax'))
```

4）模型配置

```
#模型配置
model.compile(loss=losses.CategoricalCrossentropy(),
              optimizer=optimizers.Adam(0.001),
              metrics='accuracy')
#模型训练
model.fit(X_train, Y_train, batch_size=batch_size, epochs=nb_epoch,
          verbose=1, validation_data=(X_test, Y_test))
score = model.evaluate(X_test, Y_test, verbose=0)
```

在终端输入以下命令运行本实验代码。

```
python3 tensorflow_cnn_mnist.py
```

由于运行本实验代码输出内容较多，因此此处只显示部分结果，如下所示。

```
Epoch 11/12
469/469 [==============================] - 2s 5ms/step - loss: 0.0162 - accuracy: 0.9945 - val_loss: 0.0291 - val_accuracy: 0.9909
Epoch 12/12
469/469 [==============================] - 2s 5ms/step - loss: 0.0151 - accuracy: 0.9952 - val_loss: 0.0292 - val_accuracy: 0.9911
```

由以上结果可看出，模型的准确率达到 99%，模型识别效果优于传统神经网络模型。

3.4.3　使用 PyTorch 实现卷积神经网络 MNIST 手写数字分类

1. 实验目标

（1）理解卷积神经网络模型的构建过程。
（2）使用 PyTorch 完成卷积神经网络的编写。
（3）理解卷积神经网络各组成部分的原理。

2. 实验环境

使用 PyTorch 实现的实验环境如表 3.2 所示。

表 3.2　使用 PyTorch 实现的实验环境

硬　件	软　件	资　源
PC/笔记本电脑	Ubuntu 18.04/Windows 10 Python 3.7.3 Torch 1.9.1 Torchvision　0.10.1	无

3. 实验步骤

创建 torch_cnn_mnist.py 文件，按照以下步骤编写代码完成本次实验。

1）基础配置

导入所需的 PyTorch 库，并配置卷积神经网络模型的参数。

```
import torch
from torch.autograd import Variable
import torchvision.datasets as dsets
import torchvision.transforms as transforms
from torch import nn

device = torch.device("cuda:0" if torch.cuda.is_available() else "cpu")

#参数设置
learning_rate = 0.0005
training_epochs = 12
batch_size = 128
```

2）数据处理

切分数据集，并进行小批量设置。

```
#调用 MNIST 数据集
mnist_train = dsets.MNIST(root='MNIST_data/',
                          train=True,
                          transform=transforms.ToTensor(),
                          download=True)

mnist_test = dsets.MNIST(root='MNIST_data/',
                         train=False,
                         transform=transforms.ToTensor(),
                         download=True)

#数据加载
data_loader = torch.utils.data.DataLoader(dataset=mnist_train,
                                          batch_size=batch_size,
                                          shuffle=True)
```

3）模型构建

```
#构建模型
model = nn.Sequential(
          #C1 层卷积， 输入图像通道 1， 使用 16 个卷积核（输出 16 个通道），卷积尺寸为 3×3，
零补边处理
          nn.Conv2d(1, 16, kernel_size=3, stride=1, padding=1),
```

```
            #卷积后使用 ReLU 函数激活，保证池化后灰度值非负
            nn.ReLU(),
            #S2 层最大池化，减小图像尺寸，防止过拟合
            nn.MaxPool2d(kernel_size=2, stride=2),
            #C3 层卷积， 输入图像通道 16，使用 36 个卷积核（输出 36 个通道），卷积尺寸为 3×3，
零补边处理
            nn.Conv2d(16, 36, kernel_size=3, stride=1, padding=1),
            #卷积后使用 ReLU 函数激活，保证池化后灰度值非负
            nn.ReLU(),
            #S4 层最大池化，减小图像尺寸，防止过拟合
            nn.MaxPool2d(kernel_size=2, stride=2),
            #全连接处理
            #将数据展平，由三维矩阵转化为一维向量
            nn.Flatten(),
            #使用 128 个神经元的隐藏层进行过渡
            nn.Linear(7*7*36, 128),
            nn.ReLU(),
            nn.Dropout(0.25),
            #输出层处理，10 分类预测
            nn.Linear(128, 10)
    )
```

4）模型配置与训练

```
criterion = nn.CrossEntropyLoss()
optimizer = torch.optim.Adam(model.parameters(), lr=learning_rate)
print('训练中，请稍后...')
for epoch in range(training_epochs):
    avg_cost = 0
    avg_accuracy = 0
    total_batch = len(mnist_train) // batch_size
    #模型训练
    for i, (batch_xs, batch_ys) in enumerate(data_loader):
        #进行反向传播，计算训练损失值
        X = Variable(batch_xs)
        Y = Variable(batch_ys)
        optimizer.zero_grad()
        hypothesis = model(X)
        cost = criterion(hypothesis, Y)
        cost.backward()
        optimizer.step()
        avg_cost += cost.data / total_batch
        #计算训练准确率
        pre = model(X)
        train_prediction = (torch.max(pre.data, 1)[1] == Y.data)
```

```
        acc = train_prediction.float().mean()
        avg_accuracy += acc / total_batch

    #测试集损失及准确率计算
    X_test = Variable(mnist_test.test_data.view(-1, 1, 28, 28).float())
    Y_test = Variable(mnist_test.test_labels)
    prediction = model(X_test)
    val_cost = criterion(prediction, Y_test)
    correct_prediction = (torch.max(prediction.data, 1)[1] == Y_test.data)
    accuracy = correct_prediction.float().mean()
    print("训练批次：{},训练集损失：{:.4f},测试集损失：{:.4f}, 训练集准确率：{:.4f},
测试集准确率：{:.4f}"
          .format(epoch + 1, avg_cost, val_cost, avg_accuracy, accuracy))
print('训练完成！')
```

在终端输入以下命令运行本实验代码。

```
python3 torch_cnn_mnist.py
```

由于运行本实验代码输出内容较多，因此此处只显示部分结果。

```
训练批次：11,训练集损失：0.0278,测试集损失：7.3877, 训练集准确率：0.9942, 测试集准确率
0.9864
训练批次： 12,训练集损失：0.0244,测试集损失：9.5001, 训练集准确率：0.9950, 测试集准确
率：0.9825
```

由以上结果可知，模型的准确率达到 98.2%，相比传统神经网络准确率高。

本章总结

- 图像的基础单位是像素，像素的明亮程度由灰度值来衡量，彩色图像的颜色构成是由三个灰度值表示的，这三个灰度值分别为 R、G、B。
- 在深度学习中，可以通过卷积来提取图像特征，卷积运算的方式是将原始图框中区域的灰度值与卷积核的数值进行点积运算，并将运算结果生成特征图。
- 卷积神经网络的主要组成部分为卷积层、ReLU 层、池化层、全连接层。

作业与练习

1. [单选题] 在卷积神经网络中，(　　) 是一种减小输出图像尺寸、降低过拟合风险的措施。
   A. 卷积层　　B. 池化层　　C. 全连接层　　D. 激活函数

2．[单选题] 在图像处理中，灰度值的取值范围是（ ）。

A．0 ~ 100　　B．0 ~ 255　　C.0 ~ 99　　D．0 ~ 256

3．[多选题]通过增加卷积层的（ ）和（ ），可以更好地捕获图像中的特征。

A．通道数　　B．深度　　C．步长　　D．零填充

4．[单选题] 关于卷积神经网络组成部分描述正确的是（ ）。

A．卷积层用于提取图像特征

B．全连接层用于将三维矩阵转换为一维向量

C．激活函数可以保证卷积处理后的结果为非负数值

D．池化层用于图像分类

5．[单选题] 卷积神经网络的网络结构顺序正确的是（ ）。

A．卷积层+激活函数+池化层+全连接层

B．卷积层+池化层+激活函数+全连接层

C．全连接层+激活函数+卷积层+激活函数+池化层

D．卷积层+池化层+全连接层

第4章

优化算法与模型管理

本章目标

- 理解梯度下降优化算法的原理及应用场景。
- 掌握深度学习框架中数据集构建与使用的基本方法。
- 掌握数据增强原理及应用方式。
- 掌握模型保存与加载的方式。

深度学习在实际处理过程中还需要考虑很多问题。例如：如何增加深度学习数据集的数量以更好地训练模型；当项目数据较为复杂时，如何更好、更快地找到模型最优解；如何进行模型的保存，以方便后续调用。诸如此类问题均可在本章找到解决方案。

本章包含的项目案例如下。

- 车辆识别。

使用 TensorFlow 在汽车数据集上训练卷积神经网络模型，利用数据管道加载数据并进行数据增强，结合 Dropout 正则化、提前停止预防模型出现过拟合问题，实现车辆识别。

4.1 数据增强

DL-04-v-001

4.1.1 数据增强的意义

数据增强是指通过对原始图进行旋转、偏移、对比度调整、缩放等操作将图像拓展为多张图像的过程。

深度学习处理图像任务需要大量的图像数据进行训练，但是如果采用人工的方式进行图像采集是非常消耗人工与时间成本的。但是，如果使用数据增强技术来生成更多的图像可以有效节省成本、提高效率。数据增强效果如图 4.1 所示。图 4.1 中的所有图像均是通过数据增强技术产生的，每张图像在角度、位置上都有明显不同，从而增加了图像的多样性。

cat_0_117.jpg

cat_0_629.jpg

cat_0_6125.jpg

cat_0_7468.jpg

cat_0_8192.jpg

图 4.1 数据增强效果

4.1.2 使用 TensorFlow 实现数据增强

数据增强可以使用 TensorFlow 实现。创建代码文件 tensorflow_data_augmentation.py，在其中编写数据增强代码，对图 4.2 所示的数据增强实验用图执行数据增强操作。代码目录如图 4.3 所示。

图 4.2 数据增强实验用图

```
▼ data
    01.jpg  实验用图
▶ show
  tensorflow_data_ augmentation.py  数据增强代码
```

图 4.3 代码目录

数据增强操作具体实现代码如下。

```
from tensorflow.keras.preprocessing.image import \
    ImageDataGenerator, img_to_array, load_img

#数据增强方式
datagen = ImageDataGenerator( #所有数值随机变化
    rotation_range=40, #旋转范围为 0~40
    width_shift_range=0.2, #宽度变换范围为 20%
    height_shift_range=0.2, #高度变换范围为 20%
    shear_range=0.2, #裁剪范围
)

#读取图像，可以选择任意图像尝试效果
```

```
#在当前文件位置创建文件夹 data，将文件 01.jpg 放入 data 文件夹
img = load_img('data/01.jpg')
x = img_to_array(img)
#转换
x = x.reshape(-1, x.shape[0], x.shape[1], x.shape[2])

i = 0
#执行数据增强操作， save_to_dir 为保存的路径 ， save_prefix 为文件名前缀
#需要注意，提前在当前文件位置创建 show 文件夹（保存路径），否则程序报错
for batch in datagen.flow(
        x, batch_size=1, save_to_dir='show', save_prefix='cat', save_format=
'jpg'):
    i += 1
    if i >= 5:
        break
```

运行代码，效果如图 4.1 所示。值得注意的是，数据增强后的图像与原图像会存在一定偏差。数据增强的本质就是通过产生丰富多样的图像来增加模型的数据量及提高鲁棒性。

4.1.3 使用 PyTorch 实现数据增强

由于使用 PyTorch 实现数据增强的逻辑较为复杂，因此此处给出相关代码作为参考。

```
from torchvision import  transforms

transform_list = [
    #图像尺寸转为 256×128
    transforms.Resize((256, 128), interpolation=3),
    #随机水平翻转
    transforms.RandomHorizontalFlip(p=0.5),
    #补边
    transforms.Pad(10),
    #随机剪裁，将裁剪后的图像尺寸修改为 256×128
    transforms.RandomCrop((256, 128)),
    #转为张量类型
    transforms.ToTensor(),
    #标准化处理
    transforms.Normalize([0.485, 0.456, 0.406], [0.229, 0.224, 0.225])
]
#进行图像转化
transform_compose = transforms.Compose(transform_list)
```

4.2 梯度下降优化

4.2.1 梯度下降优化的必要性

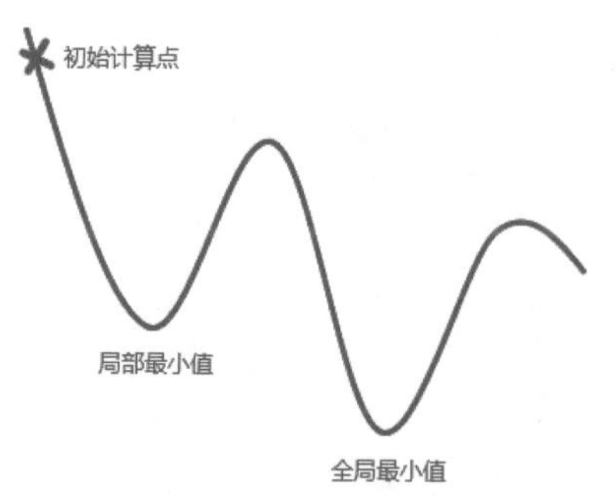

图 4.4 损失函数曲线

随着深度学习模型复杂度的提高，损失函数的形式也会变得更加复杂。图 4.4 所示的损失函数曲线，初始损失函数值在初始计算点的位置。根据梯度下降算法的特性，模型的最终训练结果会停留在损失函数的局部最小值附近，无法到达损失函数的全局最小值位置，故所训练出来的模型并非最优模型。为了得到最优模型，需要一些优化算法对梯度下降算法进行优化，这些优化算法也称为优化器。

常用的对梯度下降算法进行优化的优化器有 Momentum 优化器、Adagrad 优化器 、RMSprop 优化器、Adam 优化器。

4.2.2 Momentum 优化器

Momentum 优化器又称作动量优化器，该优化器的优化原理可看作小球在一个半圆曲面下落的过程。由于动量原因，小球不会在曲面最低点立即停止，而会在另一侧上升一段距离之后再下降，再上升，如此往复。Momentum 优化器基于该原理进行优化，目标是保证模型的最终训练结果越过损失函数的局部最小值位置，最终停止于损失函数的全局最小值位置。

Momentum 优化器优化的计算过程如下所示。

首先求解损失函数的梯度，其表达式如下所示。

$$\Delta w = \frac{\partial \text{cost}}{\partial w} \tag{4.1}$$

计算累积的梯度值，其中 β 为调节参数，以调整累积动能的大小。

$$v_t = \beta v_{t-1} + \alpha \Delta w \tag{4.2}$$

然后更新 w 的数值，更新公式如下所示。

$$w := w - v_t \tag{4.3}$$

此优化器的优点是能够记录之前的梯度值并进行累积，从而使模型的最终训练结果可以有效越过损失函数的局部最小值位置；缺点是模型的最终训练结果在损失函数的全局最小值附近会产生震荡，需要较多的迭代次数才可得到最优模型。

4.2.3 Adagrad 优化器

随着梯度下降的更新，模型越接近于最优模型，权重的相对变化也就越小，但是传统的梯度下降算法的学习率固定不变。Adagrad 优化器则是针对此类问题研究的一种解决方案，该优化器主要的实现思路是在迭代次数增加时，逐渐降低模型的学习率。

Adagrad 优化器优化的计算过程如下所示。

先求解损失函数的梯度，其表达式如下所示。

$$\Delta w = \frac{\partial \text{cost}}{\partial w} \tag{4.4}$$

然后累积梯度的平方，其表达式如下所示。

$$r := r + \Delta w^2 \tag{4.5}$$

依据以上两式，可得学习率公式，如下式所示，其中 η 为设定的超参数，可控制参数更新速度，ε 用于防止分母为 0 的情况。

$$\alpha = -\frac{\eta}{\varepsilon + \sqrt{r}} \tag{4.6}$$

从而可得 w 的更新公式，如下所示。

$$w := w + \alpha \Delta w \tag{4.7}$$

此优化器的优点是能够随着迭代次数的增加，降低模型的学习率，从而可精确得到最优模型；缺点是随着迭代次数的增加，由于学习率公式的分母不断增加，因此学习率会接近于 0，导致优化器失效，无法更新 w。

4.2.4　RMSprop 优化器

RMSprop 优化器是对 Adagrad 优化器的一种改进，通过引入衰减系数，解决 Adagrad 优化器过早失效的问题。

RMSprop 优化器优化的计算过程如下所示。

先求解损失函数的梯度，其表达式如下所示。

$$\Delta w = \frac{\partial \text{cost}}{\partial w} \tag{4.8}$$

然后，累积梯度的平方，但是相对于 Adagrad 优化器，RMSprop 优化器累积梯度平方的方法有所不同，其表达式如下所示。

$$r := \beta r + (1 - \beta) r \Delta w^2 \tag{4.9}$$

依据以上两式可得学习率公式，如下式所示，其中 η 为设定的超参数，可控制参数更新速度，ε 用于防止分母为 0 的情况。

$$\alpha = -\frac{\eta}{\varepsilon + \sqrt{r}} \tag{4.10}$$

从而可以依据下式更新 w。

$$w := w + \alpha \Delta w \tag{4.11}$$

以上各式中的 β 为衰减系数，通常取值范围为 0 ~ 1，β 的值越小，之前累积的梯度值越小，从而可解决优化器过早失效的问题。

4.2.5 Adam 优化器

Adam 优化器是 Momentum 优化器和 Adagrad 优化器的升级版，既可以保证在优化器优化的计算过程中使用动能加速，也可以在模型训练过程中调整学习率的大小。使用该优化器可以保证模型的最终训练结果在越过损失函数局部最小值点位置的同时，避免迭代次数过多。

Adam 优化器优化的计算过程如下所示。

首先对 Momentum 优化器进行改进，相应公式如下所示。

$$m_t := \frac{m_t}{1-\beta_1} \tag{4.12}$$

然后对 Adagrad 优化器进行改进，相应公式如下所示。

$$v_t := \frac{v_t}{1-\beta_2} \tag{4.13}$$

$$w := w - \frac{\eta}{\sqrt{v_t} + \varepsilon} m_t$$

其中 β_1 为 0.9，β_2 为 0.999，ε 为 1e-8，η 为 0.001，通过对多个参数进行调整，可以有效结合 Momentum 优化器和 Adagrad 优化器的优点进行参数处理。

4.3 模型的保存与加载

在模型的训练完成之后，对于满足要求的模型需要进行保存，以方便后续程序对其进行调用。模型在训练过程中，是以对象逻辑结构的方式保存在内存中的，但是内存中的数据容易丢失，因此需要将训练得到的模型保存在硬盘中。在硬盘中，模型是以二进制流的方式保存的。将模型保存在硬盘中，需要用到序列化。序列化是指将内存中的模型以二进制序列的方式保存在硬盘中。相比于序列化，反序列化是指将硬盘中的二进制序列加载到内存中，以得到模型对象。

深度学习框架提供了保存与加载模型的功能，可以保存整个模型，也可以只保存模型参数。

4.3.1 TensorFlow 模型保存与加载

DL-04-v-003

用户可以使用 TensorFlow 中 Keras 提供的方式进行模型保存，有以下两种保存方式。

1）保存整个模型

使用该方式可以将整个模型保存为 HDF5 或者 saved_model 格式，举例如下。

```
model.save('models/tf/model1')
model.save('models/tf/model1.h5',save_format='h5')
```

保存整个模型如图 4.5 所示，其中第一种方式是将模型保存为文件夹格式，第二种方式是将模型保存为 h5 格式。

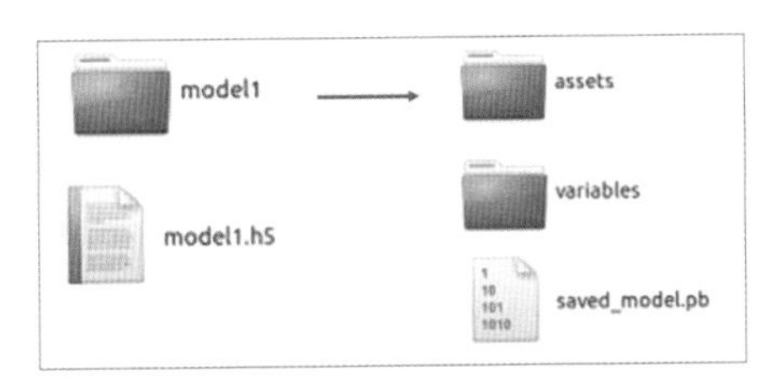

图 4.5　保存整个模型

2）只保存模型参数

使用 model.save_weights()方式可以只保存模型参数，不保存模型结构，如下所示。

```
model1.save_weights('models/tf/weights.h5',save_format='h5')
model1.save_weights('models/tf/weights.ckpt',save_format='tf')
```

只保存模型参数如图 4.6 所示，可以看到，打开文件夹后的内容保存了权重参数，与保存整个模型的方式有区别。

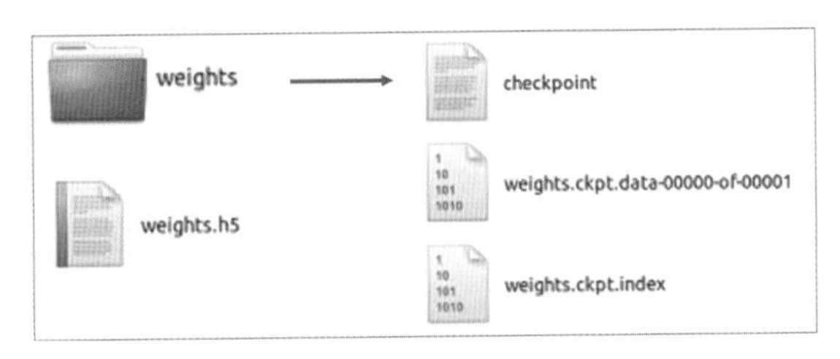

图 4.6　只保存模型参数

在使用已保存的模型时，可以对其进行加载。与保存模型方式相对应。模型加载方式如表 4-1 所示。

表 4-1　模型加载方式

保存方式	加载方式
model.save()	keras.models.load_model()
model.save_weights()	model.load_weights()

4.3.2　PyTorch 模型保存与加载

DL-04-v-004

在 PyTorch 中，可以使用 torch.save()函数保存整个模型或只保存模型参数，举例如下。

```
#保存模型结构和参数
torch.save(model, 'models/pt/model.pt')

#只保存模型参数
torch.save(model.state_dict(), 'models/pt/model_weights.pt')
```

当要加载整个模型时，可以使用 torch.load()函数完成操作，如下所示。

```
#加载模型结构和参数
model = torch.load('models/pt/model.pt')
```

还可以使用 model. load_state_dict()函数加载模型参数，如下所示。

```
#实例化模型
model = ModelClass(*args, **kwargs)
#加载模型参数
model.load_state_dict(torch.load('models/pt/model_weights.pt'))
```

对于 PyTorch 而言，模型内部每一层的参数，均被保存在 model.state_dict()字典中，该字典为有序字典，字典的 key 为层的名称，后面连接 weight 或者 bias。例如，第一层 key 的名称为'conv1.weight'或'conv1.bias'。

4.4 项目案例：车辆识别

随着全球车辆数量的暴涨，车辆分类在智能交通系统中发挥着重要作用，可以应用在自动高速公路收费、自动驾驶车辆的感知和交通流量控制等系统中。

本次实验在汽车数据集上训练卷积神经网络模型以进行车辆品牌型号和年份的识别，同时可以查看图像效果及每个类别预测的概率。实验执行效果如图 4.7 所示。

图 4.7 实验执行效果

Plymouth Neon Coupe 1999
Ford Focus Sedan 2007
Acura Integra Type R 2001
Daewoo Nubira Wagon 2002
Eagle Talon Hatchback 1998
0.00
0.05
0.10
0.15
0.20

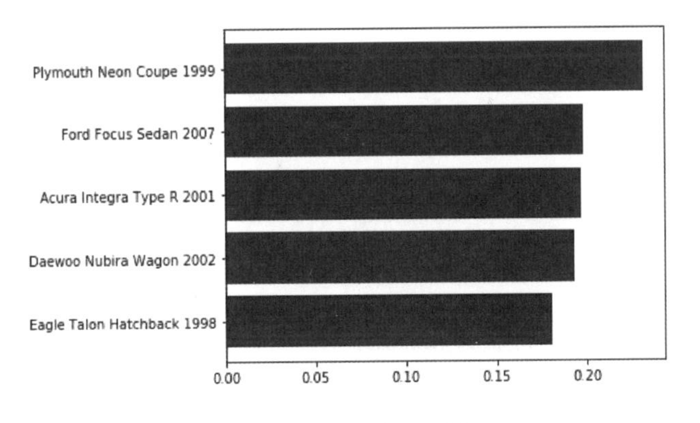

图 4.7　实验执行效果（续）

4.4.1　汽车数据集

汽车数据集包含 13 个类别的汽车，共有 7768 张图像。汽车数据集的目录结构如图 4.8 所示。每种款式的汽车各占一个文件夹。

本次实验数据来自从网站上爬取的图像，包含汽车不同角度的图像，部分图像如图 4.9 所示。

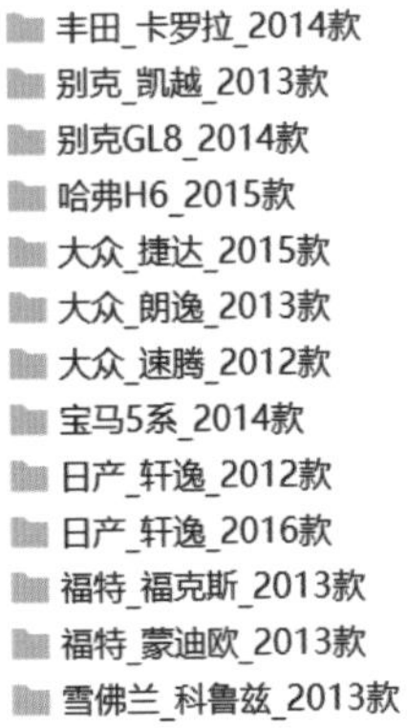

丰田_卡罗拉_2014款
别克_凯越_2013款
别克GL8_2014款
哈弗H6_2015款
大众_捷达_2015款
大众_朗逸_2013款
大众_速腾_2012款
宝马5系_2014款
日产_轩逸_2012款
日产_轩逸_2016款
福特_福克斯_2013款
福特_蒙迪欧_2013款
雪佛兰_科鲁兹_2013款

图 4.8　汽车数据集的目录结构

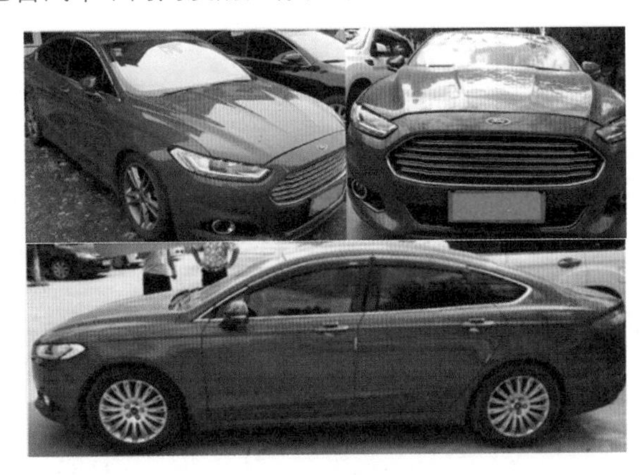

图 4.9　汽车图像展示

4.4.2　项目案例实现

1. 实验目标

（1）能够对训练数据进行基本的数据分析。

（2）能够使用 tf.keras 对训练样本和测试样本执行数据增强操作。

（3）能够使用 tf.keras 对训练过程进行可视化。

（4）能够使用 tf.keras 对卷积神经网络模型进行保存与加载。

2. 实验环境

实验环境如表 4.2 所示。

表 4.2 实验环境

硬 件	软 件	资 源
PC/笔记本电脑	Ubuntu 18.04/Windows 10 Python 3.7.3 TensorFlow 2.4.0	汽车数据集

3. 实验步骤

本实验目录结构如图 4.10 所示。

在 PyCharm 中打开 SG04.py 文件，按照以下步骤完成本次实验。

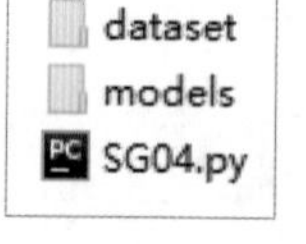

图 4.10 本实验目录结构

1）数据分析

首先对数据进行分析，查看数据是否平衡。

```
#导入基本模块
import os
import pandas as pd
import numpy as np
import tensorflow as tf
import warnings
warnings.filterwarnings("ignore", category=DeprecationWarning)
import matplotlib.pyplot as plt
plt.rcParams['font.sans-serif'] = ['SimHei']

root_data='dataset/train'
data_train=[]

for category in sorted(os.listdir(root_data)):
    for file in sorted(os.listdir(os.path.join(root_data, category))):
        data_train.append((category, os.path.join(root_data, category, file)))

train_df = pd.DataFrame(data_train, columns=['class','file_path'])

train_df.head()
print(f'训练集数量{len(train_df)}')
train_df['class']#查看训练集类别标签

#统计类别数据
train_df['class'].value_counts()

#绘制条形图
```

```
train_df['class'].value_counts().plot(kind='bar')
fig = plt.figure(figsize=(50, 50))
plt.show()
```

2）数据预处理

定义数据生成器，进行数据增强。

```
from sklearn.utils import class_weight
import tensorflow as tf
from tensorflow.keras.models import Sequential
from tensorflow.keras.layers import Dense, Conv2D, Flatten, Dropout, MaxPooling2D
from tensorflow.keras.preprocessing.image import ImageDataGenerator

root_train='dataset/train'

#数据管道
train_datagen = ImageDataGenerator(rescale=1. / 255.,
                                   validation_split=0.2,
                                   horizontal_flip=True,
                                   rotation_range=10,
                                   width_shift_range=.1,
                                   height_shift_range=.1)

validation_datagen = ImageDataGenerator(rescale=1. / 255.)

train_generator = train_datagen.flow_from_directory(root_train,
                                                    target_size=(224, 224),
                                                    shuffle=True,
                                                    seed=13,
                                                    class_mode='categorical',
                                                    batch_size=16,
                                                    subset="training")

validation_generator = train_datagen.flow_from_directory(root_train,
                                                         target_size=(224, 224),
                                                         shuffle=True,
                                                         seed=13,
                                                         class_mode='categorical',
                                                         batch_size=16,
                                                         subset="validation")

predict_generator = validation_datagen.flow_from_directory(root_train,
                                                           target_size=(224, 224),
                                                           shuffle=False,
                                                           class_mode='categorical',
```

```
                                                    batch_size=16)

    class_weights_lst = class_weight.compute_class_weight(class_weight='balanced',
                                                classes=np.unique(train_generator.
classes),

                                                y=train_generator.classes)

    class_weights = dict(zip(np.unique(train_generator.classes), class_weights_lst))
```

3）模型构建

定义普通的卷积神经网络模型。

```
    #模型构建
    model = Sequential([Conv2D(16, 3, padding='same', activation='relu',
input_shape=(224, 224, 3)),
                        MaxPooling2D(),
                        Dropout(0.2),
                        Conv2D(32, 3, padding='same', activation='relu'),
                        MaxPooling2D(),
                        Conv2D(64, 3, padding='same', activation='relu'),
                        MaxPooling2D(),
                        Dropout(0.2),
                        Flatten(),
                        Dense(512, activation='relu'),
                        Dense(13, activation='softmax')])

    #模型预编译
    model.compile(optimizer='nadam',loss='categorical_crossentropy',metrics=['a
ccuracy'])
    model.summary()
```

4）模型训练

```
    #提前停止
    earlyStopping = tf.keras.callbacks.EarlyStopping(monitor='val_accuracy',
patience=7, verbose=1, min_delta=1e-4)

    #设置回调函数，当指标停止提升时，降低学习率

    #一旦学习停止，模型通常会将学习率降低 2~10 倍。该回调函数用于监测数量，如果没有看到 epoch
的 'patience' 数量的改善，那么学习率就会降低
    reduce_lr = tf.keras.callbacks.ReduceLROnPlateau(monitor='val_accuracy',
factor=0.1, patience=4, verbose=1, min_delta=1e-4)
    #checkpoint
    file_path = f'models/{model.name}.h5'
    best_model = tf.keras.callbacks.ModelCheckpoint(file_path,
```

```
                                    save_best_only=True,
                                    monitor='val_accuracy',
                                    verbose=1,
                                    save_weights_only=False)

history=model.fit(train_generator,
                  epochs=100,
                  validation_data=validation_generator,
                  class_weight=class_weights,
                  callbacks=[earlyStopping, reduce_lr, best_model])

acc = history.history['accuracy']
val_acc = history.history['val_accuracy']
loss = history.history['loss']
val_loss = history.history['val_loss']
epochs_range = range(len(acc))
plt.plot(epochs_range, acc, label='训练集准确率')
plt.plot(epochs_range, val_acc, label='验证集准确率')
plt.legend(loc='lower right')
plt.grid()
plt.title('训练和验证准确率')
plt.show()

plt.plot(epochs_range, loss, label='训练集损失')
plt.plot(epochs_range, val_loss, label='验证集损失')
plt.legend(loc='upper right')
plt.grid()
plt.title('训练和验证损失')
plt.show()
```

代码运行结果如图 4.11 所示。模型的最终准确率在 80%以上，损失值已经达到最优值，整体模型效果良好。

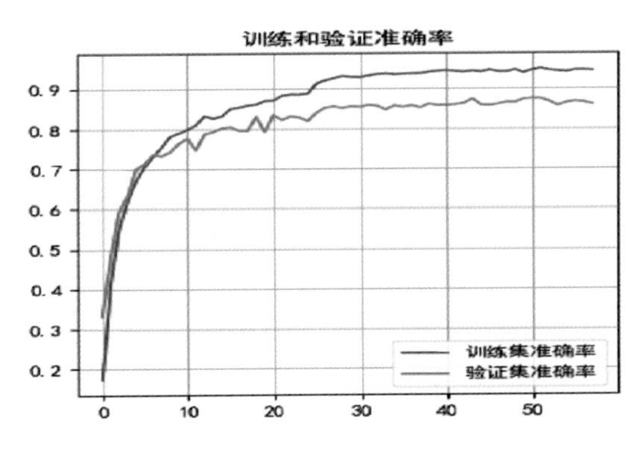

DL-04-v-005

图 4.11　代码运行结果

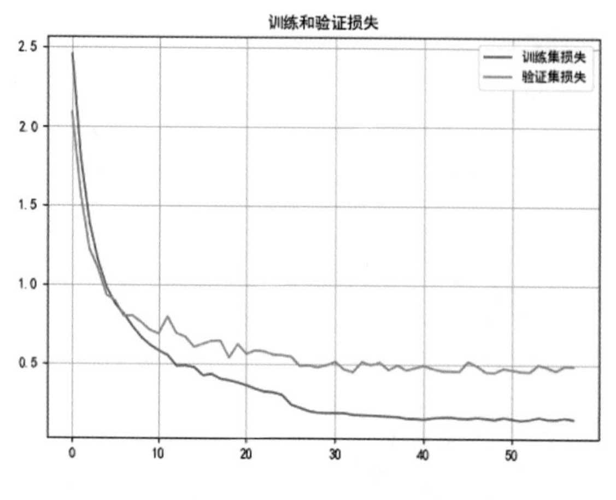

图 4.11 代码运行结果（续）

4. 实验小结

使用汽车数据集的 20% 作为验证集（在训练/测试阶段未使用）用于验证结果。自定义包含 3 个卷积层的神经网络模型，并为模型训练指定提前停止和回调函数。经过近 60 轮训练，模型在训练集和验证集上的准确率约为 93%和 85%。

本章总结

- 数据增强是指通过对原始图进行旋转、偏移、对比度调整、缩放等操作将图像拓展为多张图像的过程，在 TensorFlow 与 PyTorch 中都可以实现数据增强。
- 由于传统的梯度下降算法有可能使模型的最终训练结果陷入局部最优，因此可以使用 Momentum 优化器、Adagrad 优化器、RMSprop 优化器、Adam 优化器来解决此问题。
- 在模型的训练完成后，可以将模型进行序列化与反序列化，TensorFlow 与 PyTorch 都可以进行模型的序列化与反序列化。

作业与练习

DL-04-c-001

1. [单选题] 数据增强的作用是（　　）。

   A. 提取图像特征　　　　B. 降低模型精度

   C. 防止模型出现过拟合　　　　D. 增大图像尺寸

2. [单选题] 优化器的主要作用是（　　）。

   A. 提高模型精确度　　　　B. 防止模型过拟合

C．降低模型复杂度　　D．添加模型正则化

3．[单选题] 有可能出现过早失效的优化器是（　　）。

A．Momentum 优化器　　B．Adagrad 优化器

C．RMSprop 优化器　　D．Adam 优化器

4．[多选题] 下列优化器中，可以对学习率进行调整的是（　　）。

A．Momentum 优化器　　B．Adagrad 优化器

C．RMSprop 优化器　　D．Adam 优化器

5．[多选题] 数据增强的方式有（　　）。

A．随机旋转　　B．随机剪裁

C．水平翻转　　D．垂直翻转

第2部分

深度学习进阶算法与应用

本部分（第5~9章）内容主要介绍深度学习进阶算法与应用，具体包括深度卷积神经网络及其应用，同时介绍了一些高效的卷积神经网络，并介绍了针对序列模型的循环神经网络和深度循环神经网络，并利用深度循环神经网络实现短时交通流量预测。这部分主要包括以下内容。

（1）第5章主要介绍深度卷积神经网络相关知识。本章先介绍了深度卷积神经网络的基本内容。然后介绍了典型的深度卷积神经网络的网络结构及其模型的构建，包括AlexNet、VGG、NiN和GoogLeNet。最后介绍了使用TensorFlow实现车辆多属性识别的项目案例。

（2）第6章主要介绍高效的卷积神经网络相关知识。本章先介绍了ResNet的网络结构及其模型的构建。然后介绍了DenseNet、MobileNet的网络结构及其模型的构建。最后介绍了使用ResNet、DenseNet、MobileNet模型实现违规驾驶行为识别的项目案例。

（3）第7章主要介绍目标检测相关知识。本章先介绍了目标检测的基本概念和实现原理。然后介绍了两阶段目标检测和一阶段目标检测。最后介绍了使用YOLOv3实现车辆检测的项目案例。

（4）第8章主要介绍循环神经网络相关知识。本章先介绍了循环神经网络的基本概念。然后介绍了LSTM神经网络的网络结构及LSTM门机制，同时介绍了GRU神经网络的网络结构及GRU门机制。最后介绍了使用PyTorch实现文本生成的项目案例。

（5）第9章主要介绍深度循环神经网络相关知识。本章先介绍了深度循环神经网络的特点。然后介绍了双向LSTM神经网络的前向传播过程。最后介绍了使用PyTorch构建双向LSTM神经网络模型实现基于时间维度的短时交通流量预测的项目案例。

第5章

深度卷积神经网络

技能目标

- 理解不同深度卷积神经网络的典型结构与工作机制。
- 能够构建多输出神经网络模型以解决多属性识别问题。
- 能够使用深度神经网络处理深度学习任务。
- 掌握构建、训练和应用深度卷积神经网络模型的主要方法。
- 掌握设计深度卷积神经网络的基本思路。

不同深度神经网络的网络结构与超参数有所不同，因此各深度神经网络的性能和适用场景也不尽相同。本章将介绍一些比较典型的深度卷积神经网络的网络结构、工作原理、特点及实现方式。

本章包含的项目案例如下。

- 车辆多属性识别。

构建多输出神经网络模型，并在 BITVehicle-Dataset 上进行训练，以对车辆类型和车辆颜色完成预测，解决多属性识别问题。

5.1 深度卷积神经网络的概述

卷积神经网络起源很早，如 LeNet5 是 1998 年被提出的，它是最早应用于商业的卷积神经网络，其网络结构如图 5.1 所示，输入图像经过两次卷积与下采样运算后，输入全连接层，并通过高斯径向基函数输出手写数字识别的概率。但是直到 2012 年 AlexNet 模型在 ImageNet 图像分类竞赛中大获全胜之后，卷积神经网络才得到业界的广泛关注。

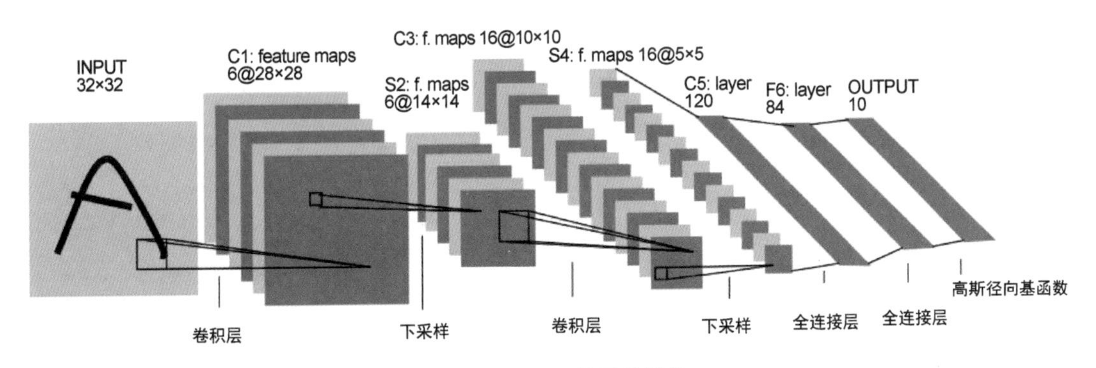

图 5.1　LeNet5 的网络结构

到目前为止，涌现出了相当多的深度卷积神经网络，较为典型的深度卷积神经网络有以下几种。

（1）AlexNet。AlexNet 是第一个在 ImageNet 图像分类竞赛中击败传统计算机视觉模型的大型神经网络。

（2）VGG。VGG 通过重复使用相同的网络块（VGG 块）来构建完整的网络模型。

（3）NiN（网络中的网络）。该网络通过重复使用卷积层和 1×1 卷积层代替全连接层来解决信息丢失的问题。

（4）GoogLeNet。GoogLeNet 使用并行连接的网络，通过窗口尺寸不同的卷积层和最大汇聚层来并行抽取特征。

（5）ResNet（残差网络）。ResNet 通过残差块构建跨层的数据通道，是深度学习中较为流行的一种网络。

（6）DenseNet（稠密连接网络）。DenseNet 通过跳线将当前层的计算结果输入当前层往后所有层，计算成本很高，但具有良好的效果。

（7）MobileNet。MobileNet 是针对移动端或嵌入式设备提出的一种轻量级深度卷积神经网络。

本章内容包含 AlexNet、VGG、NiN、GoogLeNet 的网络结构及其模型构建。ResNet、DenseNet 和 MobileNet 是运用轻量化组件构建的高效神经网络，将在下一章进行讲解与应用。

5.2　AlexNet

DL-05-v-001

5.2.1　AlexNet 的网络结构

AlexNet 来源于论文“ImageNet Classification with Deep Convolutional Neural Networks”（使用深度卷积神经网络进行 ImageNet 分类），论文第一作者是多伦多大学的计算机科学家亚历克斯·克里泽夫斯基。

在 2012 年的 ImageNet 图像分类竞赛中，AlexNet 一鸣惊人，它对 128 万张 1000 个分类图像的预测结果准确率大大超过其他算法的预测结果准确率。AlexNet 的网络结构共有 8 层，前 5 层是卷积层，后 3 层是全连接层。

在上述论文中，作者使用 2 块 GTX 580 GPU 3GB 内存的显卡来进行训练，并采用 GPU 并行方案，每个 GPU 放置一半的神经元。AlexNet 的网络结构如图 5.2 所示。

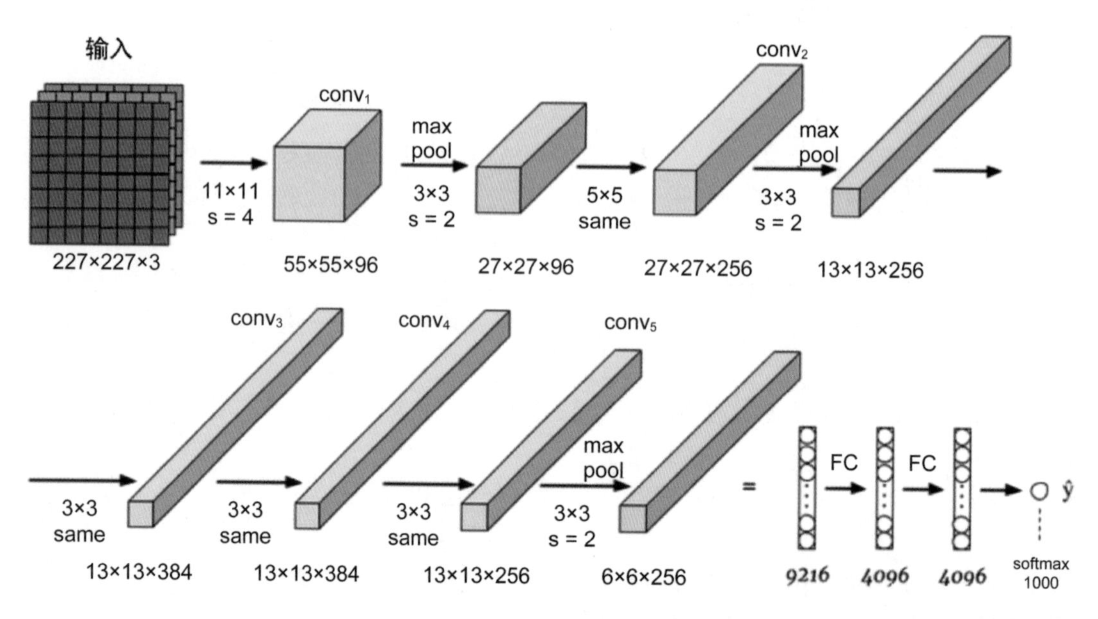

图 5.2 AlexNet 的网络结构

在 AlexNet 网络结构的 5 个卷积层中，前 2 个卷积层后面均连着最大池化层以进行下采样，后 3 个卷积层直接串联，形成“卷积层-卷积层-卷积层”的结构。最后一层是 softmax 输出层，共有 1000 个神经元，对应 ImageNet 数据集中 1000 个分类。

与 LeNet5 相比较，AlexNet 主要的创新点有以下几个。

（1）隐藏层使用的激活函数是 ReLU 函数。

AlexNet 为解决网络训练梯度更新缓慢，帮助网络加速收敛的问题，首次采用 ReLU 函数作为激活函数。

（2）采用了局部响应归一化（Local Response Normalization，LRN）。

局部响应归一化是深度学习中提高鲁棒性的技术方法，一般位于激活、池化之后，与机器学习中特征归一化的作用类似，可以防止模型出现过拟合问题，提高模型运行速度。

（3）通过 Dropout 正则化来防止模型出现过拟合问题。

Dropout 正则化会以一定的概率 P（如 0.5）将隐藏层神经元的输入值和输出值设置为 0。它可避免复杂神经元的互适应问题，也可防止模型出现过拟合问题。

5.2.2 构建 AlexNet 模型

AlexNet 模型可以使用 TensorFlow 及 PyTorch 构建，但是所构建模型输入图像的尺寸为 224×224×3，与原始的 AlexNet 模型输入图像的尺寸有所不同。

使用 TensorFlow 构建 AlexNet 模型的代码如下所示。

```
import tensorflow as tf
from tensorflow.keras import layers,models
print(tf.__version__)
#获取当前GPU计算设备
for gpu in tf.config.experimental.list_physical_devices('GPU'):
    #自动分配内容
    tf.config.experimental.set_memory_growth(gpu, True)
#使用顺序模式构建模型
alexnet = models.Sequential([
    #添加卷积    layers.Conv2D(filters=96,kernel_size=11,strides=4,activation=
'relu'),
     layers.MaxPool2D(pool_size=3, strides=2), layers.Conv2D(filters=256,kernel_
size=5,padding='same',activation='relu'),
     layers.MaxPool2D(pool_size=3, strides=2), layers.Conv2D(filters=384,kernel_
size=3,padding='same',activation='relu'),
  layers.Conv2D(filters=384,kernel_size=3,padding='same',activation='relu'),
layers.Conv2D(filters=256,kernel_size=3,padding='same',activation='relu'),
    layers.MaxPool2D(pool_size=3, strides=2),
    #扁平化
    layers.Flatten(),
    #全连接层
    layers.Dense(4096,activation='relu'),
    layers.Dropout(0.5),
    layers.Dense(4096,activation='relu'),
    layers.Dropout(0.5),
    layers.Dense(10,activation='sigmoid')])
#输入数据
X = tf.random.uniform((1,224,224,1))
for layer in alexnet.layers:
    X = layer(X)
    print(layer.name, 'output shape\t', X.shape)
```

使用 PyTorch 构建 AlexNet 模型的代码如下所示。其中，在模型构建过程中，会用到以下内容。

（1）torch.nn.AdaptiveAvgPool2d((h,w))。该类的作用是在由多个输入平面组成的输入信号上应用二维自适应平均池化。对于任意尺寸的输入图像，输出图像的尺寸为 h×w，输出特征的数量等于输入平面的数量。

（2）nn.ReLU(inplace=True)。inplace=True 表示对从上层网络 Conv2d 输出的 tensor 直接进行映射，以节省运算内存。

```
import torch
import torch.nn as nn
class AlexNet(nn.Module):
    def __init__(self, num_classes: int = 1000, dropout: float = 0.5) :
    '''构建模型'''
        super().__init__()
        #卷积
        self.features = nn.Sequential(
            nn.Conv2d(3, 64, kernel_size=11, stride=4, padding=2),
            nn.ReLU(inplace=True),
            nn.MaxPool2d(kernel_size=3, stride=2),
            nn.Conv2d(64, 192, kernel_size=5, padding=2),
            nn.ReLU(inplace=True),
            nn.MaxPool2d(kernel_size=3, stride=2),
            nn.Conv2d(192, 384, kernel_size=3, padding=1),
            nn.ReLU(inplace=True),
            nn.Conv2d(384, 256, kernel_size=3, padding=1),
            nn.ReLU(inplace=True),
            nn.Conv2d(256, 256, kernel_size=3, padding=1),
            nn.ReLU(inplace=True),
            nn.MaxPool2d(kernel_size=3, stride=2),
        )
        #全局均值池化
        self.avgpool = nn.AdaptiveAvgPool2d((6, 6))
        #全连接
        self.classifier = nn.Sequential(
            nn.Dropout(p=dropout),
            nn.Linear(256 * 6 * 6, 4096),
            nn.ReLU(inplace=True),
            nn.Dropout(p=dropout),
            nn.Linear(4096, 4096),
            nn.ReLU(inplace=True),
            nn.Linear(4096, num_classes),
        )
    def forward(self, x: torch.Tensor):
        x = self.features(x)
        x = self.avgpool(x)
        x = torch.flatten(x, 1)
        x = self.classifier(x)
        return x
net=AlexNet()
print(net)
```

5.3　VGG

VGG（Visual Geometry Group）是牛津大学提出的一系列深度卷积神经网络，包括了 VGG11、VGG13、VGG16、VGG19 等以 VGG 开头的卷积神经网络，它可应用于人脸识别、图像分类等任务。

5.3.1　VGG 的网络结构

DL-05-v-002

VGG 是 2014 年 ImageNet 图像分类竞赛的亚军，它通过重复使用简单的基础块实现深度卷积神经网络模型的构建。VGG16 的网络结构如图 5.3 所示。

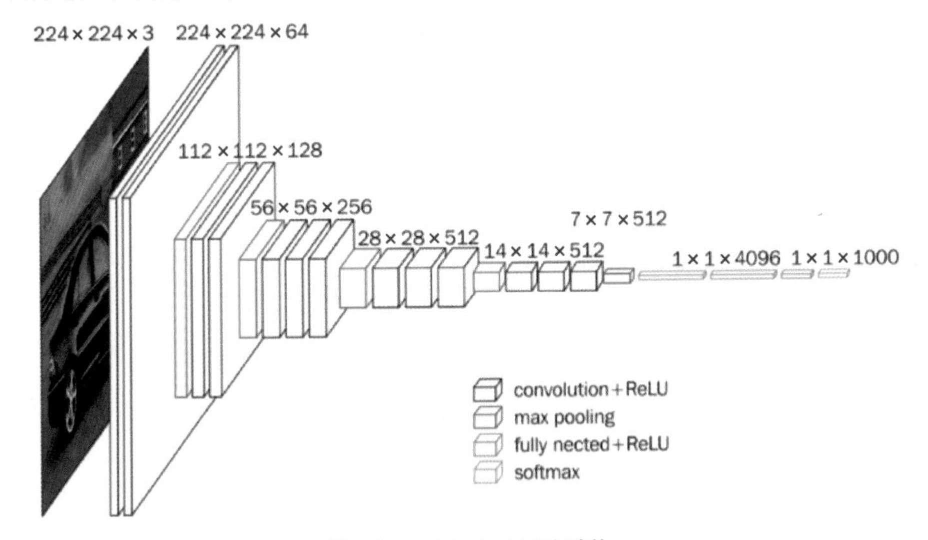

图 5.3　VGG16 的网络结构

由图 5.3 可知，VGG16 通过重复使用相同的网络块来构成完整的网络，该网络块称为 VGG 块。VGG 块由数个相同尺寸的卷积层串联组成，每个卷积层都进行了相同的填充（padding=1），卷积核尺寸均为 3×3，并连接步长为 2、卷积核尺寸为 2×2 的最大池化层。VGG 块的卷积层保持特征图的尺寸与输入图像的尺寸一致，但是通过最大池化层之后，输出特征图的尺寸变为输入图像尺寸的一半。输入图像在通过 VGG 时，特征图的高和宽不断减半，通道数则不断增加，最终自然过渡到一维向量。

在构建 VGG 模型时，通常使用 vgg_block()函数来实现基础的 VGG 块。使用该函数需要指定卷积层的数量和输入、输出通道数。

在深度卷积神经网络中，可以通过堆积的小卷积核来替换大卷积核，以增加网络深度，学习更复杂的模式，取得更优的性能，损失函数也会更小（模型的参数个数更少）。VGG 基于该思想，使用 3 个 3×3 卷积核来代替 7×7 卷积核，同时使用 2 个 3×3 卷积核来代替 5×5 卷积核，从而改善其性能。

5.3.2 构建 VGG 模型

使用 TensorFlow 构建 VGG 模型的代码如下所示。

```
#定义基础的 VGG 块
def vgg_block(num_convs, num_channels):
    blk = tf.keras.models.Sequential()
    for _ in range(num_convs):
        blk.add(tf.keras.layers.Conv2D(num_channels,kernel_size=3,
                                    padding='same',activation='relu'))

    blk.add(tf.keras.layers.MaxPool2D(pool_size=2, strides=2))
    return blk
conv_arch = ((1, 64), (1, 128), (2, 256), (2, 512), (2, 512))
#定义 VGG 模型
def vgg(conv_arch):
    net = tf.keras.models.Sequential()
    for (num_convs, num_channels) in conv_arch:
        net.add(vgg_block(num_convs,num_channels))
    net.add(tf.keras.models.Sequential([tf.keras.layers.Flatten(),
             tf.keras.layers.Dense(4096,activation='relu'),
             tf.keras.layers.Dropout(0.5),
             tf.keras.layers.Dense(4096,activation='relu'),
             tf.keras.layers.Dropout(0.5),
             tf.keras.layers.Dense(10,activation='sigmoid')]))
    return net
vggnet = vgg(conv_arch)
```

使用 PyTorch 构建 VGG 模型的代码如下所示。

```
'''vgg'''
import torch
import torch.nn as nn
from torch.autograd import Variable
cfg = {
    'VGG11': [64, 'M', 128, 'M', 256, 256, 'M', 512, 512, 'M', 512, 512, 'M'],
    'VGG13': [64, 64, 'M', 128, 128, 'M', 256, 256, 'M', 512, 512, 'M', 512,
512, 'M'],
    'VGG16': [64, 64, 'M', 128, 128, 'M', 256, 256, 256, 'M', 512, 512, 512,
'M', 512, 512, 512, 'M'],
    'VGG19': [64, 64, 'M', 128, 128, 'M', 256, 256, 256, 256, 'M', 512, 512,
512, 512, 'M', 512, 512, 512, 512, 'M'],
}
#模型需继承 nn.Module
class VGG(nn.Module):
#初始化参数
```

```
    def __init__(self, vgg_name):
        super(VGG, self).__init__()
        self.features = self._make_layers(cfg[vgg_name])
        self.classifier = nn.Linear(512, 10)
#模型计算时的前向过程，也就是按照这个过程进行计算
    def forward(self, x):
        out = self.features(x)
        out = out.view(out.size(0), -1)
        out = self.classifier(out)
        return out
    def _make_layers(self, cfg):
        layers = []
        in_channels = 3
        for x in cfg:
            if x == 'M':
                layers += [nn.MaxPool2d(kernel_size=2, stride=2)]
            else:
                layers += [nn.Conv2d(in_channels, x, kernel_size=3, padding=1),
                        nn.ReLU(inplace=True)]
                in_channels = x
        layers += [nn.AvgPool2d(kernel_size=1, stride=1)]
        return nn.Sequential(*layers)
vggnet = VGG('VGG11')
x = torch.randn(2,3,32,32)
print(net(Variable(x)).size())
```

5.4 NiN

LeNet、AlexNet 和 VGG 具有相同的网络特点，即先通过一系列的卷积层与池化层提取图像空间特征，然后使用全连接层实现分类。但是图像从卷积层到全连接层，有可能会丢失部分重要的空间特征信息。而 NiN 就是解决该问题的技术方案。NiN 通过在每个像素的通道上使用多层感知器（MLP）来保证图像的空间特征信息不会丢失。

通过改进传统的卷积神经网络得到的 NiN 可采用少量参数就取得了超过 AlexNet 的性能。

5.4.1 NiN 的网络结构

DL-05-v-003

NiN 的网络结构为感知器卷积层和全局平均池化，如图 5.4 所示。

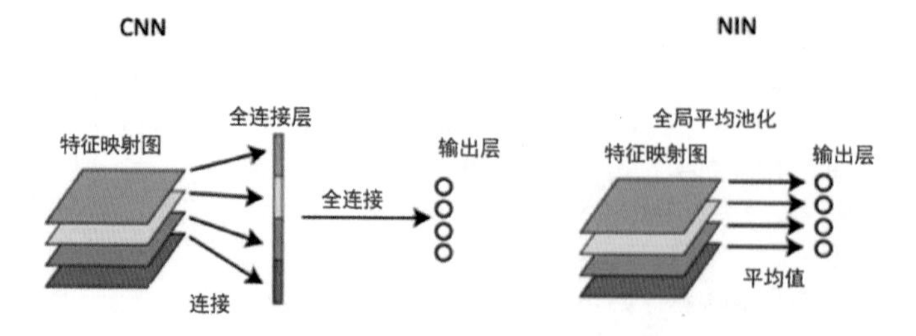

图 5.4 NiN 的网络结构

1）感知器卷积层

NiN 将线性卷积层替换为感知器卷积层，其网络结构如图 5.5 所示。

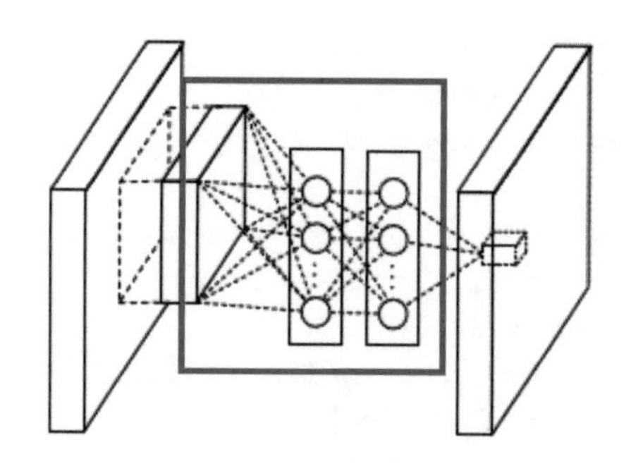

图 5.5 感知器卷积层的网络结构

该结构称为多层感知器卷积（MLPConv），它在常规卷积（卷积核尺寸大于 1）后连接感知器卷积，感知器卷积可以被替换为 1×1 卷积，如图 5.6 所示。

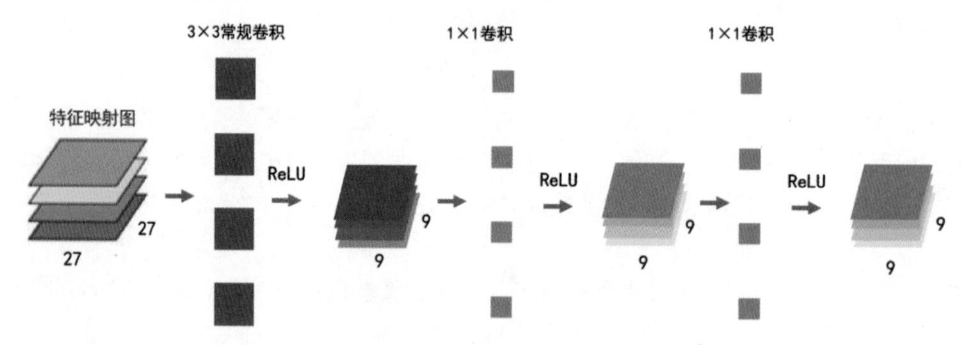

图 5.6 使用 1×1 卷积替换感知器卷积

1×1 卷积实际上是对不同通道上同一位置处的特征值进行一次线性组合。

2）全局平均池化

全局平均池化是将整个特征映射图的平均池化结果作为模型的输入，一方面有效地减少了模型的参数个数，从而减轻过拟合；另一方面求和平均综合了整个特征映射图的所有信息，全局平均池化可以对空间特征信息进行汇总，因此对输入的空间转换具有更强的鲁棒性。需要注意的，输入图像的尺寸没有限制。

在卷积神经网络中可以应用 NiN 的网络结构，如图 5.7 所示，在该神经网络的网络结构中，第一个卷积核是 11×11×3×96，因此在一个块上卷积的输出是 1×1×96 的特征映射图（本质是一个 96 维的向量）；其后又接了一个感知器卷积层，输出仍然是 1×1×96 的特征映射图。因此这个感知器卷积层就等价于一个 1×1 的卷积层。

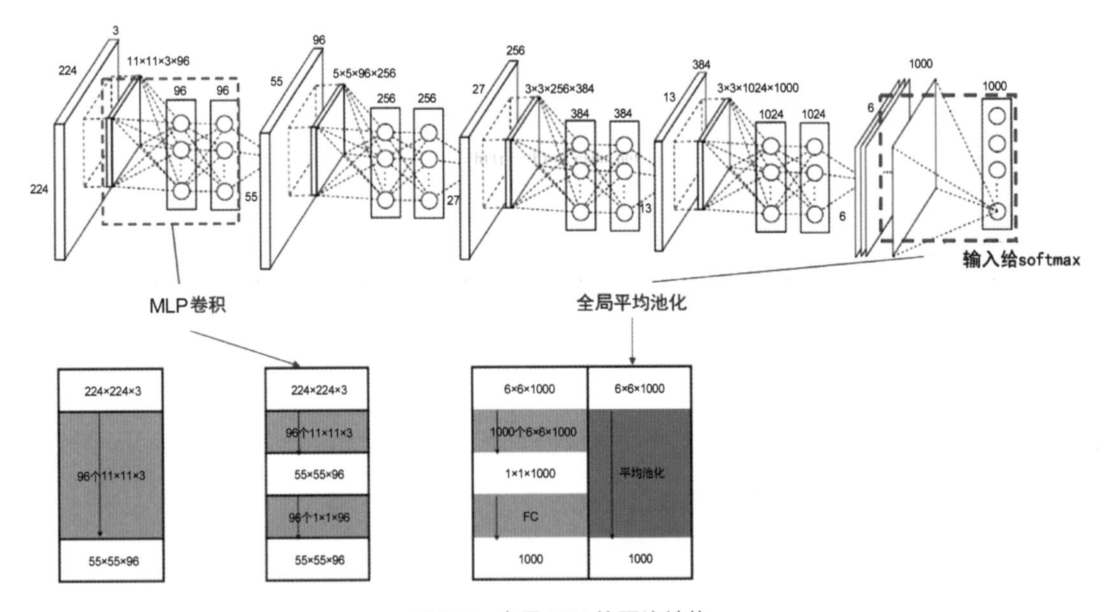

图 5.7　应用 NiN 的网络结构

5.4.2　构建 NiN 模型

使用 TensorFlow 构建 NiN 模型的代码如下所示。

```
#!/usr/bin/env python
#coding: utf-8
#网络中的网络（NiN）
import tensorflow as tf
print(tf.__version__)
for gpu in tf.config.experimental.list_physical_devices('GPU'):
    tf.config.experimental.set_memory_growth(gpu, True)
#微型网络
def nin_block(num_channels, kernel_size, strides, padding):
    blk = tf.keras.models.Sequential()
    blk.add(tf.keras.layers.Conv2D(num_channels, kernel_size,
                            strides=strides, padding=padding, activation='relu'))
```

```
        blk.add(tf.keras.layers.Conv2D(num_channels, kernel_size=1,activation=
'relu'))
        blk.add(tf.keras.layers.Conv2D(num_channels, kernel_size=1,activation=
'relu'))
        return blk
    ###NiN 模型
    net = tf.keras.models.Sequential()
    net.add(nin_block(96, kernel_size=11, strides=4, padding='valid'))
    net.add(tf.keras.layers.MaxPool2D(pool_size=3, strides=2))
    net.add(nin_block(256, kernel_size=5, strides=1, padding='same'))
    net.add(tf.keras.layers.MaxPool2D(pool_size=3, strides=2))
    net.add(nin_block(384, kernel_size=3, strides=1, padding='same'))
    net.add(tf.keras.layers.MaxPool2D(pool_size=3, strides=2))
    net.add(tf.keras.layers.Dropout(0.5))
    net.add(nin_block(10, kernel_size=3, strides=1, padding='same'))
    net.add(tf.keras.layers.GlobalAveragePooling2D())
    net.add(tf.keras.layers.Flatten())
    #构造一个高和宽均为 224 的单通道数据样本来观察每一层的输出形状
    X = tf.random.uniform((1,224,224,1))
    for blk in net.layers:
        X = blk(X)
         print(blk.name, 'output shape:\t', X.shape)
```

使用 PyTorch 构建 NiN 模型的代码如下所示。

```
    #!/usr/bin/env python
    #coding: utf-8
    ##NiN
    #导入
    import torch
    import torch.nn as nn
    #定义微型网络
    def nin_block(in_channels,out_channels,kernel_size,strides,padding):
        blk = nn.Sequential(
                nn.Conv2d(in_channels,out_channels,kernel_size,strides,padding),
                nn.ReLU(),
                nn.Conv2d(out_channels,out_channels,kernel_size=1),
                nn.ReLU(),
                nn.Conv2d(out_channels,out_channels,kernel_size=1),
                nn.ReLU())
        return blk
    ###NiN 模型
    class Net(nn.Module):
        #定义模型结构
        def __init__(self):
```

```
        super(Net, self).__init__()
        self.n1  =  nin_block(1,out_channels=96,  kernel_size=11,  strides=4,
padding=0)
        self.m1 = nn.MaxPool2d(3,stride=2)
        self.n2  =  nin_block(96,out_channels=256,  kernel_size=5,  strides=1,
padding=2)
        self.m2 = nn.MaxPool2d(3,stride=2)
        self.n3  =  nin_block(256,out_channels=384,  kernel_size=3,  strides=1,
padding=1)
        self.m3 = nn.MaxPool2d(3,stride=2)
        self.dropout1 = nn.Dropout2d(0.5)
        self.n4  =  nin_block(384,out_channels=10,  kernel_size=3,  strides=1,
padding=1)
        #全局平均池化
        self.avg1 = nn.AdaptiveMaxPool2d((1,1))
        self.flat = Flatten()

    #正向传播
    def forward(self, x):
        x = self.m1(self.n1(x))
        x = self.m2(self.n2(x))
        x = self.dropout1(self.m3(self.n3(x)))
        x = self.n4(x)
        x = self.avg1(x)
        x = self.flat(x)
        return x
class Flatten(nn.Module):
    def forward(self, input):
        return input.view(input.size(0), -1)
net = Net()
X = torch.rand(size=(1,1,224,224))
for layer in net.children():
    X = layer(X)
    print(layer.__class__.__name__,'output shape:\t', X.shape)
```

5.5 GoogLeNet

DL-05-v-004

5.5.1 GoogLeNet 的网络结构

在 GoogLeNet 的网络结构中，基本的网络块称为 inception 块，如图 5.8 所示，该块由 4 条并行路径组成。

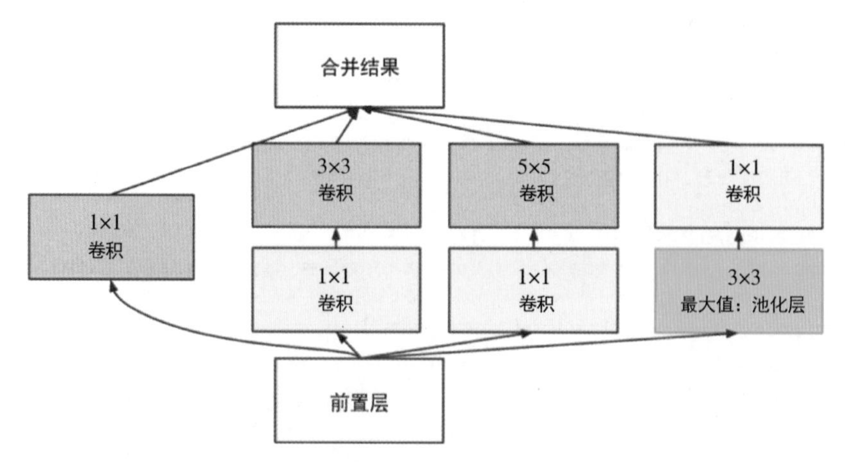

图 5.8 inception 块

inception 块的前 3 条路径使用窗口尺寸为 1×1、3×3 和 5×5 的卷积，从不同空间中提取信息；中间的 2 条路径在输入上执行 1×1 卷积，以减少通道数，从而降低模型的复杂性；第 4 条路径先使用 3×3 池化层，然后使用 1×1 卷积来改变通道数。4 条路径的卷积均使用填充来使输入与输出的高和宽保持一致。将每条路径的输出在通道维度上进行连接，构成 inception 块的输出。

GoogLeNet 的网络结构如图 5.9 所示。

GoogLeNet（分为 5 个模块）一共使用 9 个 inception 块和全局平均池化层的堆叠来生成输出，其中，inception 块之间的最大池化层可降低维度。

第 1 个模块是 64 个通道、7×7 的卷积层。

第 2 个模块使用 2 个卷积层。其中，第 1 个卷积层是 64 个通道、卷积核尺寸为 1×1 的卷积层，第 2 个卷积层有 192 个通道，卷积核尺寸为 3×3，对应于 inception 块中的第 2 条路径。

第 3 个模块串联 2 个完整的 inception 块。第 1 个 inception 块的输出通道数为 64+128+32+32=256，该块 4 条路径之间的输出通道数之比为 64:128:32:32=2:4:1:1。第 2 个 inception 块的输出通道数增加到 128+192+96+64=480，该块 4 条路径之间的输出通道数之比为 128:192:96:64=4:6:3:2。

第 4 个模块更加复杂，串联了 5 个 inception 块，其输出通道数分别是 192+208+48+64=512、160+224+64+64=512、128+256+64+64=512、112+288+64+64=528 和 256+320+128+128=832。

第 5 个模块包含输出通道数为 256+320+128+128=832 和 384+384+128+128=1024 的 2 个 inception 块。其中每条路径通道数的分配思路和第 3、4 个模块中每条路径通道数的分配思路一致，只是在具体数值上有所不同。需要注意的是，第 5 个模块后面紧跟输出层，该模块同 NiN 一样会使用全局平均池化，将每个通道的高和宽变成 1。

GoogLeNet 最终将输出变成二维数组并接上一个输出个数为标签类别数的全连接层。

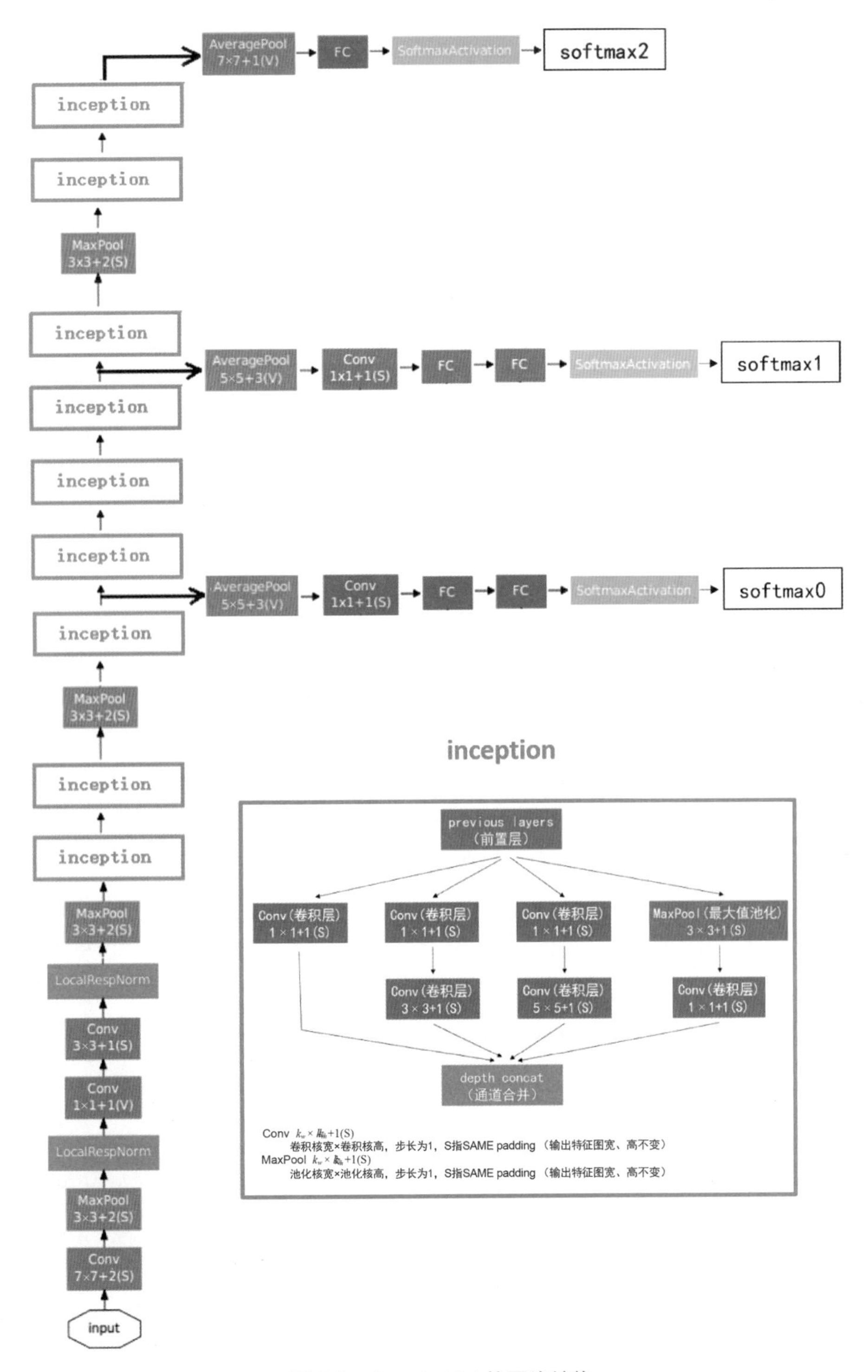

图 5.9　GoogLeNet 的网络结构

5.5.2 构建 GoogLeNet 模型

使用 TensorFlow 构建 GoogLeNet 模型的代码如下所示。

```
class Inception(tf.keras.layers.Layer):
    def __init__(self,c1, c2, c3, c4):
        super().__init__()
        #线路 1，单 1×1 卷积层
        self.p1_1 = tf.keras.layers.Conv2D(c1, kernel_size=1, activation='relu',
padding='same')
        #线路 2，1×1 卷积层后接 3×3 卷积层
        self.p2_1 = tf.keras.layers.Conv2D(c2[0], kernel_size=1, padding='same',
activation='relu')
        self.p2_2 = tf.keras.layers.Conv2D(c2[1], kernel_size=3, padding='same',
                             activation='relu')
        #线路 3，1×1 卷积层后接 5×5 卷积层
        self.p3_1 = tf.keras.layers.Conv2D(c3[0], kernel_size=1, padding='same',
activation='relu')
        self.p3_2 = tf.keras.layers.Conv2D(c3[1], kernel_size=5, padding='same',
                             activation='relu')
        #线路 4，3×3 最大池化层后接 1×1 卷积层
        self.p4_1  =  tf.keras.layers.MaxPool2D(pool_size=3,  padding='same',
strides=1)
        self.p4_2 = tf.keras.layers.Conv2D(c4, kernel_size=1, padding='same',
activation='relu')
    def call(self, x):
        p1 = self.p1_1(x)
        p2 = self.p2_2(self.p2_1(x))
        p3 = self.p3_2(self.p3_1(x))
        p4 = self.p4_2(self.p4_1(x))
        return tf.concat([p1, p2, p3, p4], axis=-1)  #在通道维上连接输出
Inception(64, (96, 128), (16, 32), 32)
b1 = tf.keras.models.Sequential()
b1.add(tf.keras.layers.Conv2D(64, kernel_size=7, strides=2, padding='same',
activation='relu'))
b1.add(tf.keras.layers.MaxPool2D(pool_size=3, strides=2, padding='same'))

b2 = tf.keras.models.Sequential()
b2.add(tf.keras.layers.Conv2D(64, kernel_size=1, padding='same', activation=
'relu'))
b2.add(tf.keras.layers.Conv2D(192, kernel_size=3, padding='same', activation=
'relu'))
b2.add(tf.keras.layers.MaxPool2D(pool_size=3, strides=2, padding='same'))

b3 = tf.keras.models.Sequential()
b3.add(Inception(64, (96, 128), (16, 32), 32))
```

```
b3.add(Inception(128, (128, 192), (32, 96), 64))
b3.add(tf.keras.layers.MaxPool2D(pool_size=3, strides=2, padding='same'))

b4 = tf.keras.models.Sequential()
b4.add(Inception(192, (96, 208), (16, 48), 64))
b4.add(Inception(160, (112, 224), (24, 64), 64))
b4.add(Inception(128, (128, 256), (24, 64), 64))
b4.add(Inception(112, (144, 288), (32, 64), 64))
b4.add(Inception(256, (160, 320), (32, 128), 128))
b4.add(tf.keras.layers.MaxPool2D(pool_size=3, strides=2, padding='same'))

b5 = tf.keras.models.Sequential()
b5.add(Inception(256, (160, 320), (32, 128), 128))
b5.add(Inception(384, (192, 384), (48, 128), 128))
b5.add(tf.keras.layers.GlobalAvgPool2D())
googlenet = tf.keras.models.Sequential([b1, b2, b3, b4, b5, tf.keras.layers.
Dense(10)])
```

使用 PyTorch 构建 GoogLeNet 模型的代码如下所示。

```
#定义 conv-bn-relu 函数
def conv_relu(in_channel, out_channel, kernel, stride=1, padding=0):
    conv = nn.Sequential(
        nn.Conv2d(in_channel, out_channel, kernel, stride, padding),
        nn.BatchNorm2d(out_channel, eps=1e-3),
        nn.ReLU(True),
    )
    return conv
#定义 incepion 结构
class inception(nn.Module):
    def __init__(self, in_channel, out1_1, out2_1, out2_3, out3_1, out3_5,
            out4_1):
        super(inception, self).__init__()
        self.branch1 = conv_relu(in_channel, out1_1, 1)
        self.branch2 = nn.Sequential(
            conv_relu(in_channel, out2_1, 1),
            conv_relu(out2_1, out2_3, 3, padding=1))
        self.branch3 = nn.Sequential(
            conv_relu(in_channel, out3_1, 1),
            conv_relu(out3_1, out3_5, 5, padding=2))
        self.branch4 = nn.Sequential(
            nn.MaxPool2d(3, stride=1, padding=1),
            conv_relu(in_channel, out4_1, 1),
        )
    def forward(self, x):
```

```
        b1 = self.branch1(x)
        b2 = self.branch2(x)
        b3 = self.branch3(x)
        b4 = self.branch4(x)
        output = torch.cat([b1, b2, b3, b4], dim=1)
        return output
#堆叠 GoogLeNet
class GoogleNet(nn.Module):
    def __init__(self):
        super(GoogleNet, self).__init__()
        self.features = nn.Sequential(
            conv_relu(3, 64, 7, 2, 3), nn.MaxPool2d(3, stride=2, padding=0),
            conv_relu(64, 64, 1), conv_relu(64, 192, 3, padding=1),
            nn.MaxPool2d(3, 2), inception(192, 64, 96, 128, 16, 32, 32),
            inception(256, 128, 128, 192, 32, 96, 64), nn.MaxPool2d(
                3, stride=2), inception(480, 192, 96, 208, 16, 48, 64),
            inception(512, 160, 112, 224, 24, 64, 64),
            inception(512, 128, 128, 256, 24, 64, 64),
            inception(512, 112, 144, 288, 32, 64, 64),
            inception(528, 256, 160, 320, 32, 128, 128), nn.MaxPool2d(3, 2),
            inception(832, 256, 160, 320, 32, 128, 128),
            inception(832, 384, 182, 384, 48, 128, 128), nn.AvgPool2d(2))
        self.classifier = nn.Sequential(
            nn.Linear(9216,1024),
            nn.Dropout2d(p=0.4),
            nn.Linear(1024, 10))
    def forward(self, x):
        x = self.features(x)
        x = x.view(x.size(0), -1)
        out = self.classifier(x)
        return out
```

5.6 项目案例：车辆多属性识别

车辆多属性识别不仅包含车牌识别，还包含车辆类型、车身颜色、品牌型号、车牌号码、遮阳板、年检标、车内摆件、车内挂件等的识别。

给定车辆图像，如何通过深度学习输出多种属性的识别结果？以车辆类型和车身颜色识别为例，车辆类型有汽车、公共汽车、卡车、面包车等，车身颜色有黑色、白色、银色等，这两种属性识别完全可以看作两个独立的分类任务，但是，能不能使用一个神经网络模型同时识别车辆类型和车身颜色呢？

因为识别对象相同，且都需要使用卷积神经网络对其进行特征提取，所以可以构建一个多输出卷积神经网络模型来解决多属性识别问题。

本次实验将使用多输出卷积神经网络模型同时识别车辆类型和车身颜色。实验识别结果如图 5.10 所示。

图 5.10　实验识别结果

5.6.1　多属性识别

在基本的卷积神经网络中，先通过卷积对图像特征进行学习和提取，然后使用全连接层进行类别预测。对于多属性识别来说，可以在神经网络末端创建多组全连接层，产生多个输出以对多标签进行预测。

根据上述思路，结合实际应用场景，不同的多输出卷积神经网络模型结构如图 5.11 所示。

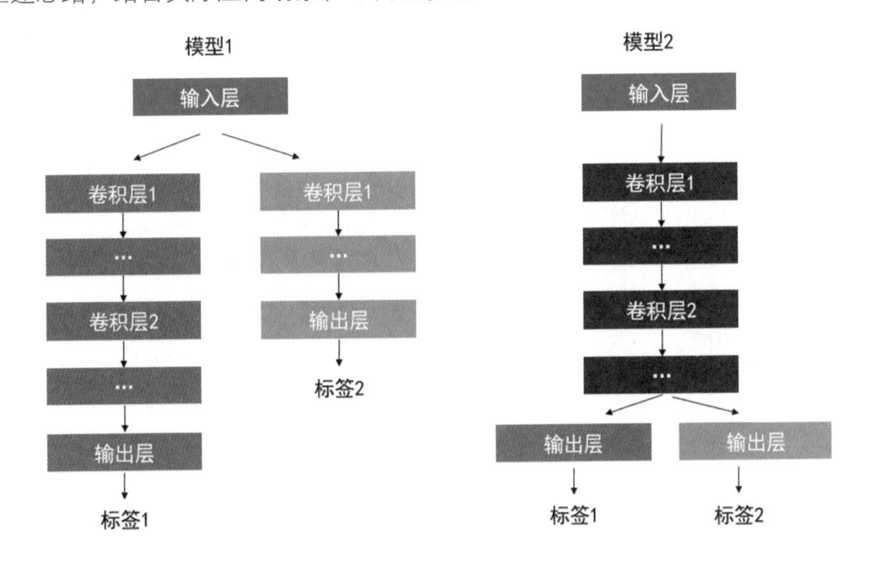

图 5.11　不同的多输出卷积神经网络模型结构

如果属性特征之间比较接近可以选择模型 2。但是本次实验的属性特征是车辆类型和车身颜色，二者相差比较大，因此选择模型 1 所示的模型结构。

5.6.2　项目案例实现

1. 实验目标

（1）掌握数据集的主要处理方法。

（2）能够构建多输出卷积神经网络模型。

（3）能使用多属性数据对多输出卷积神经网络模型进行训练。

2. 实验环境

实验环境如表 5.1 所示。

表 5.1 实验环境

硬 件	软 件	资 源
PC/笔记本电脑 显卡（模型训练需要，推荐 NVIDIA 显卡，显存 4G 以上）	Ubuntu 18.04/Windows 10 Python 3.7.3 TensorFlow 2.4.0 TensorFlow-GPU 2.4.0（模型训练需要）	处理后的数据集： BITVehicle_Dataset

3. 实验步骤

本实验目录结构如图 5.12 所示。

data 数据集
imgs
lbl
logs
models 模型存储位置
SG05.py 项目代码

图 5.12 本实验目录结构

在 PyCharm 中打开 SG05.py 文件，按照以下步骤编写代码以完成本次实验。在实验过程中，根据提示进行代码补充。

1）数据预处理

原始数据来自 BITVehicle_Dataset，它是一个开源车辆数据集，数据标签存储在 VehicleInfo.mat 文件中， 包含每个车辆的 ROI 区域、车辆类型。使用 Python 对数据进行读取，截取图像的车辆区域，并对车身颜色进行标注。

经过处理后的车辆图像大小为(160,128)，以数组的格式将其存储为.npy 文件。图像标签分别存储为车辆类型和车身颜色两个.npy 文件。

```
import numpy as np
import os
import matplotlib.pyplot as plt

type_labels=['Bus', 'Minivan', 'Microbus', 'Truck', 'Sedan', 'SUV']
color_labels=['White', 'Orange', 'Violet', 'Red', 'Blue', 'Green', 'Bordeaux',
'Grey', 'Brown', 'Silver', 'Beige', 'Yellow', 'Black', 'Gold']
decode_color_classes= dict(enumerate(color_labels))
color_classes = {v: k for k, v in decode_color_classes.items()}
num_color_classes = max(color_classes.values()) + 1
decode_type_classes =dict(enumerate(type_labels))
type_classes = {v: k for k, v in decode_type_classes.items()}
num_type_classes = max(type_classes.values()) + 1
```

```
dataset_dir='data'
train_dataset=np.load(os.path.join(dataset_dir,'train_dataset.npy'))

train_label1=np.load(os.path.join(dataset_dir,'train_label1.npy'))
train_label2=np.load(os.path.join(dataset_dir,'train_label2.npy'))

test_dataset=np.load(os.path.join(dataset_dir,'test_dataset.npy'))
test_label1=np.load(os.path.join(dataset_dir,'test_label1.npy'))
test_label2=np.load(os.path.join(dataset_dir,'test_label2.npy'))

import tensorflow as tf

#数据增强代码
EPOCHS = 10
INIT_LR = 1e-3
BS = 8
IMAGE_DIMS = (160,128, 3)

import pickle
#对标签进行独热编码
with open('lbl/type_Binarizer.pkl','rb') as f:
    t_lb=pickle.load(f)
with open('lbl/color_Binarizer.pkl','rb') as f:
    c_lb=pickle.load(f)

train_y1=t_lb.transform(np.array(train_label1))
train_y2=c_lb.transform(np.array(train_label2))

test_y1=t_lb.transform(np.array(test_label1))
test_y2=c_lb.transform(np.array(test_label2))
print(train_y1[0], train_y2[0])
```

运行以上代码，输入、输出结果如下所示。

```
array([1, 0, 0, 0, 0, 0]), array([0, 0, 0, 0, 1, 0, 0, 0, 0, 0, 0, 0, 0, 0])
```

进行数据增强。代码如下所示。

```
#数据增强
def train_aug(im,scope='train_aug'):
    with tf.variable_creator_scope(scope):
        im=tf.image.random_crop(im,size=[160,128,3])
        im=tf.image.random_flip_left_right(im)
        im=tf.image.random_brightness(im,max_delta=0.5)
        im=tf.image.random_contrast(im,lower=0.0,upper=0.5)
        im=tf.image.random_hue(im,max_delta=0.5)
```

```
        im=tf.image.per_image_standardization(im)
        return im
def test_aug(im,scope='test_aug'):
    with tf.variable_creator_scope(scope):
        im=tf.image.random_crop(im,size=[160,128,3])
        im=tf.image.per_image_standardization(im)
        return im

#定义训练集和测试集
train_dataset_aug=tf.map_fn(lambda image:train_aug(image),train_dataset)
test_dataset_aug=tf.map_fn(lambda image:test_aug(image),test_dataset)
```

2）模型构建

在本次实验中构建了两个子网络模型，即车型识别模型和颜色识别模型，两者共用输入层。因为预测颜色比预测类型要容易，因此颜色分支相对较浅，颜色识别模型使用较简单的普通卷积网络模型即可；车型识别模型使用 VGG16 预训练模型进行迁移学习。

在很多复杂的深度学习问题上，需要使用相对较深的卷积神经网络模型才能取得较好的结果，但是从零开始构建卷积神经网络模型是一件耗时耗力的事情，而且未必能获取优越的性能。此时，可以使用“预训练模型”构建模型，即迁移学习。Keras 的应用模块（tensorflow.keras.applications）提供了带有预训练权值的深度学习模型。

定义两个子网络模型的输入层。代码如下所示。

DL-05-v-005

```
import tensorflow.keras as keras
from tensorflow.keras import models
from tensorflow.keras import layers
#输入层
input_images = layers.Input(shape=(160, 128, 3), dtype='float32', name='images')
```

颜色识别模型使用比较简单的卷积神经网络模型。

```
#颜色识别部分
#颜色识别模型使用比较简单的卷积神经网络模型
color_model = models.Sequential()
color_model.add(layers.Conv2D(32, (11, 11), strides=(4, 4), activation='relu',
input_shape=(160, 128, 3),padding='same'))
color_model.add(layers.MaxPooling2D((2, 2)))
color_model.add(layers.Conv2D(64, (3, 3), activation='relu', padding='same'))
color_model.add(layers.MaxPooling2D((2, 2)))
color_model.add(layers.Conv2D(64, (3, 3), activation='relu', padding='same'))
color_model.add(layers.MaxPooling2D((2, 2)))
color_model.add(layers.Flatten())
color_model.add(layers.Dropout(0.5))
color_model.add(layers.Dense(128, activation='relu'))
color_model.add(layers.Dropout(0.5))
```

```
color_model.add(layers.Dense(14, activation='softmax',name='color_output'))
color_model._name = 'vehicle_color'
#颜色识别输出层
color_output = color_model(input_images)
```

最后一层是全连接层，使用 softmax()进行激活，将其命名为“color_output”，同时将颜色识别模型命名为“vehicle_color”。

车型识别模型使用 VGG16 预训练模型进行迁移学习。

```
#类型识别部分
#车型识别模型使用 VGG16 预训练模型进行迁移学习
conv_base = keras.applications.VGG16(weights='imagenet', include_top=False,
input_shape=(160, 128, 3))
conv_base.trainable = False
type_model = keras.models.Sequential()
type_model.add(conv_base)
type_model.add(keras.layers.Flatten())
type_model.add(keras.layers.Dropout(0.25))
type_model.add(keras.layers.Dense(256, activation='relu'))
type_model.add(keras.layers.Dropout(0.25))
type_model.add(keras.layers.Dense(6, activation='softmax',name='type_output'))
type_model._name = 'vehicle_type'
#车型识别输出层
type_output = type_model(input_images)
#合并为一个模型
model = keras.models.Model(input_images, [color_output, type_output])
```

模型预编译。其中，以字典的形式定义两个子网络模型的损失函数，键为子网络模型的名称，值为损失函数的名称。

```
#模型预编译
model.compile(loss={'vehicle_color': 'categorical_crossentropy', 'vehicle_type':
'categorical_crossentropy'},
              optimizer=keras.optimizers.Adam(lr=1e-4),
              metrics=['accuracy'])
model.summary()
```

运行代码，结果如下所示。

```
Model: "model"
______________________________________________________________________________

_________________________
Layer (type)                    Output Shape         Param #     Connected to
==============================================================================
======================
images (InputLayer)             [(None, 160, 128, 3) 0
```

```
_________________________________________________________________________________________
vehicle_color (Sequential)      (None, 14)          232846      images[0][0]
_________________________________________________________________________________________
vehicle_type (Sequential)       (None, 6)           17337926    images[0][0]
=========================================================================================
Total params: 17,570,772
Trainable params: 2,856,084
Non-trainable params: 14,714,688
```

3）模型训练

在进行模型训练时，以字典形式定义不同标签，键为子网络模型的名称，值为训练集标签或者测试集标签，其他代码与前面章节实验相似。

```
#模型训练
#checkpoint
file_path = f'logs/{model.name}.h5'
best_model = keras.callbacks.ModelCheckpoint(file_path,
                    save_best_only=True,
                    monitor='accuracy',
                    verbose=1,
                    save_weights_only=False)
history=model.fit(x=np.array(train_dataset),
               y={'vehicle_color':train_y2,
                 'vehicle_type':train_y1},
               validation_data=(np.array(test_dataset),
                           {'vehicle_color':test_y2,
                            'vehicle_type':test_y1}),
               batch_size=4,
               epochs=EPOCHS,
               callbacks=[best_model])

model.save('logs/model_final.h5', save_format="h5")

import pickle

with open('lbl/type_Binarizer.pkl', 'wb') as f:
   pickle.dump(t_lb, f)

with open('lbl/color_Binarizer.pkl', 'wb') as f:
   pickle.dump(c_lb, f)
#可视化处理
```

```
#可视化损失函数、类型损失和颜色损失
lossNames = ["loss", "vehicle_color_loss", "vehicle_type_loss"]
plt.style.use("ggplot")
(fig, ax) = plt.subplots(3, 1, figsize=(13, 13))
#遍历损失
for (i, l) in enumerate(lossNames):
    #绘制在验证集上的损失值
    title = "Loss for {}".format(l) if l != "loss" else "Total loss"
    ax[i].set_title(title)
    ax[i].set_xlabel("Epoch #")
    ax[i].set_ylabel("Loss")
    ax[i].plot(np.arange(0, EPOCHS), history.history[l], label=l)
    ax[i].plot(np.arange(0, EPOCHS), history.history["val_" + l],
    label="val_" + l)
    ax[i].legend()
#保存图像
plt.tight_layout()
plt.savefig("{}_losses.png".format('output'))
plt.close()
#绘制精度
accuracyNames = ["vehicle_type_accuracy", "vehicle_color_accuracy"]
plt.style.use("ggplot")
(fig, ax) = plt.subplots(2, 1, figsize=(8, 8))
#遍历
for (i, l) in enumerate(accuracyNames):
    #绘制在验证集上的进度
    ax[i].set_title("Accuracy for {}".format(l))
    ax[i].set_xlabel("Epoch #")
    ax[i].set_ylabel("Accuracy")
    ax[i].plot(np.arange(0, EPOCHS), history.history[l], label=l)
    ax[i].plot(np.arange(0, EPOCHS), history.history["val_" + l],
    label="val_" + l)
    ax[i].legend()
#保存
plt.tight_layout()
plt.savefig("{}_accs.png".format('acc'))
plt.close()
```

运行代码，部分结果如下所示。

```
Train on 8350 samples, validate on 1500 samples
Epoch 1/50
8336/8350 [============================>.] - ETA: 0s - loss: 2.8605 -
vehicle_color_loss: 2.0670 - vehicle_type_loss: 0.7936 - vehicle_color_accuracy:
0.2920 - vehicle_type_accuracy: 0.7242WARNING:tensorflow:Can save best model only
with accuracy available, skipping.
```

```
    8350/8350 [==============================] - 20s 2ms/sample - loss: 2.8602 - vehicle_color_loss: 2.0672 - vehicle_type_loss: 0.7930 - vehicle_color_accuracy: 0.2920 - vehicle_type_accuracy: 0.7243 - val_loss: 2.4053 - val_vehicle_color_loss: 1.8495 - val_vehicle_type_loss: 0.5554 - val_vehicle_color_accuracy: 0.3900 - val_vehicle_type_accuracy: 0.8060
    ..
```

训练过程的准确率变化曲线如图 5.13 所示。由图 5.13 可以看出颜色识别模型和车型识别模型的损失值与准确率的变化趋势，同时可以看出使用 VGG16 预训练模型的车型识别模型收敛速度更快，性能也更好。

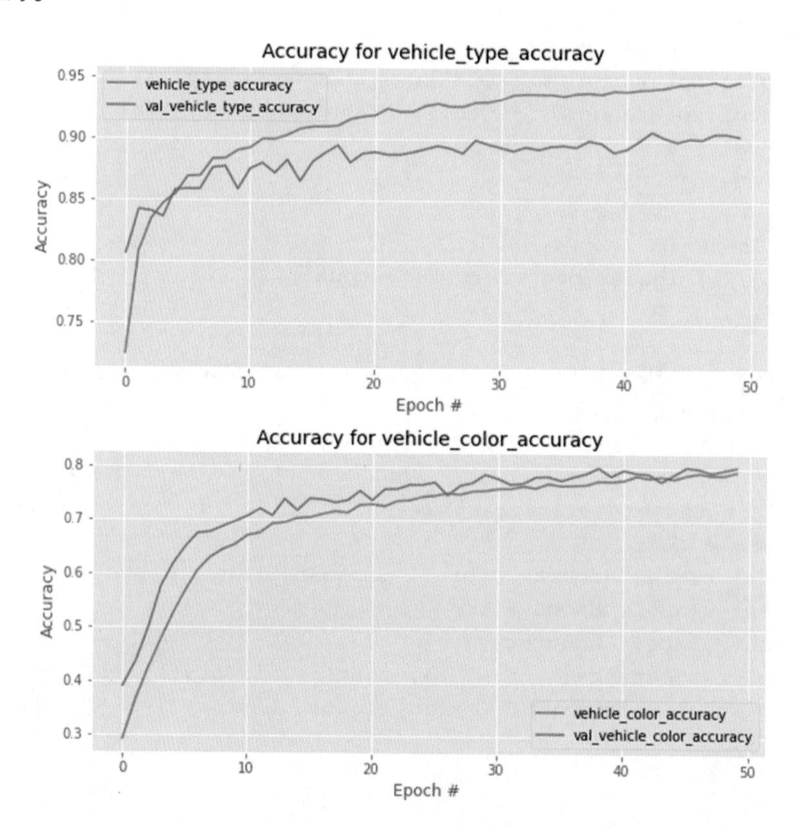

图 5.13 训练过程的准确率变化曲线

4）模型预测

使用训练好的模型对图像进行预测。代码如下所示。

```
#模型预测
#导入
from tensorflow.keras.preprocessing.image import img_to_array
from tensorflow.keras.models import load_model
import tensorflow as tf
```

```
import numpy as np
import imutils
import cv2
import matplotlib.pyplot as plt

model_path='models/model_final.h5'
type_path='lbl/type_Binarizer.pkl'
color_path='lbl/color_Binarizer.pkl'
img_path='imgs/2.JPG'
#加载图像
image = cv2.imread(img_path)
output = imutils.resize(image, width=400)
image = cv2.cvtColor(image, cv2.COLOR_BGR2RGB)
#预处理
image = cv2.resize(image, (128, 160))
image = image.astype("float") / 255.0
image = img_to_array(image)
image = np.expand_dims(image, axis=0)
print("[INFO] 加载模型...")
model = load_model(model_path, custom_objects={"tf": tf})
categoryLB = pickle.loads(open(type_path, "rb").read())
colorLB = pickle.loads(open(color_path, "rb").read())
print("[INFO] 识别...")
(colorProba,typeProba) = model.predict(image)
categoryIdx = typeProba[0].argmax()
colorIdx = colorProba[0].argmax()
categoryLabel = categoryLB.classes_[categoryIdx]
colorLabel = colorLB.classes_[colorIdx]
#可视化
categoryText = "category: {} ({:.2f}%)".format(categoryLabel,typeProba[0]
[categoryIdx] * 100)
colorText = "color: {} ({:.2f}%)".format(colorLabel,
colorProba[0][colorIdx] * 100)
cv2.putText(output, categoryText, (10, 25), cv2.FONT_HERSHEY_SIMPLEX,0.7, (0,
255, 0), 2)
cv2.putText(output, colorText, (10, 55), cv2.FONT_HERSHEY_SIMPLEX,0.7, (0,
255, 0), 2)
#打印
print("[INFO] {}".format(categoryText))
print("[INFO] {}".format(colorText))
#显示
output=cv2.cvtColor(output,cv2.COLOR_BGR2RGB)
plt.imshow(output)

plt.show()
```

实验识别结果如图 5.10 所示。

4. 实验小结

本次实验结合车辆类型和颜色方面进行预测，并且将两个模型合并成一个模型来进行训练，模型可以很好对车辆整体指标进行预测，本项目案例可以使用更多的数据有效提高模型准确率。

本章总结

- AlexNet 的网络结构有 8 层，前 5 层是卷积层，后 3 层是全连接层，隐藏层使用的激活函数是 ReLU 函数，并且采用了局部响应归一化，同时通过 Dropout 正则化来防止模型出现过拟合问题。
- VGG16 由相同的 VGG 块组成，其特点是通过堆积的小卷积核替换大卷积核。
- NiN 通过在每个像素的通道上使用 MLP 来解决图像空间特征信息丢失问题。
- GoogLeNet 的基本网络块是 inception 块，该块有 4 条路径，分别使用了不同的卷积核进行运算。

作业与练习

DL-05-c-001

1. [多选题] 关于 AlexNet 说法正确的选项有（　　）。
   A．使用 ReLU 函数
   B．提出 Dropout 正则化防止模型出现过拟合问题
   C．采用了局部响应归一化
   D．多 GPU 并行训练
2. [多选题] 关于 NiN 的说法正确的选项有（　　）。
   A．用于解决图像从卷积层到全连接层的空间特征信息丢失问题
   B．使用了感知器卷积层
   C．使用了全局平均池化
   D．1×1 卷积是对特征值的多次线性组合
3. [多选题] 关于 VGG 描述错误的选项有（　　）。
   A．使用全局平均池化层对每个通道中所有元素求平均并直接用于分类
   B．通过不同窗口形状的卷积层和最大池化层来并行抽取信息
   C．难以灵活地改变模型结构
   D．通过重复使用简单的网络块来构建深度模型

4．[多选题]以下（　　）是由网络块重复堆叠而成的。

A．AlexNet　　B．VGG　　C．NiN　　D．GoogLeNet

5．[单选题] 假设输入数据维度为 64×64×16，使用单个 1×1 的卷积核会包含（　　）个参数（包括偏置）。

A．2　　B．17　　C．4097　　D．1

第 6 章

高效的卷积神经网络

技能目标

- 理解不同深度卷积神经网络的网络结构与工作机制。
- 理解 MobileNet 的基本原理。
- 能够使用不同的深度卷积神经网络进行迁移学习。

前一章介绍了 AlexNet、VGG 和 GoogLeNet 等深度卷积神经网络，本章将在前一章的基础上继续介绍其他典型的深度卷积神经网络。

本章包含的项目案例如下。

- 违规驾驶行为识别。

本章将分别使用 ReseNet、DenseNet、MobileNet 模型在危险驾驶行为数据集上进行训练，以对比不同模型的性能。

6.1 ResNet

随着网络层数的增加，深度卷积神经网络模型在训练过程中容易出现梯度消失的现象，从而导致模型准确率降低，最终导致模型的误差变大。该现象也称为神经网络的退化。

ResNet 通过跳跃连接（Shortcut）的设计，有效地解决了神经网络的退化问题，打破了深度卷积神经网络层数的限制，使得网络层数可以达到 1001 层。

DL-06-v-001

6.1.1 ResNet 的网络结构

在 ResNet 发展过程中，它的网络结构有许多种。50 层 ResNet 的网络结构如图 6.1 所示。

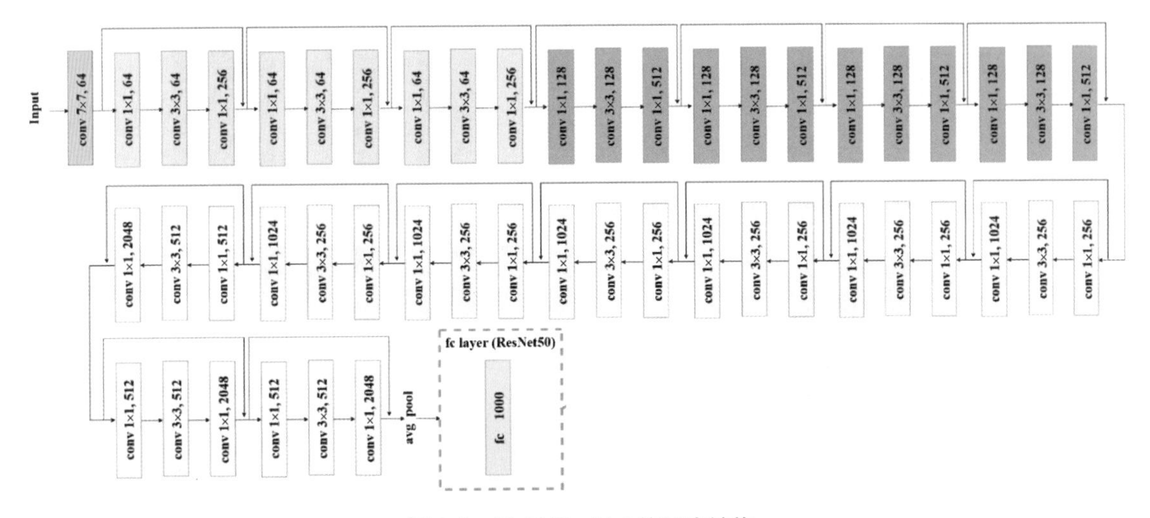

图 6.1　50 层 ResNet 的网络结构

由图 6.1 可知，该网络的网络结构重复使用了相同的网络单元，此网络单元称为 ResNet 结构，如图 6.2 所示。

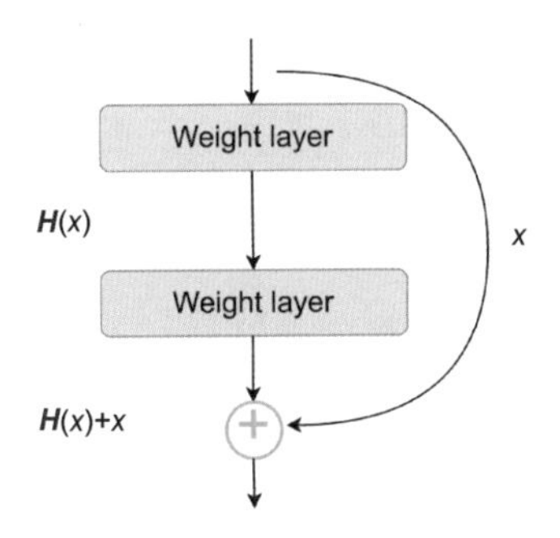

图 6.2　ResNet 结构

ResNet 的数学思想可以使用如下公式表示。

$$x_l = H_l\left(x_{l-1}\right) + x_{l-1} \tag{6.1}$$

式中，l 表示层；x_l 表示 l 层的输出；H_l 表示非线性变换。从而可知，ResNet l 层的输出是 l-1 层的输出加上 l-1 层输出的非线性变换。

基于此思想，ResNet 在残差结构中增加了跳跃连接，以实现恒等映射，将原始函数 $H(x)$变换成 $\boldsymbol{F}(x)+x$，从而将一个问题分解成多个尺度直连的残差问题，能够很好地优化模型的训练效果。此外当网络的层数增加时，残差结构能够很好地解决神经网络退化的问题。

6.1.2　构建 ResNet 模型

ResNet50 分为 5 个阶段，其内部结构如图 6.3 所示。

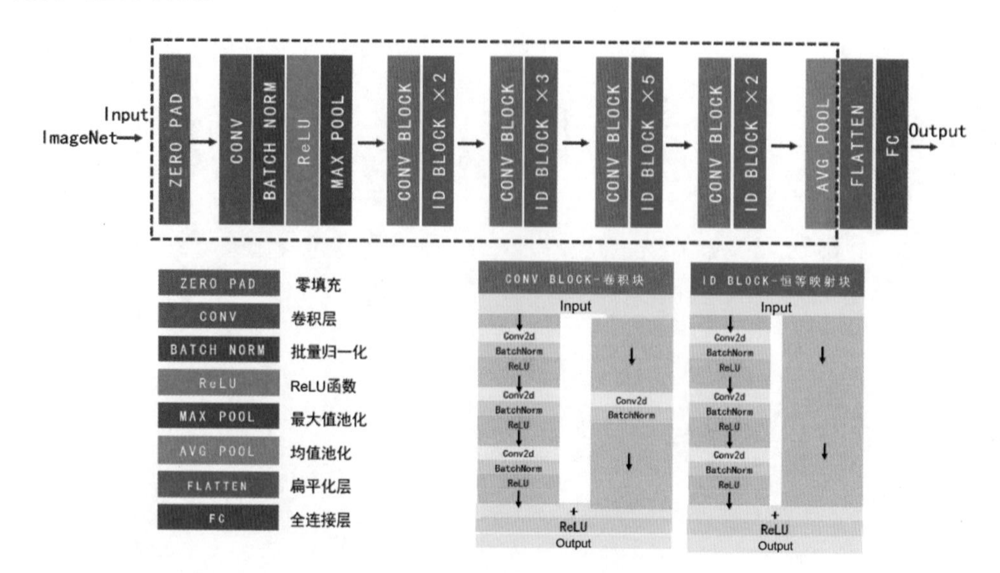

图 6.3 ResNet50 的内部结构

其中 0 阶段的结构比较简单，可以视其为对输入的预处理，后 4 个阶段都由卷积块和恒等映射块组成。其中，卷积块的输入维度和输出维度不同，不能连续串联，但可以改变网络的维度，恒等映射块的输入维度和输出维度相同，可以串联，也可用于加深网络层数。

（1）使用 TensorFlow 构建 ResNet 模型的代码如下所示。

```
import tensorflow as tf
from tensorflow.keras import layers,activations
#残差单元
class Residual(tf.keras.Model):
    def __init__(self, num_channels, use_1x1conv=False, strides=1, **kwargs):
        super(Residual, self).__init__(**kwargs)
        self.conv1 = layers.Conv2D(num_channels,
                                   padding='same',
                                   kernel_size=3,
                                   strides=strides)
        self.conv2 = layers.Conv2D(num_channels, kernel_size=3,padding='same')
        if use_1x1conv:
            self.conv3 = layers.Conv2D(num_channels,
                                       kernel_size=1,
                                       strides=strides)
        else:
            self.conv3 = None
        self.bn1 = layers.BatchNormalization()
        self.bn2 = layers.BatchNormalization()
    def call(self, X):
        Y = activations.relu(self.bn1(self.conv1(X)))
```

```
        Y = self.bn2(self.conv2(Y))
        if self.conv3:
            X = self.conv3(X)
        return activations.relu(Y + X)

#定义 Block
class ResnetBlock(tf.keras.layers.Layer):
    def __init__(self,num_channels, num_residuals, first_block=False,**kwargs):
        super(ResnetBlock, self).__init__(**kwargs)
        self.listLayers=[]
        for i in range(num_residuals):
            if i == 0 and not first_block:#卷积块
                self.listLayers.append(Residual(num_channels, use_1x1conv=
True, strides=2))
            else:#恒等映射块
                self.listLayers.append(Residual(num_channels))

    def call(self, X):
        for layer in self.listLayers.layers:
            X = layer(X)
        return X

#ResNet 模型
class ResNet(tf.keras.Model):
    def __init__(self,num_blocks,**kwargs):
        super(ResNet, self).__init__(**kwargs)
        self.conv=layers.Conv2D(64, kernel_size=7, strides=2, padding='same')
        self.bn=layers.BatchNormalization()
        self.relu=layers.Activation('relu')
        self.mp=layers.MaxPool2D(pool_size=3, strides=2, padding='same')
        self.resnet_block1=ResnetBlock(64,num_blocks[0], first_block=True)
        self.resnet_block2=ResnetBlock(128,num_blocks[1])
        self.resnet_block3=ResnetBlock(256,num_blocks[2])
        self.resnet_block4=ResnetBlock(512,num_blocks[3])
        self.gap=layers.GlobalAvgPool2D()
        self.fc=layers.Dense(units=10,activation=tf.keras.activations.softmax)
    def call(self, x):
        x=self.conv(x)
        x=self.bn(x)
        x=self.relu(x)
        x=self.mp(x)
        x=self.resnet_block1(x)
        x=self.resnet_block2(x)
        x=self.resnet_block3(x)
        x=self.resnet_block4(x)
```

```
        x=self.gap(x)
        x=self.fc(x)
        return x

mynet=ResNet([2,2,2,2])
X = tf.random.uniform(shape=(1,  224, 224 , 1))
for layer in mynet.layers:
    X = layer(X)
print(layer.name, 'output shape:\t', X.shape)
```

代码运行结果如下所示。

```
conv2d output shape:     (1, 112, 112, 64)
batch_normalization output shape:    (1, 112, 112, 64)
activation output shape:     (1, 112, 112, 64)
max_pooling2d output shape: (1, 56, 56, 64)
resnet_block output shape:  (1, 56, 56, 64)
resnet_block_1 output shape:     (1, 28, 28, 128)
resnet_block_2 output shape:     (1, 14, 14, 256)
resnet_block_3 output shape:     (1, 7, 7, 512)
global_average_pooling2d_2 output shape:     (1, 512)
dense_2 output shape:    (1, 10)
```

输出模型结构的代码如下所示。

```
print(mynet.summary())
```

输出模型结构错误如图 6.4 所示。

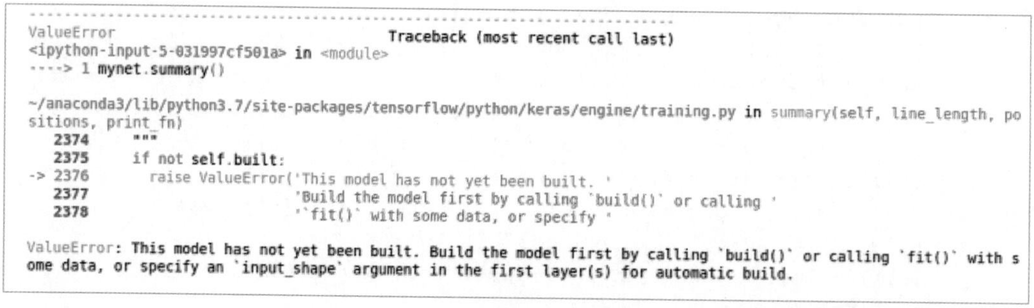

```
---------------------------------------------------------------------------
ValueError                                Traceback (most recent call last)
<ipython-input-5-031997cf501a> in <module>
----> 1 mynet.summary()

~/anaconda3/lib/python3.7/site-packages/tensorflow/python/keras/engine/training.py in summary(self, line_length, po
sitions, print_fn)
   2374     """
   2375     if not self.built:
-> 2376       raise ValueError('This model has not yet been built. '
   2377                        'Build the model first by calling `build()` or calling '
   2378                        '`fit()` with some data, or specify '

ValueError: This model has not yet been built. Build the model first by calling `build()` or calling `fit()` with s
ome data, or specify an `input_shape` argument in the first layer(s) for automatic build.
```

图 6.4　输出模型结构错误

输出模型结构错误的原因在于定义神经网络时并未定义输入层神经元的个数，同时在添加层时也没有指定上一层的输出维度，所以在输入数据之前无法确定神经网络的网络结构，需要使用model.build()方法指定输入数据的形状。

在输出模型结构之前指定输入数据的形状，代码如下所示。

```
#指定输入数据的形状
```

```
mynet.build((None, 224, 224 , 1))
#输出模型结构
print(mynet.summary())
```

代码运行结果如下所示。

```
Model: "res_net"
_________________________________________________________________
Layer (type)                 Output Shape              Param #
=================================================================
conv2d (Conv2D)              multiple                  3200
_________________________________________________________________
batch_normalization (BatchNo multiple                  256
_________________________________________________________________
activation (Activation)      multiple                  0
_________________________________________________________________
max_pooling2d (MaxPooling2D) multiple                  0
_________________________________________________________________
resnet_block (ResnetBlock)   multiple                  148736
_________________________________________________________________
resnet_block_1 (ResnetBlock) multiple                  526976
_________________________________________________________________
resnet_block_2 (ResnetBlock) multiple                  2102528
_________________________________________________________________
resnet_block_3 (ResnetBlock) multiple                  8399360
_________________________________________________________________
global_average_pooling2d_2 ( multiple                  0
_________________________________________________________________
dense_2 (Dense)              multiple                  5130
=================================================================
Total params: 11,186,186
Trainable params: 11,178,378
Non-trainable params: 7,808
_________________________________________________________________
```

在使用 Sequential 或函数式方法构建模型时，指定 input_shape 参数值，或者传入数据，Sequential 和模型都会自动调用 model.build()方法，代码如下所示。

```
net=Sequential([
    Flatten(),
    Dense(4, activation=tf.nn.relu,
        kernel_initializer=tf.random_normal_initializer(mean=0, stddev=0.01),
        bias_initializer=tf.zeros_initializer()),
    Dense(1)])
x=tf.random.uniform((2,2))
net(x)
```

```
print(net.summary())#传入数据后，正确打印模型结构
```

在构建神经网络模型时，可以不指定输入数据的形状。完成模型构建之后，在第一次向模型输入数据时，TensorFlow 会动态确定每一层的各个参数，这种机制称为延迟初始化机制，使用该机制可以极大地简化构建和修改模型的任务。

（2）使用 PyTorch 构建 ResNet 模型的代码如下所示。

```
import torch
from torch import nn
from torch.nn import functional as F

#定义残差单元
class Residual(nn.Module):
    def __init__(self, input_channels, num_channels,
                 use_1x1conv=False, strides=1):
        super().__init__()
        self.conv1 = nn.Conv2d(input_channels, num_channels,
                               kernel_size=3, padding=1, stride=strides)
        self.conv2 = nn.Conv2d(num_channels, num_channels,
                               kernel_size=3, padding=1)
        if use_1x1conv:
            self.conv3 = nn.Conv2d(input_channels, num_channels,
                                   kernel_size=1, stride=strides)
        else:
            self.conv3 = None
        self.bn1 = nn.BatchNorm2d(num_channels)
        self.bn2 = nn.BatchNorm2d(num_channels)
        self.relu = nn.ReLU(inplace=True)
    def forward(self, X):
        Y = F.relu(self.bn1(self.conv1(X)))
        Y = self.bn2(self.conv2(Y))
        if self.conv3:
            X = self.conv3(X)
        Y += X
        return F.relu(Y)
'''ResNet 前面几层'''
b1 = nn.Sequential(nn.Conv2d(1, 64, kernel_size=7, stride=2, padding=3),
                   nn.BatchNorm2d(64), nn.ReLU(),
                   nn.MaxPool2d(kernel_size=3, stride=2, padding=1))
#定义 Block
def resnet_block(input_channels, num_channels, num_residuals,
                 first_block=False):
    blk = []
    for i in range(num_residuals):
```

```
        if i == 0 and not first_block:#卷积块
            blk.append(Residual(input_channels, num_channels,
                                use_1x1conv=True, strides=2))
        else:#恒等映射块
            blk.append(Residual(num_channels, num_channels))
    return blk
b2 = nn.Sequential(*resnet_block(64, 64, 2, first_block=True))
b3 = nn.Sequential(*resnet_block(64, 128, 2))
b4 = nn.Sequential(*resnet_block(128, 256, 2))
b5 = nn.Sequential(*resnet_block(256, 512, 2))
#定义 ResNet50 模型
net = nn.Sequential(b1, b2, b3, b4, b5,
                    nn.AdaptiveAvgPool2d((1,1)),
                    nn.Flatten(), nn.Linear(512, 10))
X = torch.rand(size=(1, 1, 224, 224))
for layer in net:
    X = layer(X)
    print(layer.__class__.__name__,'output shape:\t', X.shape)
```

输出结果如下所示。

```
Sequential output shape:          torch.Size([1, 64, 56, 56])
Sequential output shape:          torch.Size([1, 64, 56, 56])
Sequential output shape:          torch.Size([1, 128, 28, 28])
Sequential output shape:          torch.Size([1, 256, 14, 14])
Sequential output shape:          torch.Size([1, 512, 7, 7])
AdaptiveAvgPool2d output shape: torch.Size([1, 512, 1, 1])
Flatten output shape:             torch.Size([1, 512])
Linear output shape:              torch.Size([1, 10])
```

与使用 TensorFlow 构建 ResNet 模型不同，使用 PyTorch 构建 ResNet 模型需要提前指定模型的输入、输出形状。如果要实现延迟初始化，需要使用 torch.nn.LazyXX 字样的类，如 LazyLinear、LazyConv2d 等。

```
b1=nn.Sequential(
          nn.LazyConv2d(64, kernel_size=7, stride=2, padding=3),
          nn.LazyBatchNorm2d(), nn.ReLU(),
          nn.MaxPool2d(kernel_size=3, stride=2, padding=1))
```

6.2 DenseNet

传统卷积神经网络每一层都会产生特征图。当前层的特征图会传输至下一层，以作为下一层的输入。但在 DenseNet 中密集连接神经网络将当前层的特征图输入后续所有层，作为后续所有层的输入。

对于一个 L 层的网络，传统卷积神经网络包含 L 个层际之间的连接，而 DenseNet 共包含 $1+2+\cdots+L=L(L+1)/2$ 个层际之间的连接。

6.2.1 DenseNet 的网络结构

DL-06-v-002

DenseNet 的网络结构使用的是连接结构（Concatenate），从而减少了网络参数，避免了诸如有些层被选择性丢弃、信息阻塞等问题的出现。ResNet 与 DenseNet 的数据合并原理对比如图 6.5 所示。由图 6.5 可知，DenseNet 的输出数据通过连接的方式合并在一起，而不像 ResNet 那样简单将数据相加。

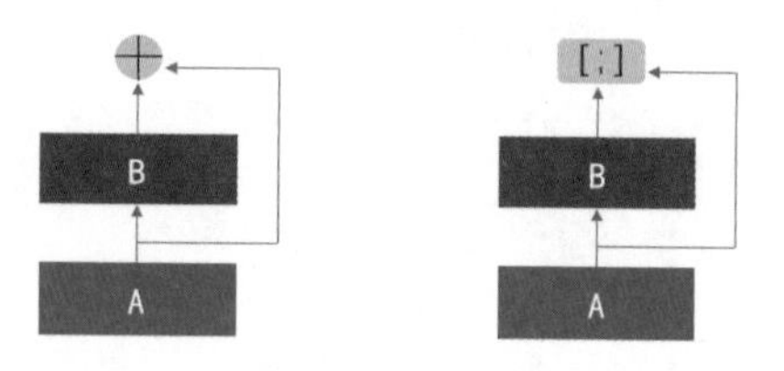

图 6.5　ResNet 与 DenseNet 的数据合并原理对比

为了保证网络中层与层之间最大的信息流动，把特征图大小匹配的所有层直接相连从而构成了 DenseNet 的网络结构，如图 6.6 所示。

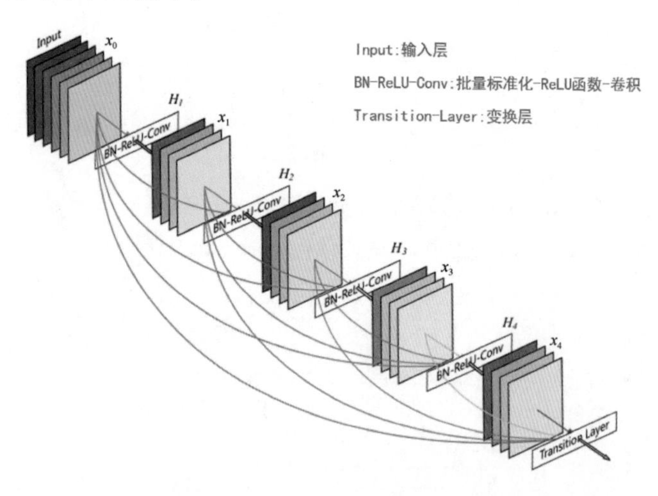

图 6.6　DenseNet 的网络结构

DenseNet 的数学思想可以使用如下公式表示。

$$x_l = H_l\left(\left[x_0, x_1, \cdots, x_{l-1}\right]\right) \tag{6.2}$$

式中，H 表示包含 3 个连续操作的复合函数，3 个连续操作分别为 BN（批量标准化）、ReLU 非线性激活及 3×3 的卷积运算。

传统卷积神经网络的每一层都读取前面层的状态并且向下一层传入一个新的状态，改变状态的同时也需要保留一些信息。而 DenseNet 明确区分了要添加到网络中的信息和保留的信息，因此它的网络非常窄，在添加新特征图的同时，需保持其余特征图不变，最终分类器会根据网络中的所有特征图进行分类。

DenseNet 中的每一层网络都可以直接访问原始的输入信号及来自于损失函数的梯度，其目的是使模型的训练更加有效。

6.2.2 构建 DenseNet 模型

一般情况下，深度学习框架都内置了主流的神经网络模型，并提供模型的预训练版本，以方便直接使用，用户可以根据实际情况进行迁移学习。

使用 TensorFlow 构建 DenseNet 模型的代码如下所示。

```
import tensorflow as tf
from tensorflow.keras import layers,activations

from tensorflow.keras.applications import DenseNet201
#定义 DenseNet201 预训练模型
rnet = DenseNet201(
        input_shape=(224, 224, 3),
        weights='imagenet',
        include_top=False
    )
#冻结卷积部分
rnet.trainable = False
#以 RNet 为主干网络，自定义全连接层
model = tf.keras.Sequential([
    rnet,
    tf.keras.layers.GlobalAveragePooling2D(),
    tf.keras.layers.Dense(100, activation='softmax')
])
print(model.summary())
```

使用 PyTorch 构建 DenseNet 模型的代码如下所示。

```
import torch
import torch.nn as nn
import torch.nn.functional as F
from torch import optim
import torchvision
```

```
from torchvision import models

import torch
import torch.nn as nn
import torch.nn.functional as F
from torch import optim
import torchvision
from torchvision import models
DEVICE='cuda' if torch.cuda.is_available() else 'cpu'

model= models.densenet121(pretrained=True)  #获取预训练模型
#model= models.densenet121()#获取模型
#model_weight_path = "./densenet121-a639ec97.pth"
#model.load_state_dict()
for param in model.parameters():
   param.requires_grad = False
#全连接层的输入通道 in_channels 个数
num_fc_in = model.classifier.in_features
print(model)
#改变全连接层
model.classifier = nn.Linear(num_fc_in, 100)
model.to(DEVICE)
print(model)
```

6.3 MobileNet

MobileNet 是适用于移动端或者嵌入式设备的轻量级深度卷积神经网络。

DL-06-v-003

6.3.1 MobileNet 的网络结构

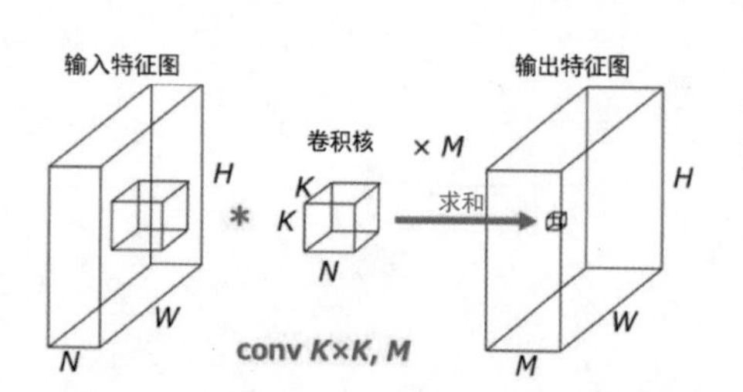

图 6.7 卷积在空间和通道域的计算过程

卷积在空间和通道域的计算过程如图 6.7 所示。假设 HW 为输入特征图的空间大小，N 为输入通道数，$K \times K$ 为卷积核的尺寸，M 为输出通道数，则标准卷积的计算次数为 HWK^2NM，即标准卷积的计算次数与输出特征图的空间大小，卷积核的尺寸，输入、输出通道数的乘积成正比。

MobileNet 使用的是深度可分离卷积，此为 MobileNet 的主要特点。深度可分离卷积将常规卷积分为 2 步，第 1 步是深度卷积，将 N 个卷积核和 N 个输入特征图分别进行卷积，即分组卷积；第 2 步是逐点卷积，使用尺寸为 1×1 的卷积运算，并将第 1 步的卷积结果与之融合起来。

深度可分离卷积要对 N 个特征图分别进行卷积，对应的卷积核深度就变成了 1，所以第 1 步的计算次数为 $HWNK^2$，参数个数为 NK^2。第 2 步是 1×1 卷积，即将 M 个尺寸为 $1\times1\times N$ 的卷积核与第 1 步的 N 个特征图进行卷积，该步的计算次数为 $HWNM$，参数个数为 NM。从而可计算出总的计算次数为 $HWNK^2+HWNM$，总的参数个数为 NK^2+NM。但是要注意，深度可分离卷积在减小计算量的同时，准确率会有所下降，但是并不明显。

完整的 MobileNet 结构如图 6.8 所示。除了卷积 1 是普通卷积，其余卷积都是深度可分离卷积，所有层（除了最后一个全连接层）后面都是一个 BN 层和 ReLU 层，最后的全连接层后面是对 softmax 层进行分类。

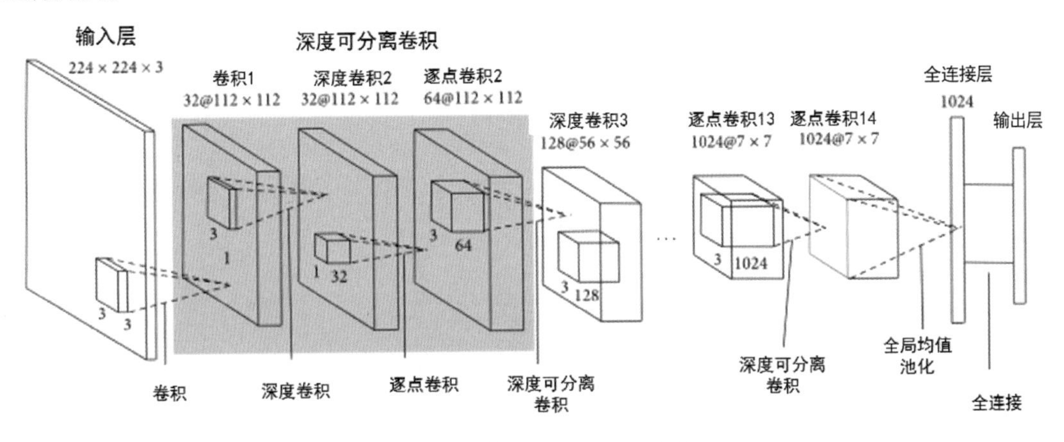

图 6.8　完整的 MobileNet 结构

6.3.2　构建 MobileNet 模型

使用 TensorFlow 构建 MobileNet 模型的代码如下所示。

```
#导入相关包
from tensorflow.keras import Model
from tensorflow.keras.layers import Dense
from tensorflow.keras.layers import GlobalAveragePooling2D
from tensorflow.keras.applications import MobileNetV2
#MobileNetV2 模型使用 ImageNet 权重进行迁移学习
##原模型不包含全连接层
##对原模型输出进行全局均值池化
base_model3 = MobileNetV2(include_top=False, weights='imagenet', input_
shape=(224, 224, 3))
x = GlobalAveragePooling2D()(base_model3.output)
##输出层
output = Dense(4, activation='softmax')(x)
```

```
##构建模型
model3 = Model(inputs=[base_model3.input], outputs=[output])
```

使用 PyTorch 构建 MobileNet 模型的代码如下所示。

```
import torch
import torch.nn as nn
import torch.nn.functional as F
from torch import optim
import torchvision
from torchvision import models
DEVICE='cuda' if torch.cuda.is_available() else 'cpu'
#定义 MobileNetV2 预训练模型
model_ft = models.mobilenet_v2(pretrained=True)
#冻结卷积层
for param in model_ft.parameters():
    param.requires_grad = False
#获取分类器的输入，即卷积部分提取的特征
num_ftrs = model_ft.classifier[1].in_features
#重新定义分类器
model_ft.classifier[1]=nn.Linear(num_ftrs, 100,bias=True)
model_ft.to(DEVICE)
print(model_ft)
```

6.4 项目案例：违规驾驶行为识别

驾驶员的违规驾驶行为是造成交通事故的主要原因之一。在实际生活中，驾驶员的违规驾驶行为是通过摄像头实时监控并进行识别的。交警对监控识别的驾驶员违规驾驶行为给出警示是一种减少交通事故的有效方法。

违规驾驶行为识别比数字识别、交通标志识别更为复杂，因此需要使用更深层次的神经网络才能获取驾驶行为等视觉特征。本次实验将使用不同深度的卷积神经网络对驾驶员的驾驶行为进行识别，主要识别驾驶员使用手机、抽烟、不系安全带、双手离开方向盘等动作姿态。实验执行效果如图 6.9 所示。

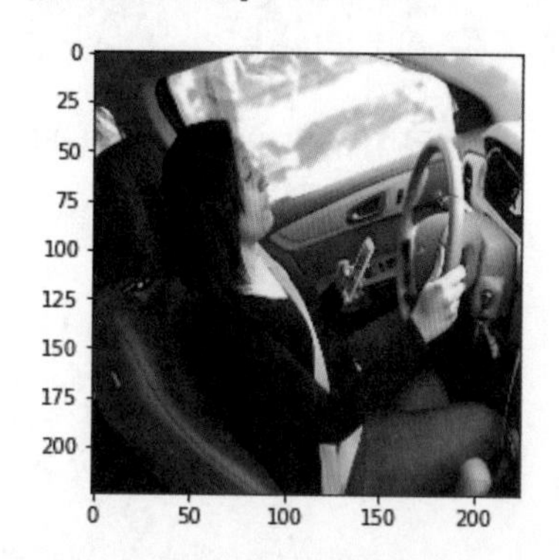

图 6.9　实验执行效果

1. 实验目标

（1）掌握数据集的主要处理方法。

（2）掌握基于迁移学习使用深度卷积神经网络处理深度学习任务的思路。

（3）掌握使用 TensorFlow 构建、训练和应用深度卷积神经网络模型的主要方法。

2. 实验环境

实验环境如表 6.1 所示。

表 6.1　实验环境

硬　件	软　件	资　源
PC/笔记本电脑 显卡（模型训练需要，推荐 NVIDIA 显卡，显存 4G 以上）	Ubuntu 18.04/Windows 10 Python 3.7.3 TensorFlow 2.4.0 TensorFlow-GPU 2.4.0（模型训练需要）	危险驾驶行为数据集 distracted-driver-detection

3. 实验步骤

本实验目录结构如图 6.10 所示。

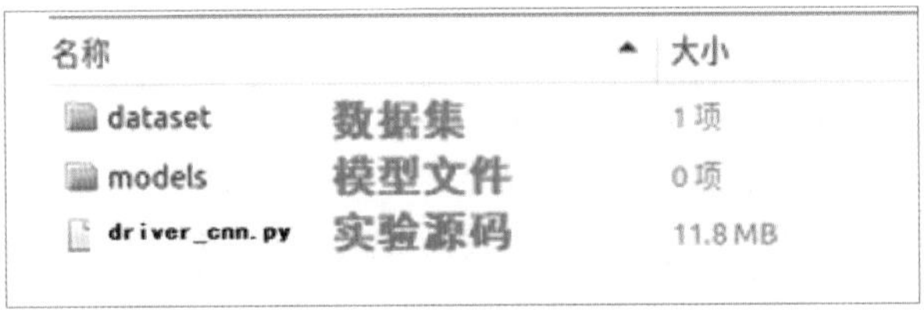

名称		大小
dataset	数据集	1 项
models	模型文件	0 项
driver_cnn.py	实验源码	11.8 MB

图 6.10　本实验目录结构

在 PyCharm 中打开 driver_cnn.py 文件，按照以下步骤编写代码完成本次实验。

1）数据预处理

危险驾驶行为数据集共包含 10 种违规驾驶行为，本次实验选择前 4 种，即 c0（安全驾驶）、c1（右手打字）、c2（右手打电话）、c3（左手打字）。

```
#导入相关包
import numpy as np
import cv2
import matplotlib.pyplot as plt
import tensorflow as tf
from tensorflow.keras.applications import *
from tensorflow.keras.layers import *
from tensorflow.keras.models import *
#定义数据读取路径
root_train = 'dataset/train'
#类名
classes = ['c0','c1','c2','c3']
#对应驾驶行为名称
```

```
    lbl_names=['safe drivin','texting - right','talking on the phone - right',
'texting - left']
    #可视化
    img_size = 240
    import os
    for i in classes:
        path = os.path.join(root_train,i)
        for img in os.listdir(path):
            img_array = cv2.imread(os.path.join(path,img),cv2.IMREAD_COLOR)
            RGB_img = cv2.cvtColor(img_array, cv2.COLOR_BGR2RGB)
            plt.imshow(RGB_img)
            plt.show()
            break
        break
```

运行以上代码，结果如图 6.11 所示。

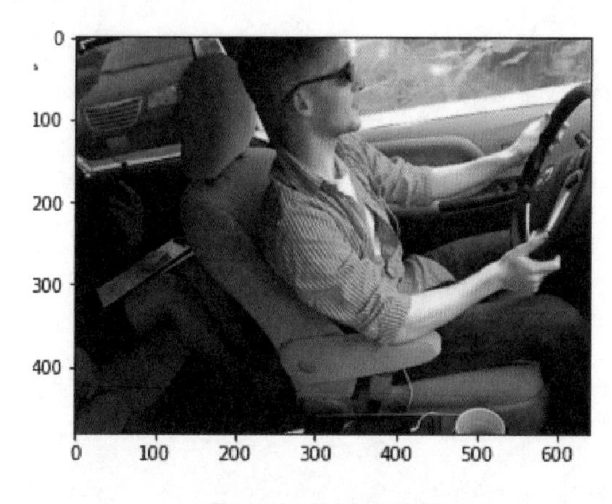

图 6.11　数据可视化

```
#定义数据管道
from tensorflow.keras.preprocessing.image import ImageDataGenerator
#数据增强
train_datagen = ImageDataGenerator(rescale=1. / 255.,
                                validation_split=0.2,
                                horizontal_flip=True,
                                rotation_range=10,
                                width_shift_range=.1,
                                height_shift_range=.1)
val_datagen=ImageDataGenerator(rescale=1. / 255.)
#定义数据生成器
train_generator = train_datagen.flow_from_directory(root_train,
                                                target_size=(224, 224),
```

```
                                                   shuffle=True,
                                                   seed=13,
class_mode='categorical',
                                                   batch_size=32,
                                                  subset="training")
    validation_generator = train_datagen.flow_from_directory(root_train,
target_size=(224, 224),
shuffle=True,                                                           seed=13,
class_mode='categorical',
batch_size=32,
subset="validation")
```

运行代码，结果如下所示。

```
Found 7537 images belonging to 4 classes.
Found 1882 images belonging to 4 classes.
```

2）模型构建

本步骤使用 3 种方法构建模型。

DL-06-v-004

（1）使用 ResNet50 中的 ImageNet 预训练权重的代码如下所示。

```
#ResNet50
rnet = ResNet50(weights='imagenet',include_top=False, input_shape=(224,224,3))
for i,layer in enumerate(rnet.layers):
   layer.trainable = False
   print('层数：',i,'层名称：',layer.name,'层形状:(',layer.input_shape,
layer.output_shape,'),层参数：',layer.count_params())
resnet_50 = tf.keras.models.Sequential()
resnet_50.add(rnet)
resnet_50.add(tf.keras.layers.Flatten())
resnet_50.add(tf.keras.layers.Dense(4, activation='softmax'))
resnet_50.compile(optimizer=tf.keras.optimizers.Nadam(learning_rate=0.001),
loss='categorical_crossentropy',metrics=['accuracy'])
resnet_50.summary()
```

运行代码，结果如下所示。

```
Model: "sequential"

_________________________________________________________________
Layer (type)                 Output Shape              Param #
=================================================================
resnet50 (Functional)         (None, 7, 7, 2048)        23587712

_________________________________________________________________
flatten (Flatten)            (None, 100352)            0

_________________________________________________________________
dense (Dense)                (None, 4)                 401412
```

```
=================================================================
Total params: 23,989,124
Trainable params: 401,412
Non-trainable params: 23,587,712
```

（2）使用 DenseNet 构建模型的代码如下所示。

```
#预训练模型
rnet = DenseNet201(
        input_shape=(224, 224, 3),
        weights='imagenet',
        include_top=False
    )
#冻结
rnet.trainable = False
#添加分类器
dnet = tf.keras.Sequential([
    rnet,
    tf.keras.layers.GlobalAveragePooling2D(),
    tf.keras.layers.Dense(4, activation='softmax')
])
dnet.compile(optimizer=tf.keras.optimizers.Nadam(learning_rate=0.001),loss=
'categorical_crossentropy',metrics=['accuracy'])
print(dnet.summary())
```

代码运行结果如下所示。

```
Model: "sequential_1"
_________________________________________________________________
Layer (type)                 Output Shape              Param #
=================================================================
densenet201 (Functional)     (None, 7, 7, 1920)        18321984
_________________________________________________________________
global_average_pooling2d (Gl (None, 1920)              0
_________________________________________________________________
dense_1 (Dense)              (None, 4)                 7684
=================================================================
Total params: 18,329,668
Trainable params: 7,684
Non-trainable params: 18,321,984
_________________________________________________________________
None
```

（3）使用 MobileNetV2 从零开始训练。

```
#使用 MobileNetV2 从零开始训练
```

```
##在原有模型结构后面直接添加一个全连接层
model1=tf.keras.Sequential([
    MobileNetV2(input_shape=(224,224,3),classes=1000),
    tf.keras.layers.Dense(units=4,activation='softmax')
])
```

使用 MobileNetV2 预训练模型的代码如下所示。

```
base_mnet = MobileNetV2(include_top=False, weights='imagenet', input_shape=
(224, 224, 3))
x = GlobalAveragePooling2D()(base_mnet.output)
output = Dense(4, activation='softmax')(x)
mnetv2_2 = Model(inputs=[base_mnet.input], outputs=[output])
mnetv2_2.compile(optimizer=tf.keras.optimizers.Nadam(learning_rate=0.001),l
oss='categorical_crossentropy',metrics=['accuracy'])
mnetv2_2.summary()
```

以上代码的运行结果如下所示。

```
Model: "model"
______________________________________________________________________________
________________________
Layer (type)                   Output Shape        Param #    Connected to
==============================================================================
========================
input_4 (InputLayer)           [(None, 224, 224, 3) 0
______________________________________________________________________________
________________________
Conv1 (Conv2D)                 (None, 112, 112, 32) 864        input_4[0][0]
...
Conv_1_bn (BatchNormalization)  (None, 7, 7, 1280)   5120        Conv_1[0][0]
______________________________________________________________________________
________________________
out_relu (ReLU)                (None, 7, 7, 1280)   0         Conv_1_bn[0][0]
______________________________________________________________________________
________________________
global_average_pooling2d_2 (Glo (None, 1280)          0           out_relu[0][0]
______________________________________________________________________________
________________________
dense_3  (Dense)                           (None,  4)                    5124
global_average_pooling2d_2[0][0]
==============================================================================
========================
Total params: 2,263,108
Trainable params: 2,228,996
Non-trainable params: 34,112
```

3）模型训练

模型训练部分代码与前面章节实验中的模型训练部分代码相似。

（1）使用 ResNet50 进行模型训练的代码如下所示。

```
##3, 1 ResNet50
#早停
early_stopping=tf.keras.callbacks.EarlyStopping(monitor='val_accuracy',patience=3)
file_path = f'runs/resnet_50.h5'
#检查节点
best_model = tf.keras.callbacks.ModelCheckpoint(file_path,
                                                save_best_only=True,
                                                monitor='val_accuracy',
                                                verbose=1,
                                                save_weights_only=False)
#学习率调整
reduce_lr  =  tf.keras.callbacks.ReduceLROnPlateau(monitor='val_accuracy',
factor=0.1, patience=4, verbose=1, min_delta=1e-4)
#模型拟合
history=resnet_50.fit(train_generator,steps_per_epoch=7537//32,
                  epochs=10,
                 validation_data=validation_generator,
                 validation_steps=1882//32,
                 callbacks=[early_stopping, reduce_lr, best_model])
```

以上代码的运行结果如下所示。

```
Epoch 1/10
235/235 [==============================] - 263s 1s/step - loss: 4.7077 -
accuracy: 0.2969 - val_loss: 1.7863 - val_accuracy: 0.3933
Epoch 00001: val_accuracy improved from -inf to 0.39332, saving model to
runs/sequential.h5
Epoch 2/10
235/235 [==============================] - 272s 1s/step - loss: 3.0157 -
accuracy: 0.4127 - val_loss: 3.8444 - val_accuracy: 0.3508
…(省略)
Epoch 00009: val_accuracy did not improve from 0.76778
Epoch 10/10
235/235 [==============================] - 253s 1s/step - loss: 1.3418 -
accuracy: 0.6658 - val_loss: 0.5033 - val_accuracy: 0.8157
Epoch 00010: val_accuracy improved from 0.76778 to 0.81573, saving model to
runs/sequential.h5
```

对评估指标进行可视化的代码如下所示。

```
#获取训练过程中的评估指标
```

```
acc = history.history['accuracy']
val_acc = history.history['val_accuracy']
loss = history.history['loss']
val_loss = history.history['val_loss']
#可视化
epochs_range = range(10)
plt.figure(figsize=(8, 8))
plt.subplot(1, 2, 1)
plt.plot(epochs_range, acc, label='Training Accuracy')
plt.plot(epochs_range, val_acc, label='Validation Accuracy')
plt.legend(loc='lower right')
plt.grid()
plt.title('Training and Validation Accuracy')
plt.subplot(1, 2, 2)
plt.plot(epochs_range, loss, label='Training Loss')
plt.plot(epochs_range, val_loss, label='Validation Loss')
plt.legend(loc='upper right')
plt.grid()
plt.title('Training and Validation Loss')
plt.show()
```

可视化训练结果如图 6.12 所示。

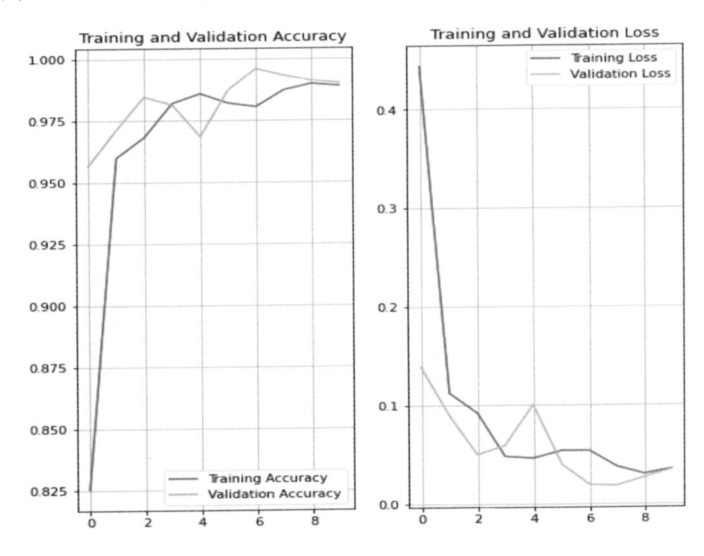

图 6.12　可视化训练结果

（2）训练 DenseNet。

```
##3, 2 DenseNet 训练
early_stopping=tf.keras.callbacks.EarlyStopping(monitor='val_accuracy',patience=
3)
```

```
    file_path = f'runs/dnet.h5'
    best_model = tf.keras.callbacks.ModelCheckpoint(file_path,
                                                    save_best_only=True,
                                                   monitor='val_accuracy',
                                                    verbose=1,
save_weights_only=False)
    reduce_lr  =  tf.keras.callbacks.ReduceLROnPlateau(monitor='val_accuracy',
factor=0.1, patience=4, verbose=1, min_delta=1e-4)
    history3=dnet.fit(train_generator,steps_per_epoch=7537//32,
                    epochs=50,
                   validation_data=validation_generator,
                   validation_steps=1882//32,
                   callbacks=[early_stopping, reduce_lr, best_model])
    #获取训练过程中的评估指标
    acc = history3.history['accuracy']
    val_acc = history3.history['val_accuracy']
    loss = history3.history['loss']
    val_loss = history3.history['val_loss']
    #可视化
    epochs_range = range(50)
    plt.figure(figsize=(8, 8))
    plt.subplot(1, 2, 1)
    plt.plot(epochs_range, acc, label='Training Accuracy')
    plt.plot(epochs_range, val_acc, label='Validation Accuracy')
    plt.legend(loc='lower right')
    plt.grid()
    plt.title('Training and Validation Accuracy')
    plt.subplot(1, 2, 2)
    plt.plot(epochs_range, loss, label='Training Loss')
    plt.plot(epochs_range, val_loss, label='Validation Loss')
    plt.legend(loc='upper right')
    plt.grid()
    plt.title('Training and Validation Loss')
    plt.show()
```

以上代码的运行结果如下所示。

```
    Epoch 1/50
    235/235 [==============================] - 434s 2s/step - loss: 0.9942 -
accuracy: 0.6012 - val_loss: 0.4492 - val_accuracy: 0.8863
    Epoch 00001: val_accuracy improved from -inf to 0.88631, saving model to
runs/sequential_1.h5
    Epoch 2/50
    235/235 [==============================] - 429s 2s/step - loss: 0.4063 -
accuracy: 0.8963 - val_loss: 0.3334 - val_accuracy: 0.9041
    ...
```

```
    Epoch 00016: val_accuracy did not improve from 0.97953
    Epoch 17/50
    235/235 [==============================] - 428s 2s/step - loss: 0.0788 -
accuracy: 0.9791 - val_loss: 0.0973 - val_accuracy: 0.9768
    Epoch 00017: val_accuracy did not improve from 0.97953
    Epoch 18/50
    235/235 [==============================] - 420s 2s/step - loss: 0.0809 -
accuracy: 0.9768 - val_loss: 0.1012 - val_accuracy: 0.9709
    Epoch 00018: val_accuracy did not improve from 0.97953
```

训练到第 18 轮提前停止，DenseNet 在验证集上的准确率约为 0.9795。DenseNet 训练可视化如图 6.13 所示。

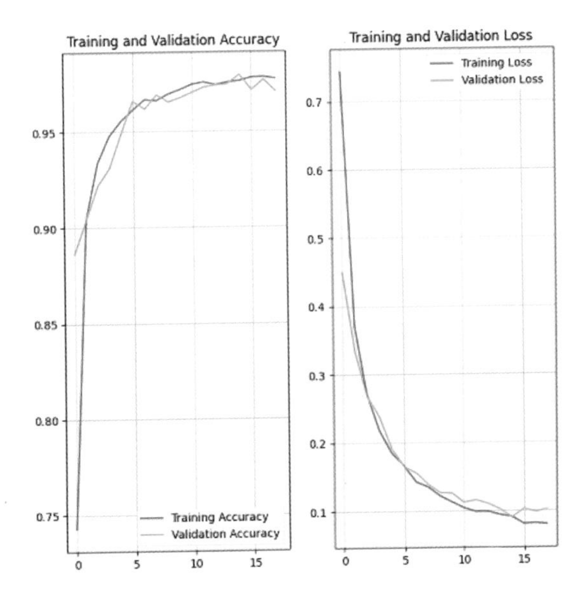

图 6.13　DenseNet 训练可视化

（3）训练 MobileNetV2。

```
    ##3.3 训练 MobileNetV2
    file_path = f'runs/mnetv2_2.h5'
    best_model = tf.keras.callbacks.ModelCheckpoint(file_path,
                                                 save_best_only=True,
                                               monitor='val_accuracy',
                                                 verbose=1,
save_weights_only=False)
    history2=mnetv2_2.fit(train_generator,steps_per_epoch=7537//32,
                      epochs=10,
                    validation_data=validation_generator,
                    validation_steps=1882//32,
```

```
                    callbacks=[early_stopping, reduce_lr, best_model])
#获取训练过程中的评估指标
acc = history2.history['accuracy']
val_acc = history2.history['val_accuracy']
loss = history2.history['loss']
val_loss = history2.history['val_loss']
#可视化
epochs_range = range(10)
plt.figure(figsize=(8, 8))
plt.subplot(1, 2, 1)
plt.plot(epochs_range, acc, label='Training Accuracy')
plt.plot(epochs_range, val_acc, label='Validation Accuracy')
plt.legend(loc='lower right')
plt.grid()
plt.title('Training and Validation Accuracy')
plt.subplot(1, 2, 2)
plt.plot(epochs_range, loss, label='Training Loss')
plt.plot(epochs_range, val_loss, label='Validation Loss')
plt.legend(loc='upper right')
plt.grid()
plt.title('Training and Validation Loss')
plt.show()
```

以上代码的运行结果如下所示。

```
Epoch 1/10
235/235 [==============================] - 375s 2s/step - loss: 0.2850 - accuracy: 0.8931 - val_loss: 13.3226 - val_accuracy: 0.4865
Epoch 00001: val_accuracy improved from -inf to 0.48653, saving model to runs/model.h5
Epoch 2/10
235/235 [==============================] - 353s 2s/step - loss: 0.0433 - accuracy: 0.9875 - val_loss: 9.9439 - val_accuracy: 0.4876
...
Epoch 9/10
235/235 [==============================] - 344s 1s/step - loss: 0.0244 - accuracy: 0.9922 - val_loss: 10.5470 - val_accuracy: 0.4127
Epoch 00009: val_accuracy did not improve from 0.95097
Epoch 10/10
235/235 [==============================] - 341s 1s/step - loss: 0.0194 - accuracy: 0.9945 - val_loss: 17.7148 - val_accuracy: 0.2452
Epoch 00010: val_accuracy did not improve from 0.95097
```

训练集拟合很好，验证集准确率震荡比较大，出现过拟合，因此，将训练批次调整为 64，修改优化器为 Adam，同时不绑定回调函数，重新训练。代码如下所示。

```
Epoch 1/10
```

```
    235/235 [==============================] - 375s 2s/step - loss: 0.2850 -
accuracy: 0.8931 - val_loss: 13.3226 - val_accuracy: 0.4865
    ...
    Epoch 00005: val_accuracy did not improve from 0.94558
    Epoch 6/50
    117/117 [==============================] - 342s 3s/step - loss: 0.0017 -
accuracy: 0.9996 - val_loss: 0.2260 - val_accuracy: 0.9289
    Epoch 00006: val_accuracy did not improve from 0.94558
    Epoch 7/50
    117/117 [==============================] - 344s 3s/step - loss: 0.0020 -
accuracy: 0.9997 - val_loss: 0.2479 - val_accuracy: 0.9154
    Epoch 00007: val_accuracy did not improve from 0.94558
```

在第 7 轮提前停止训练，MobileNetV2 的准确率为 94.56%。MobileNetV2 训练可视化如图 6.14 所示。

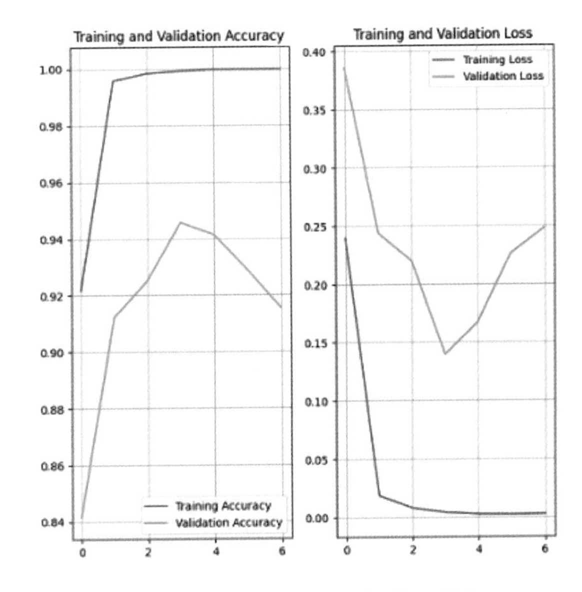

图 6.14　MobileNetV2 训练可视化

4）预测

```
#测试图像
img1=cv2.imread('imgs/1.jpg')
img1=cv2.cvtColor(img1,cv2.COLOR_RGB2BGR)
img1=cv2.resize(img1,(224,224))
img2=np.array(img1).astype('float32')
img2=img2/255
img2=np.expand_dims(img2,axis=0)
#加载模型
m3=load_model(runs/dnet.h5')
```

```
m3.summary()
pred=m3.predict(img2)
pred=np.argmax(pred,axis=1)
plt.imshow(img1)
print('predict:',lbl_names[pred[0]])
```

实验执行效果如图 6.9 所示。

4. 实验小结

本次实验的危险驾驶行为数据集包含约 1 万张图像，4 个类别，初始学习率为 0.0001，训练批次为 32，对比以上 3 种训练，发现 ResNet50 收敛较慢，且训练过程中出现较大波动，训练 10 轮后它在验证集上的准确率达到 81%。

DenseNet201 能很快收敛，训练曲线平滑，在训练第 18 轮时提前结束，它在验证集上的准确率达到 97.95%。

MobileNetV2 在前 5 轮，在训练集上能较快收敛，验证集评估明显低于训练集，从第 6 轮开始，训练集和验证集评估结果差距明显缩小，训练 7 轮结束，在验证集上的准确率为 94.558%。

本章总结

- ResNet 通过残差结构构建网络，可以有效提高网络的性能。
- DenseNet 将当前层的特征图输入后续所有层，作为后续所有层的输入。
- MobileNet 是适用于移动端或者嵌入式设备的轻量级深度卷积神经网络，使用的是深度可分离卷积。

作业与练习

DL-06-c-001

1. [多选题] 关于 ResNet 的说法正确的是（　　）。
   A. 使用跳跃连接能够对反向传播的梯度下降有益且能够帮助用户对更深的网络进行训练
   B. 跳跃连接计算输入的复杂非线性函数能传递到网络中的更深层
   C. 有 L 层的 ResNet 一共有 $2L$ 种跳跃连接的顺序
   D. 跳跃连接能够使得网络轻松地学习残差块类输入、输出间的身份映射
2. [多选题] 关于 DenseNet 说法正确的是（　　）。
   A. 使用的是连接结构
   B. 输出数据是通过相加的方式合并在一起的
   C. 把特征图大小匹配的所有层直接相连

D．区分了要添加到网络中的信息和保留的信息

3．[单选题] 在批量标准化中，如果将其应用于神经网络的第 i 层，那么应该对（　　）进行标准化。

A．第 i 层的输出　　B．第 i 层的权重参数

C．第 i 层的加权计算结果　　D．第 i 层的偏差项

4．[单选题] 下面关于 MobileNet 的描述中，错误的说法是（　　）。

A．MobileNet 的核心为将卷积拆分为深度卷积+逐点卷积

B．MobileNet 中的逐点卷积采用了分组卷积获得特征

C．MobileNet 采用分组卷积提高速度

D．Pointwise 能将不同组的特征进行融合

5．[单选题] 以下（　　）不是 TensorFlow 中的交叉熵。

A．tf.nn.weighted_cross_entropy_with_logits

B．tf.nn.sigmoid_cross_entropy_with_logits

C．tf.nn.softmax_cross_entropy_with_logits

D．tf.nn.sparse_sigmoid_cross_entropy_with_logits

第 7 章

目标检测

本章目标

- 熟悉目标检测算法的原理与机制。
- 掌握 YOLOv3 目标检测算法的优化方法与流程。
- 能够进行基于 YOLOv3 的开发。
- 能够运行 YOLOv3 的网络推理。
- 能够综合运用多种算法和模型实现多任务预测。

目标检测是对图像中的特定目标进行定位和分类，是计算机视觉实例分割、图像描述、目标跟踪等任务的基础，目前已经广泛应用于自动驾驶、机器人视觉、视频分析等领域。

本章包含的项目案例如下。

- 车辆检测。

使用 YOLOv3 在车辆检测数据集上进行迁移学习，从而实现对不同类型车辆的检测，同时对车身颜色和行驶方向进行识别。

7.1 目标检测的概述

DL-07-v-001

目标检测（Target Detection）的任务是找出图像中指定的目标（物体），并确定其类别和位置，是计算机视觉领域的核心研究问题之一。

在目标检测任务中，输入一张图像，可以输出检测目标的类别和表示位置的边界框。目标检测输出结果如图 7.1 所示。

图 7.1 目标检测输出结果

基于 CNN 的目标检测算法主要分为两阶段目标检测算法和一阶段目标检测算法。两阶段目标检测算法是基于候选区域的算法，该算法会先产生边界框把所有目标框出来，然后使用 CNN 对候选区域进行特征提取。两阶段目标检测算法的主要算法是 R-CNN 系列算法。一阶段目标检测算法可同时对输入图像进行定位和类别预测，其主要算法包括 YOLO 系列算法和 SSD 算法。

目标检测算法相关评价指标有交并比（Intersection over Union，IoU）、平均精度(mean Average Precision，mAP)。

1）IoU

IoU 是指预测框与真实框的交并比。

IoU 用来判断对一个目标的预测是否正确。若 IoU＞threshold（判断阈值），则该预测被认为是 TP（阳性）；若 IoU≤threshold，则该预测被认为是 FP（假阳性）。IoU 原理演示如图 7.2 所示。图中 *A* 是检测目标的真实框，*B* 是检测目标的预测框。

IoU 就是 *A* 和 *B* 的交集除以 *A* 和 *B* 的并集，计算公式如下所示。

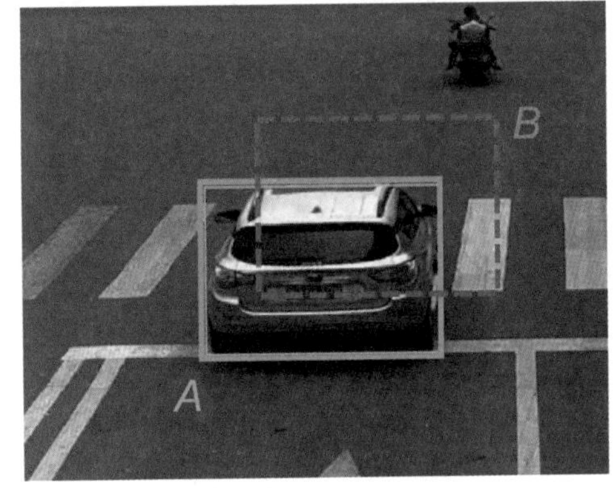

图 7.2　IoU 原理演示

$$\mathrm{IoU}=\frac{A\cap B}{A\cup B} \tag{7.1}$$

2）mAP

AP（Average Precision）是 PR（精确率和召回率）曲线围成的面积，用来衡量对一个类别目标检测的好坏。

mAP 是所有类精确度的平均值，可衡量多类别目标检测的好坏。

7.2　两阶段目标检测

DL-07-v-002

7.2.1　R-CNN

R-CNN（Region-based CNN）是基于候选区域的 CNN，其主要思想是它先使用选择性搜索产生候选区域，然后使用 CNN 对每个候选区域进行特征提取。

R-CNN 的工作流程主要包括以下步骤，如图 7.3 所示。

（1）产生候选区域。通过选择性搜索产生候选区域。

（2）仿射图像扭曲。通过仿射变换将所有候选区域裁切缩放至固定大小。

（3）特征提取。使用训练好的 CNN 对每个候选区域进行特征提取。

（4）区域分类。使用线性分类器，如使用向量机对候选区域进行分类。

使用线性回归可修正预测框的位置和大小。

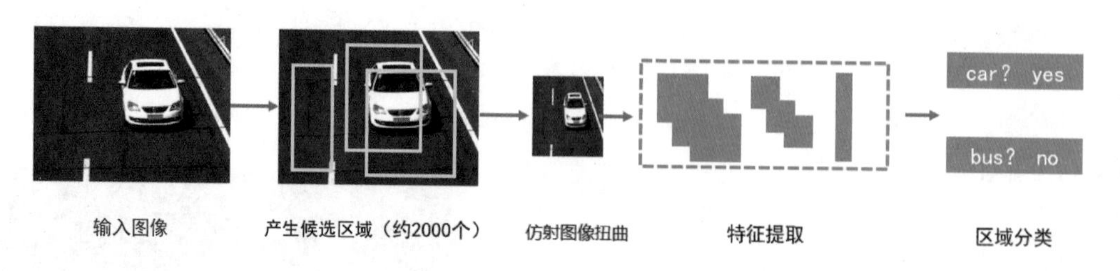

图 7.3　R-CNN 的工作流程

候选区域产生的最基本的方法是滑窗法，即使用滑动窗口依次判断图像中所有可能的候选区域。滑窗法计算任务繁重，R-CNN 采用选择性搜索产生可能包含检测目标的候选区域，大大减少了计算量。

基于选择性搜索候选区域的产生主要使用层次化分组算法，首先通过图像分割创建初始区域，再计算相邻区域间的相似度，最后合并相似度高的图像区域，重复这个过程，最终产生 2000 个左右的候选区域。

R-CNN 对每个候选区域使用支持向量机算法进行类别判断，对于多个候选区域包含同一个目标的情况，使用 NMS（Non-Maximum Suppress-sion，非极大值抑制）过滤冗余候选框，仅保留一个框，并使用回归算法对候选框进行调整。

7.2.2　Fast R-CNN 和 Faster R-CNN

1）Fast R-CNN

Fast R-CNN 同样可以使用选择性搜索产生 2000 个左右的候选区域。与 R-CNN 不同的是 Fast R-CNN 将整张图像和候选区域作为 CNN 的输入，对图像统一进行一次特征提取，而不是对其进行 2000 次特征提取。

不同候选区域在卷积层输出特征图上对应的尺寸也不相同，Fast R-CNN 提出了 ROI Pooling（Region Of Interest Pooling，感兴趣区域池化），先将不同尺寸的输入映射为固定尺寸的输出，然后将维度相同的特征图传递给全连接层，转化成 ROI 特征向量，最后使用 softmax 分类器进行目标类别判断。

Fast-CNN 的工作流程如图 7.4 所示。R-CNN 的目标分类及边界框回归是分开进行的，而 Fast R-CNN 所做的改进就是将目标分类及边界框回归合并在一起，它们的任务共享卷积神经网络特征图。

2）Faster R-CNN

Faster R-CNN 是 Fast R-CNN 的优化，它主要在检测速度上进行了优化提升，其网络结构如图 7.5 所示。

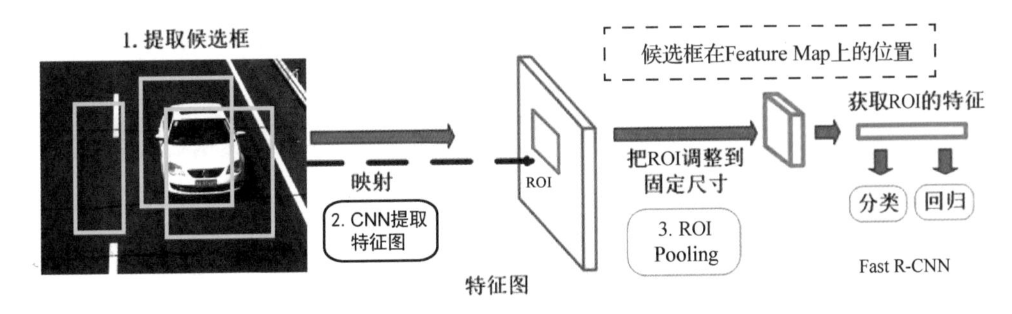

图 7.4　Fast R-CNN 工作流程

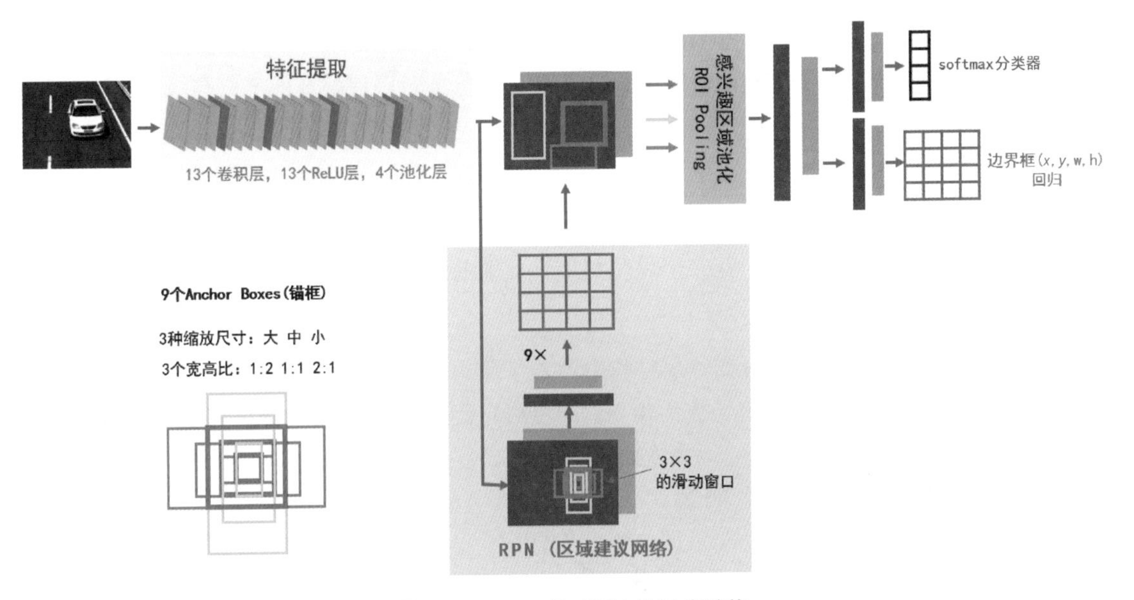

图 7.5　Faster R-CNN 的网络结构

在 Faster R-CNN 中使用了 Anchor Boxes（锚框），锚框是预定义的 3 种缩放尺寸、3 个宽高比的矩形框，共有 9 个。

Faster R-CNN 将 RPN（Region Proposal Network，区域建议网络）和 Fast R-CNN 结合起来，工作流程如下。

（1）特征提取。

将图像输入预训练好的卷积神经网络模型，得到特征图。

（2）产生候选区域。

在 RPN 中，在特征图上使用尺寸为 3×3 的滑动窗口进行滑动，在每个滑动窗口，先把预定义的 9 个锚框中心和滑动窗口中心对齐，使用二元分类器判断每个锚框的区域是背景还是前景，然后消除所有只包含背景的框，剩下的是包含前景的候选框。

RPN 的二元分类器通过迁移学习获得。

（3）将 RPN 产生的候选区域输入给 ROI Pooling 层，输出维度相同的特征图。

（4）同 Fast R-CNN 一样，使用 softmax 分类器判断目标类别，并对目标边界框进行回归。

7.2.3 Mask R-CNN

Mask R-CNN 由 Kaiming He 等人提出，是 Faster R-CNN 的改进版本。

Mask R-CNN 是一个两阶段框架，第一个阶段扫描图像并生成建议（Proposals，即可能包含一个目标的区域），第二个阶段对建议进行分类并生成边界框和掩码。

1）主干网络

Mask R-CNN 的主干网络是卷积神经网络（通常来说是 ResNet50 和 ResNet101），可以作为特征提取器。主干网络底层检测的是低级特征（如边缘和角等），较高层检测的是更高级的特征（如汽车、人、天空等）。

2）ROI 分类器和边界框回归器

RPN 为每个候选框生成两个输出：第一个是锚类别，即前景或背景（FG/BG），前景类别意味着在候选框中可能存在一个目标；第二个是位置偏移，即前景预测框与目标真实框之间的偏差。

3）分割掩码

Mask R-CNN 在 Faster R-CNN 网络层结构中引入了掩码分支网络。掩码分支网络是一个卷积神经网络，将 ROI 分类器选择的正区域作为输入，并生成它们的掩码。生成的掩码是低分辨率的，掩码的小尺寸属性有助于保持掩码分支网络的轻量性。

Mask R-CNN 的网络结构如图 7.6 所示。

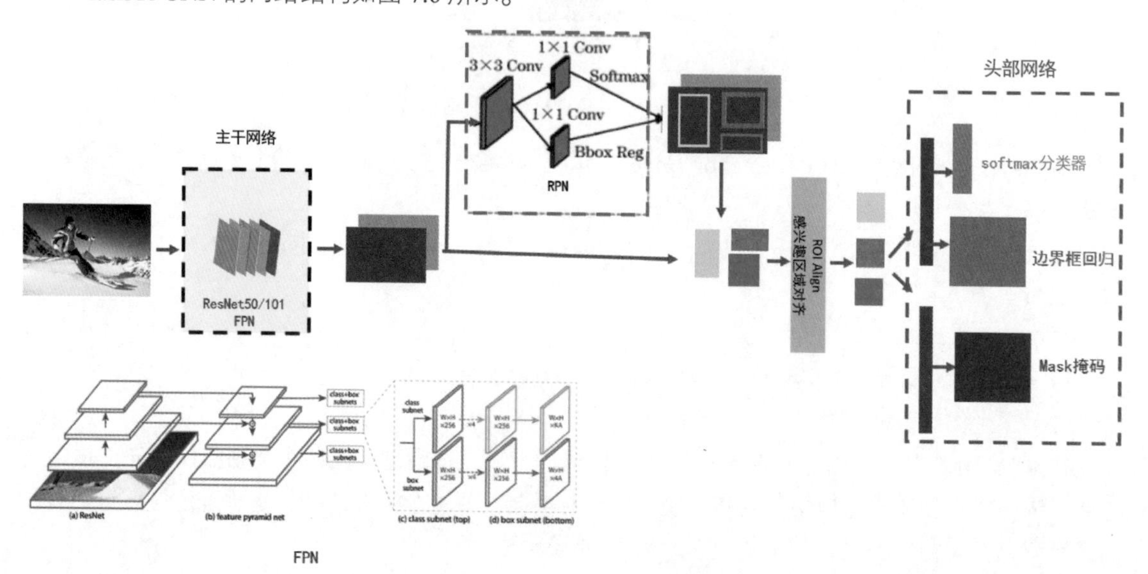

图 7.6　Mask R-CNN 的网络结构

7.3　一阶段目标检测

7.3.1　YOLO 系列

YOLO 系列算法与 R-CNN 系列算法不同，它使用单个网络结构，在产生候选区域的同时即可预测出目标类别和位置，不需要分成两阶段目标检测来完成检测任务。

YOLO 算法由 Joseph Redmon 等人在 2015 年提出，通常也被称为 YOLOv1；2016 年，他们对该算法进行改进，提出了 YOLOv2 版本；2018 年他们又提出了 YOLOv3 版本，后续 Alexeyab 等人在 YOLOv3 基础上提出了 YOLOv4、YOLOv7 版本，受到了原作者的认可，但是最经典的检测算法还是 YOLOv3。

1. YOLO 的设计思想

以 YOLOv3 为例，其工作流程可以分成两部分，如图 7.7 所示。

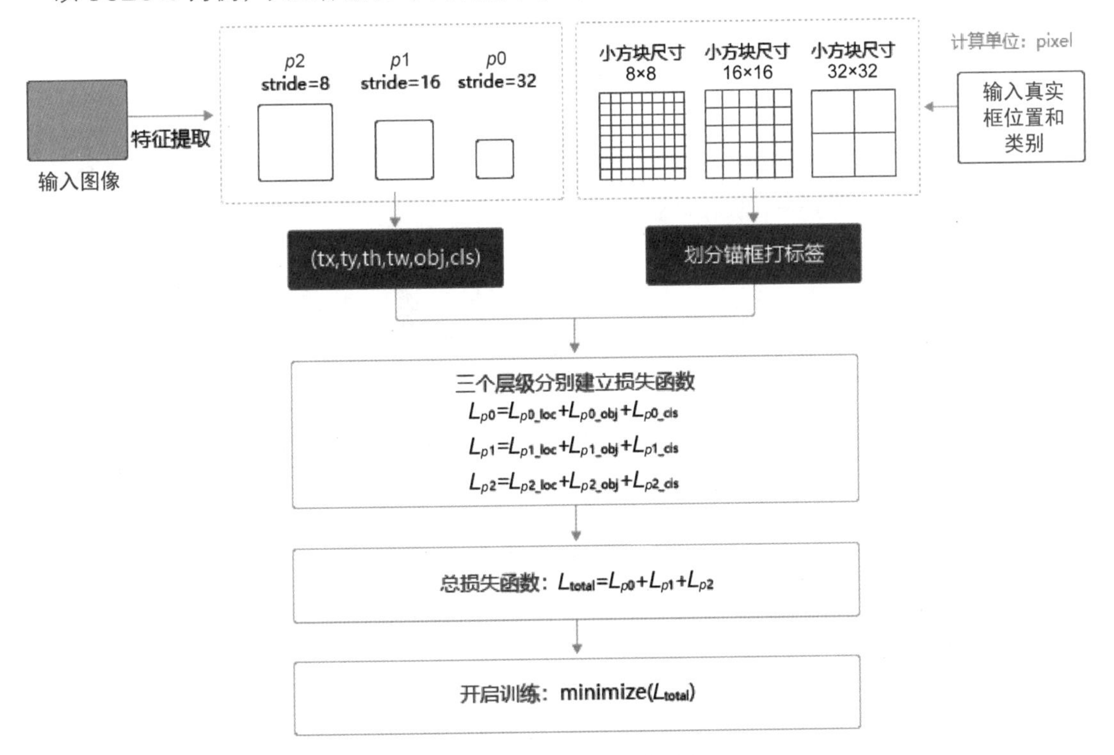

图 7.7　YOLOv3 的工作流程

（1）使用 CNN 对输入图像进行特征提取，随着网络不断向前传播，特征图的尺寸越来越小，每个像素点会代表更加抽象的特征模式，直到输出特征图，其尺寸减小为输入图像尺寸的 1/32。

（2）YOLOv3 如何产生候选区域呢？首先将输入图像划分成多个小方块，每个小方块的尺寸是

32×32，然后以每个小方块为中心分别生成一系列锚框，使整张图像都被锚框覆盖到。在每个锚框的基础上产生一个与之对应的预测框，根据锚框和预测框与图像上目标真实框之间的位置关系，对这些预测框进行标注。

（3）将输出的特征图与预测框标签建立关联，创建损失函数，开启端到端的训练过程。

2. YOLO 的预测框

在模型预测阶段，使用聚类算法为图像生成多个锚框，并为这些锚框一一预测类别和偏移量。根据锚框及其预测偏移量得到预测框。当锚框个数较多时，同一个目标上可能会输出较多相似的预测框。为了使结果更加简洁，需要移除相似的预测框。常用的移除相似预测框的方法为非极大值抑制。

非极大值抑制是指抑制不是极大值的元素，可以理解为局部最大搜索，一般情况下，就是检测每个边界框中的 IoU 数值，仅仅保留局部区域中最大的 IoU 数值。

3. YOLOv3 的网络结构

YOLOv3 的先验检测系统将分类器或定位器重新用于执行检测任务，其网络结构如图 7.8 所示，可以检测任意位置多尺寸的目标。

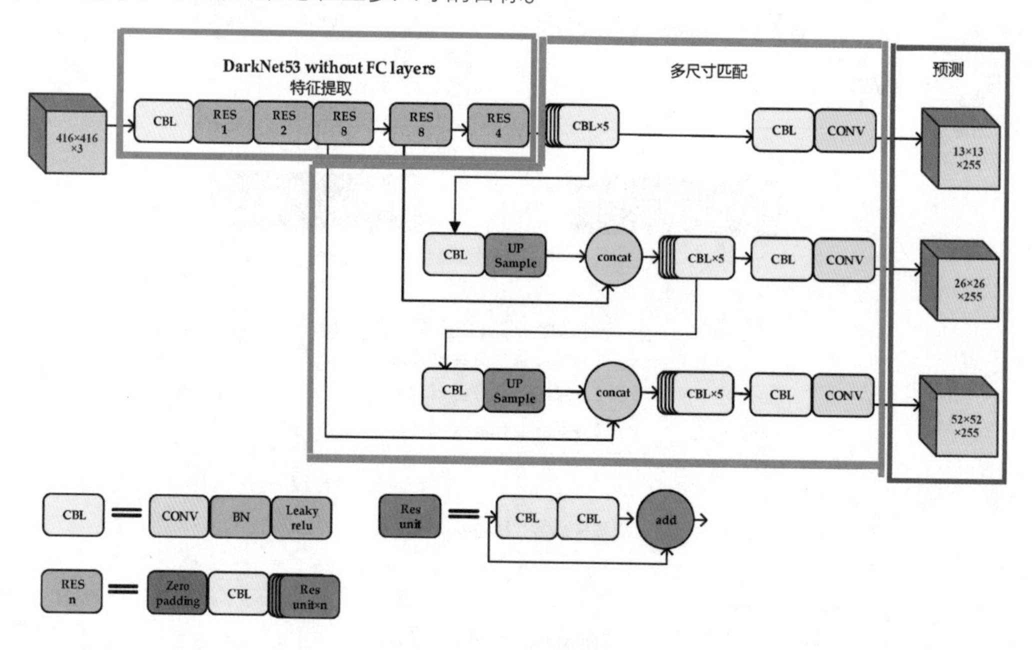

图 7.8　YOLOv3 的网络结构

1）DarkNet53 的网络结构

YOLOv3 加入了 DarkNet53 的网络结构。DarkNet53 的网络结构如图 7.9 所示。

DarkNet53 的网络结构使 YOLOv3 的性能更好，速度更快，它相比于其他网络结构实现了每秒最高的浮点计算量，说明该网络结构能更好地利用 GPU。

DarkNet53网络结构图

	类型	输出通道数	卷积核	输出特征图大小	
	softmax			1000	
	全连接			1000	
	平均池化	1024	全局池化	1×1	
4×残差块	残差			8×8	C0
	卷积	1024	3×3		
	卷积	512	1×1		
	卷积	1024	3×3/2	8×8	
8×残差块	残差			16×16	C1
	卷积	512	3×3		
	卷积	256	1×1		
	卷积	512	3×3/2	16×16	
8×残差块	残差			32×32	C2
	卷积	256	3×3		
	卷积	128	1×1		
	卷积	256	3×3/2	32×32	
2×残差块	残差			64×64	
	卷积	128	3×3		
	卷积	64	1×1		
	卷积	128	3×3/2	64×64	
1×残差块	残差			128×128	
	卷积	64	3×3		
	卷积	32	1×1		
	卷积	64	3×3/2	128×128	
	卷积	32	3×3	256×256	

图 7.9　DarkNet53 的网络结构

YOLOv3 借鉴了 FPN 的思想，它从不同尺度提取特征，在每个特征图上做独立预测，同时在小特征图进行上采样，直到其尺寸与大特征图的尺寸相同，并与大特征图拼接做进一步预测。多尺度目标检测如图 7.10 所示。

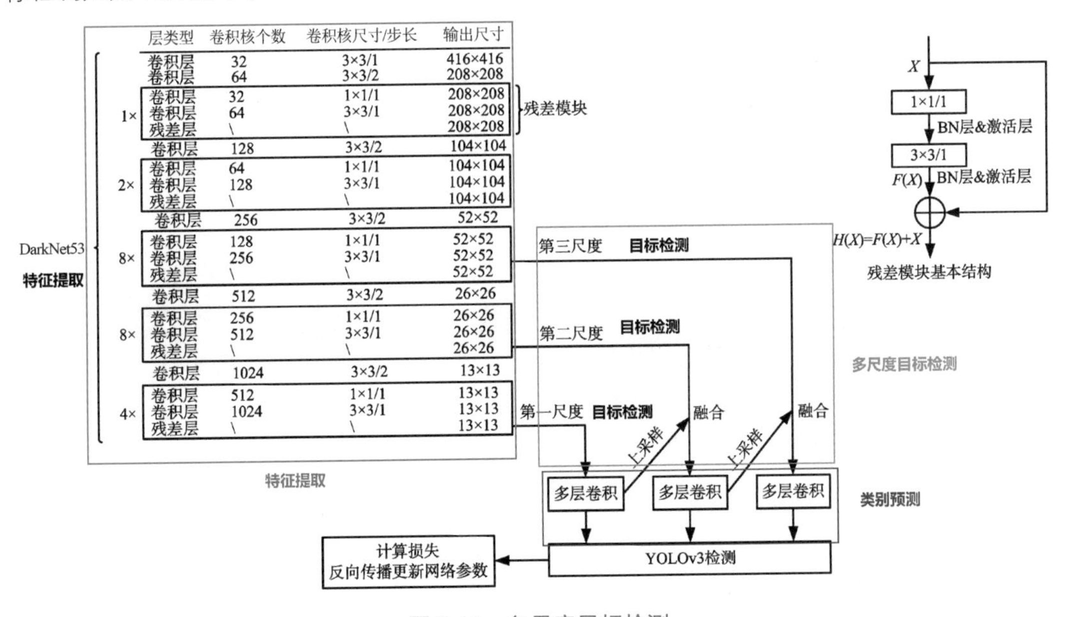

图 7.10　多尺度目标检测

YOLOv3 的网络结构将逻辑回归作为输出激活函数，把单标签分类改成多标签分类，如图 7.11 所示。

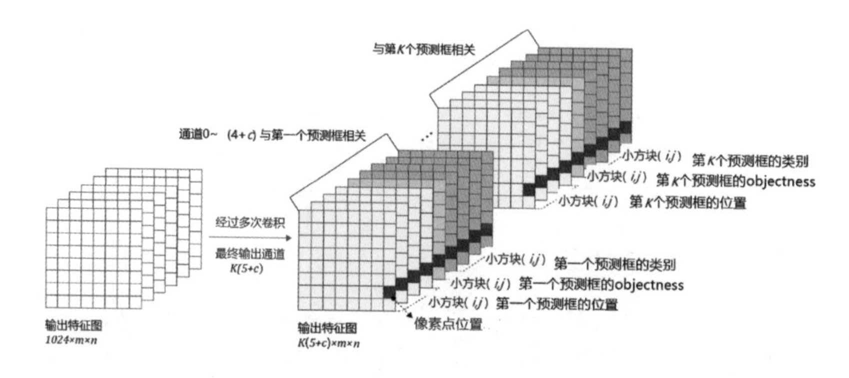

图 7.11　类别预测

4. YOLOv3-Tiny 的网络结构

YOLOv3-Tiny 的网络结构在 YOLOv3 网络结构的基础上去掉了一些特征层，只保留了两个独立预测分支。在实际的应用场景中，由于 YOLOv3-Tiny 网络结构的参数个数少，故其易于在嵌入式设备中部署。

YOLOv3-Tiny 的网络结构如图 7.12 所示。

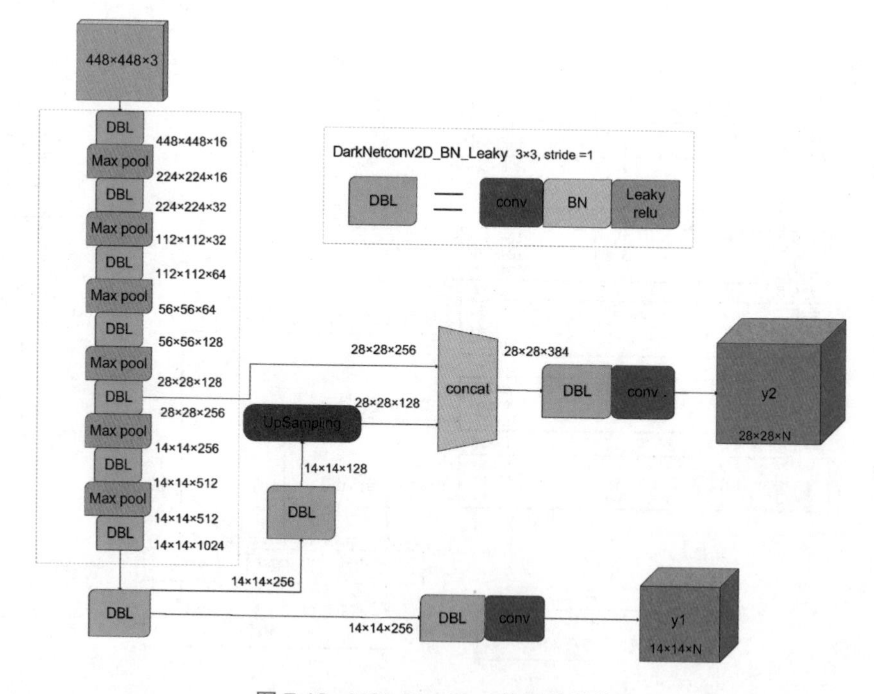

图 7.12　YOLOv3-Tiny 的网络结构

7.3.2　SSD

DL-07-v-004

SSD（Single Shot Detector，单阶段多框检测算法）的模型结构主要由一个基础网络和几个不同尺寸特征图块组成。

SSD 的网络结构如图 7.13 所示。

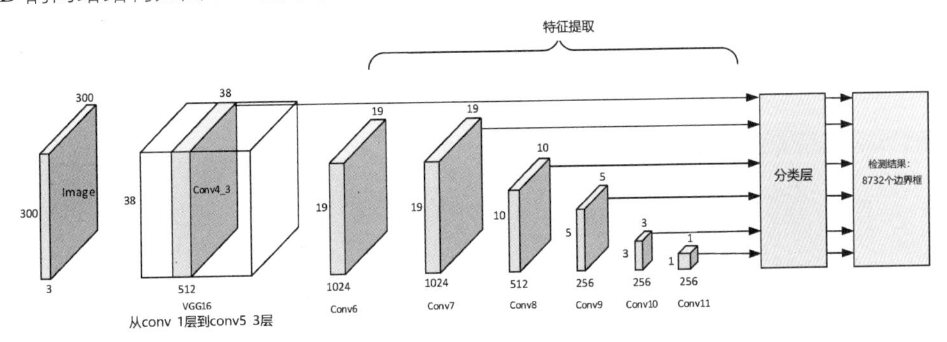

图 7.13　SSD 的网络结构

SSD 网络结构的构成如下。

（1）将尺寸为 300×300×3 的图像输入 VGG16 中，经过 VGG16 的 Conv4 之后得到尺寸为 38×38×512 的特征图。

（2）卷积操作 Conv6 具体为，经过一个池化和 3×3×1024 的卷积之后得到尺寸为 19×19×1024 的特征图。

（3）卷积操作 Conv7 具体为，经过一个 1×1×1024 的卷积之后得到尺寸为 19×19×1024 的特征图。

（4）卷积操作 Conv8 具体为，经过 1×1×256 和 3×3×512-s2（s2 的 stride 为 2）的卷积之后得到尺寸为 10×10×512 的特征图。

（5）卷积操作 Conv9 具体为，经过 1×1×128 和 3×3×256-s2 的卷积之后得到尺寸为 5×5×256 的特征图。

（6）卷积操作 Conv10 具体为，经过 1×1×128 和 3×3×256-s1 的卷积之后得到尺寸为 3×3×256 的特征图。

（7）卷积操作 Conv11 具体为，经过 1×1×128 和 3×3×256-s1 的卷积之后得到尺寸为 1×1×256 的特征图。

SSD 得到不同尺寸特征图的特征映射，同时在不同的特征映射上进行预测，在增加运算量的同时提高了检测精度。

7.4　项目案例：车辆检测

智能交通违规监测系统可对交通路口车辆进行实时监控，检测与跟踪违规行驶车辆。在实际应用场景中，目标车辆受到光线照射、摄像头拍摄角度、复杂背景及遮挡等多种因素影响，在进行目标检测模型选择和训练时需要考虑以下几点。

（1）光线与天气环境变化。

开放环境下，光线变化大，如白天和黑夜。不同天气，摄像头拍摄的清晰度有很大差异。

（2）摄像头拍摄角度。

交通路口的摄像头与车辆垂直角度较大。

（3）目标检测需要性能高效。

图 7.14　本次实验结果

目标检测模型在服务端完成模型的构建和训练后，其推理阶段需要兼顾移动端或者边缘端，因此模型必须是轻量级的，同时其精准度应较高。

综上所述，本次实验的目的就是构建与训练一个轻量级且高效的目标检测模型，以对复杂环境下不同类型的车辆进行精准检测。

本次实验结果如图 7.14 所示。

1. 实验目标

（1）掌握 YOLOv3 的优化方法与流程。

（2）能够使用 TensorFlow 进行 YOLOv3 的开发。

（3）能够运行 YOLOv3 的网络推理。

（4）能够综合运用多种算法和模型实现多任务预测。

2. 实验环境

实验环境如表 7.1 所示。

表 7.1　实验环境

硬　件	软　件	资　源
PC/笔记本电脑 显卡（模型训练需要，推荐 NVIDIA 显卡，显存 4G 以上）	Ubuntu 18.04/Windows 10 Python 3.7.3 TensorFlow 2.4.0 TensorFlow-GPU 2.4.0（模型训练需要）	车辆检测数据集 utils 工具模块 预训练模型和权重

3. 实验步骤

使用车辆检测数据集对 YOLOv3-Tiny 进行训练，并对车辆类型进行检测，同时使用提供的模型与代码实现车身颜色识别和行驶方向识别。

本次实验目录结构如图 7.15 所示。

用户可按照以下步骤编写代码完成本次实验。

1）制作数据集

将原始数据集中 annotations 的标签文件放置在 VOCdevkit 文件夹中 VOC2007 文件夹下的 Annotations 中。

将原始数据集中 images 的图像文件放置在 VOCdevkit 文件夹中 VOC2007 文件夹下的 JPEGImages 中。

VOCdevkit 目录结构如图 7.16 所示。

名称	大小	类型
font		文件夹
img		文件夹
logs	训练输出模型	文件夹
model_data	预训练模型、锚框和类别	件夹
utils		件夹
VOCdevkit	训练数据	文件夹
weights	预训练模型	文件夹
yolo3	yolo3源码	文件夹
coco_annotation.py	2 KB	Python File
convert.py	10 KB	Python File
kmeans.py	4 KB	Python File
train.py	7 KB	Python File
voc_annotation.py	2 KB	Python File
yolo.py	本次实验需要完成的代码 KB	Python File
yolo_video.py	3 KB	Python File
yolov3.cfg	9 KB	CFG 文件
yolov3-tiny.cfg	2 KB	CFG 文件

图 7.15 本次实验目录结构

名称	大小	类型
Annotations	XML文件	文件夹
ImageSets	XML生成的txt文件	文件夹
JPEGImages	训练用的图像	文件夹
labels	符合yolo需要的txt文件	文件夹
voc2yolo3.py	1 KB	Python File

图 7.16 VOCdevkit 目录结构

修改 voc2yolo3.py 选中的部分代码，为 XML 文件生成 TXT 描述文件，如图 7.17 所示。

在终端执行"python voc2yolo3.py"命令，在 ImageSets/Main 中生成 txt 文件，如图 7.18 所示。

```
1  import os
2  import random
3
4  xmlfilepath=r"./Annotations"
5  saveBasePath=r"./ImageSets/Main/"
6
7  trainval_percent=1
8  train_percent=0.9
9  total_xml = os.listdir(xmlfilepath)
```

图 7.17 修改文件路径

名称	大小	类型
test.txt	0 KB	文本文档
train.txt	13 KB	文本文档
trainval.txt	15 KB	文本文档
val.txt	2 KB	文本文档

图 7.18 生成 txt 文件

将训练数据的描述文件修改为符合 YOLO 需要的格式，如图 7.19 所示，修改 voc_annotation.py 文件中的 classe 为实际的 classes。

```
1  import xml.etree.ElementTree as ET
2  from os import getcwd
3
4  # sets=[('2007', 'train'), ('2007', 'val'), ('2007', 'test')]
5  sets=[('2007', 'train'), ('2007', 'val')]
6
7  classes = ["car", "bus"]
8
```

图 7.19　修改格式

在终端执行“python voc_annotation.py”命令，在 VOCdevkit/VOC2007/Labels 目录生成 2007_train.txt 和 2007_val.txt。文档中每一行对应其图像位置及其真实框的位置。生成的文档内容如图 7.20 所示。

```
/content/drive/MyDrive/yolov3_keras/yolov3_keras/VOCdevkit/VOC2007/JPEGImages/maksssksksss0.png
79,105,109,142,1 185,100,226,144,0 325,90,360,141,1
/content/drive/MyDrive/yolov3_keras/yolov3_keras/VOCdevkit/VOC2007/JPEGImages/maksssksksss1.png
321,34,354,69,0 224,38,261,73,0 299,58,315,81,0 143,74,174,115,0 74,69,95,99,0 191,67,221,93,0 21,73,44,93,0
369,70,398,99,0 83,56,111,89,1
```

图 7.20　生成的文档内容

2）修改配置文件

（1）将预训练权重转换为 h5 文件。

在终端使用以下命令执行根目录下的 convert.py 文件，在 model_data 下生成 yolov3-tiny.h5。

```
python convert.py
```

（2）使用聚类生成锚框尺寸。

利用 kmeans.py 生成 model_data/tiny_yolo_anchors.txt 中先验框的值。

打开 kmeans.py，输出结果如图 7.21 所示，修改其中的第 61 行 。

```
60      def result2txt(self, data):
61          f = open("model_data/tiny_yolo_anchors.txt", 'w')
62          row = np.shape(data)[0]
```

图 7.21　输出结果

需要聚类的数据如图 7.22 所示。

```
96   if __name__ == "__main__":
97       cluster_number = 6
98       filename = "VOCdevkit/VOC2007/labels/2007_train.txt"
99       kmeans = YOLO_Kmeans(cluster_number, filename)
100      kmeans.txt2clusters()
101
```

图 7.22　需要聚类的数据

执行“python kmeans.py”命令，打开 tiny_yolo_anchors.txt 查看聚类结果，如图 7.23 所示。

```
文件(F)  编辑(E)  格式(O)  查看(V)  帮助(H)
30,24, 45,35, 69,49, 106,56, 137,91, 215,143
```

图 7.23　聚类结果

（3）修改类名。

修改 model_data/voc_classes.txt 文件的 classes 为实际的 classes，如图 7.24 所示。

```
voc_classes.txt - 记事本
文件(F) 编辑(E) 格式(O) 查看(V) 帮助(H)
car
bus
```

图 7.24　修改类名

3）训练数据集

指定训练所需资源路径如图 7.25 所示。

```
17 def _main():
18     annotation_path = 'VOCdevkit/VOC2007/labels/2007_train.txt'
19     log_dir = 'logs/'
20     classes_path = 'model_data/voc_classes.txt'
21     anchors_path = 'model_data/tiny_yolo_anchors.txt'
22     class_names = get_classes(classes_path)
23     num_classes = len(class_names)
24     anchors = get_anchors(anchors_path)
25 
26     input_shape = (416,416) #输入维度
27 
28     #构建模型
29     model = create_tiny_model(input_shape, anchors, num_classes,
30             freeze_body=2, weights_path='model_data/yolov3-tiny.h5')
```

图 7.25　指定训练所需资源路径

在终端执行“python train.py”命令进行训练，生成的模型文件保存在 logs 目录下。

4）测试

该步骤在实验套件中完成。

（1）指定资源路径。

在根目录的 yolo.py 文件中添加以下代码。

```
_defaults = {
    "model_path": models/ vehicle.h5',
    "anchors_path": 'model_data/tiny_yolo_anchors.txt',
    "classes_path": 'model_data/voc_classes.txt',
    "score" : 0.3,
    "iou" : 0.45,
    "model_image_size" : (416, 416),
    "gpu_num" : 1,
}
```

（2）车辆检测、车身颜色和行驶方向识别。

修改 def detect_image(self, image)函数中的代码，如下所示。

```
    if self.model_image_size != (None, None):
```

```
            assert self.model_image_size[0] % 32 == 0, 'Multiples of 32 required'
            assert self.model_image_size[1] % 32 == 0, 'Multiples of 32 required'
            boxed_image = letterbox_image(image, tuple(reversed(self.model_
image_size)))
        else:
            new_image_size = (image.width - (image.width % 32),
                              image.height - (image.height % 32))
            boxed_image = letterbox_image(image, new_image_size)
        image_data = np.array(boxed_image, dtype='float32')
        h, w = image.size
        image_data /= 255.
        image_data = np.expand_dims(image_data, 0)  #增加一个维度
        out_boxes, out_scores, out_classes = self.compute_output(image_data,
[image.size[1], image.size[0]])
        print('Found {} boxes for {}'.format(len(out_boxes), 'img'))
        font = ImageFont.truetype(font='font/FiraMono-Medium.otf',
                    size=np.floor(3e-2 * image.size[1] + 0.5).astype('int32'))
        thickness = (image.size[0] + image.size[1]) // 300

        centroids = []   #中心点坐标
        all_classes =[]  #所有的类
        lane_number = 0
        predicted_class = ""

        for i, c in reversed(list(enumerate(out_classes))):
            #把图像转换为数组
            image = np.array(image)
            h, w, d= image.shape
            #获取目标类别
            predicted_class = self.class_names[c]
            all_classes.append(predicted_class)
            #获取预测框
            box = out_boxes[i]
            #获取预测概率
            score = out_scores[i]
            #位置
            top, left, bottom, right = box

            #向外扩 0.5
            top = max(0, np.floor(top + 0.5).astype('int32'))
            left = max(0, np.floor(left + 0.5).astype('int32'))
            bottom = min(w, np.floor(bottom + 0.5).astype('int32'))
            right = min(h, np.floor(right + 0.5).astype('int32'))
```

```
            #识别车身颜色        cor=color_classifier.predict(image[top:
bottom,left:right])
            color_name=cor[0]['color']

            #显示识别内容
            label = '{} {:.2f} {}'.format(predicted_class, score,color_name)
            print(label, (left, top), (right, bottom))

            #计算目标中心坐标
            mid_x = int((left+right)/2)
            mid_y = int((bottom+top)/2)
            centroids.append(np.round(np.array([[mid_y], [mid_x]])))
            #画框、添加文本
            cv2.rectangle(image, (left, top), (right, bottom), (255,255,0), 1)
            cv2.putText(image,label, (int(left), int(top)), cv2.FONT_HERSHEY_
SIMPLEX, 0.4,(255,255,0),1)
        end = timer()
        print(end - start)
        return image, centroids, out_scores, all_classes, out_boxes
```

（3）运行实验。

单张图像测试的运行方法如下所示。

```
python yolo_video.py --image 图像名称
```

DL-07-v-005

笔记本电脑摄像头实时检测方法如下。

修改 yolo.py 文件的第 210 行为 vid = cv2.VideoCapture(0)，执行以下命令。

```
python yolo_video.py --input
```

测试本地视频方法如下。

修改 yolo.py 文件的第 210 行为 vid = cv2.VideoCapture(“视频路径+视频名+视频后缀名”)，执行以下命令。

```
python yolo_video.py --input
```

测试本地视频并且保存视频效果的方法如下所示。

```
python yolo_video.py --output
```

4. 实验小结

车辆检测数据集中包含超过 14 万帧转换的图像，并有 121 万个标记的边界框。本次实验使用 2 块 GTX1080Ti 进行训练，其他参数为 BatchSize=16，Epochs=50，训练时长约 6 个小时。

本章总结

- 目标检测的任务是找出图像中指定目标（物体），并确定其类别和位置。基于 CNN 的目标检测算法主要分为两阶段目标检测算法和一阶段目标检测算法。
- 两阶段目标检测算法有 R-CNN 系列算法。
- 一阶段目标检测算法主要有 YOLO 系列算法、SSD 算法。

作业与练习

DL-07-c-001

1. [单选题] 如图 1 所示，左上角框的尺寸是 2×2，右下角框的尺寸是 2×3，重叠部分的尺寸是 1×1。这两个框的 IoU 数值是（　　）。

A．1/6　　B．1/9

C．1/10　　D．1/4

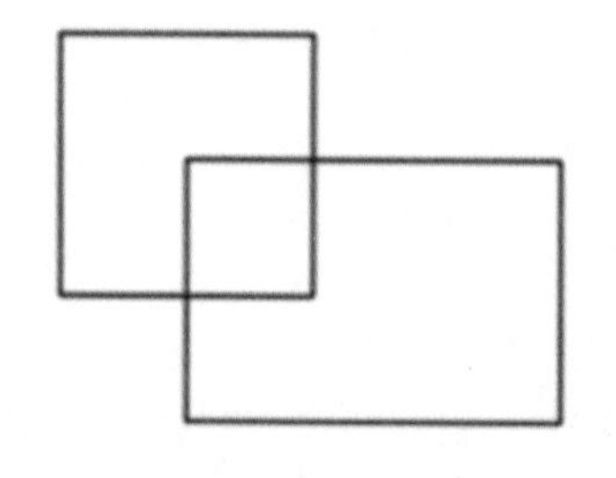

图 1

2. [多选题] 关于两阶段目标检测与一阶段目标检测说法正确的是（　　）。

A．两者都基于 CNN　　B．前者先定位目标，再对目标进行分类

C．都使用到 IoU 与 mAP　　D．后者直接对目标进行类别预测

3. [多选题] 关于 R-CNN 说法正确的是（　　）。

A．属于两阶段目标检测算法　　B．使用选择性搜索产生候选区域

C．使用了 CNN　　D．使用滑窗法产生候选区域

4. [多选题] Fast R-CNN 与 R-CNN 的区别是（　　）。

A. 前者将整张图像与候选区域作为 CNN 的输入

B. 前者会产生 2000 个左右的候选区域

C. 后者会进行 2000 次特征提取

D. 后者会进行一次特征提取

5. [单选题] YOLOv3 使用（　　）作为输出的激活函数。

A．ReLU　　B．sigmoid　　C．tanh　　D．逻辑回归

第 8 章

循环神经网络

本章目标

- 熟悉循环神经网络的算法原理与机制。
- 掌握 LSTM 算法的优化方法与流程。
- 能够使用 PyTorch 进行 LSTM 的开发。
- 能够使用 LSTM 训练语言模型。
- 能够使用 LSTM 实现文本生成。

视频比图像多了时间维度，视频是按时间顺序排列的图像集合，即帧序列。循环神经网络是一类解决序列问题的神经网络。通过训练，循环神经网络可以学习序列的时间特征，解决序列的时间依赖问题。

本章包含的项目案例如下。

- 文本生成。

基于 PyTorch 使用循环神经网络在唐诗数据集上训练一个古诗词语言模型，使该模型能够根据输入的诗句生成一首完整的唐诗。

8.1 循环神经网络的概述

DL-08-v-001

由于循环神经网络（Recurrent Neural Networks，RNN）在神经网络中加入了记忆功能，因此其更适合分析具有序列问题的数据，如常见的序列问题文本生成。因此，循环神经网络主要用于解决序列问题。循环神经网络可以应用在许多领域中，如语音识别、音乐发生器、情感分类、DNA 序列分析、机器翻译、视频动作识别、命名实体识别。

循环神经网络的特点是利用序列的信息，对一个序列的每一个元素执行同样的操作，并且之后的输出依赖于之前的计算。

图 8.1 所示为循环神经网络的网络结构。

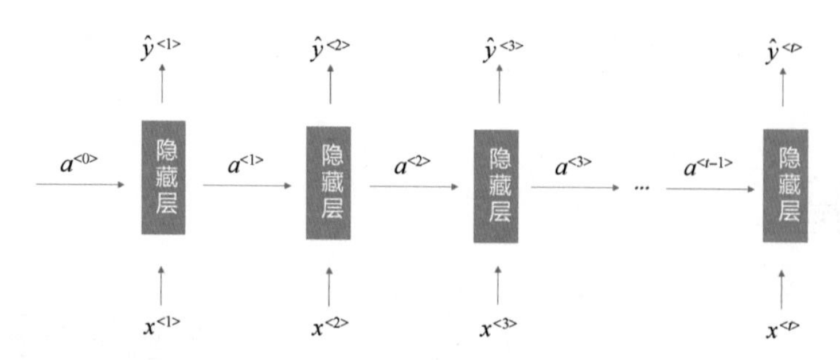

图 8.1　循环神经网络的网络结构

其中，$x^{\langle t\rangle}$ 为 t 时刻的输入，$\hat{y}^{\langle t\rangle}$ 为 t 时刻的输出，$a^{\langle t-1\rangle}$ 为 t-1 时刻上一时刻传递到当前时刻的信息，是神经网络中的记忆单元。

循环神经网络的网络结构从左到右依次传递数据信息。数据信息传递时使用权重参数，如图 8.2 所示。

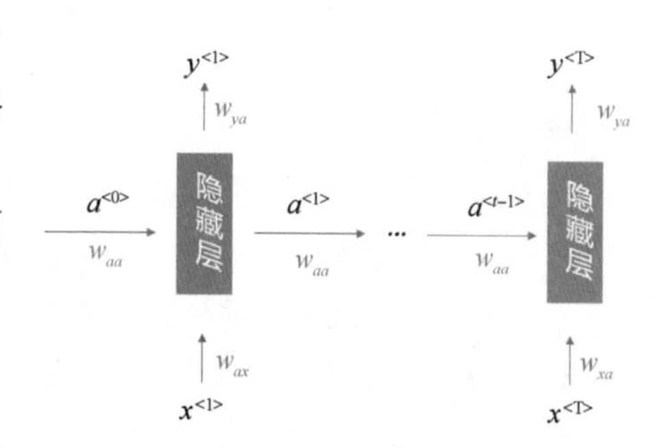

图 8.2　权重参数

其中，w_{ji} 为权重参数，其下标表示用 i 类型输入计算，得到 j 类型的输出。

循环神经网络正向传播（Forward Propagation）过程的公式如下。

$$a^{\langle t\rangle}=g\left(w_{aa}a^{\langle t-1\rangle}+w_{ax}x^{\langle t\rangle}+b_a\right) \tag{8.1}$$

$$\hat{y}^{\langle t\rangle}=g\left(w_{ya}a^{\langle t\rangle}+b_y\right) \tag{8.2}$$

公式可简化为

$$a^{\langle t\rangle}=g\left(w_a\left[a^{\langle t-1\rangle},x^{\langle t\rangle}\right]+b_a\right) \tag{8.3}$$

$$\hat{y}^{\langle t\rangle}=g\left(w_{ya}a^{\langle t\rangle}+b_y\right) \tag{8.4}$$

循环神经网络正向传播过程有如下特点。

（1）参数共享。

循环神经网络的参数在所有时刻都是共享的，即每一步都在执行同样的操作，只不过输入不同而已。

（2）每一个时刻都有输出。

每一个时刻都有输出，但不一定都要使用。例如，预测一个句子的情感倾向只关注最后的输出，而无须关注每一个词的情感。类似地，也不一定每一个时刻都有输入。循环神经网络最主要的特点是它有隐藏状态（记忆），且能捕获一个序列的信息。

8.2　LSTM 神经网络

8.2.1　LSTM 神经网络的网络结构

LSTM（Long Short-Term Memory，长短期记忆）神经网络的网络设计中引入了 3 个门，即输入门（Input Gate）、遗忘门（Forget Gate）和输出门（Output Gate），它还有与隐藏状态形状相同的记忆细胞，从而记录额外的信息。

LSTM 神经网络的网络结构如图 8.3 所示，所有门的输入均为当前时间步 t 的输入 X_t 与上一时间步的隐藏状态 H_{t-1}，输出由 sigmoid 函数的全连接层计算得到，值域均为[0,1]。

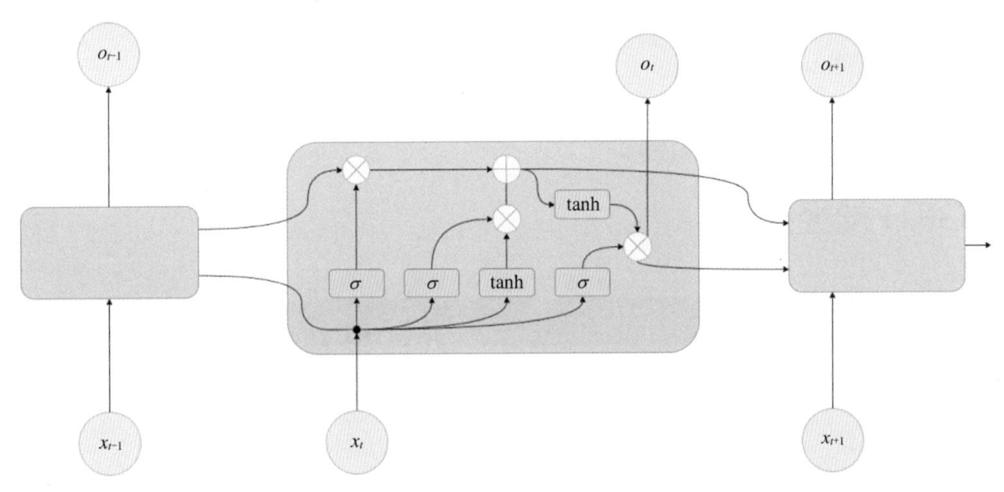

图 8.3　LSTM 神经网络的网络结构

8.2.2　LSTM 门机制

时间步 t 的输入门 $I_t \in \mathbb{R}_{n\times h}$、遗忘门 $F_t \in \mathbb{R}_{n\times h}$ 和输出门 $O_t \in \mathbb{R}_{n\times h}$，三者计算公式如下。

$$I_t = \sigma\left(X_t W_{xi} + H_{t-1} W_{hi} + b_i\right) \tag{8.5}$$

$$F_t = \sigma\left(X_t W_{xf} + H_{t-1} W_{hf} + b_f\right) \tag{8.6}$$

$$O_t = \sigma\left(X_t W_{xo} + H_{t-1} W_{ho} + b_o\right) \tag{8.7}$$

式中，W_{xi}、W_{xf}、W_{xo} 表示权重参数；b_i、b_f、b_o 表示偏差参数。

1）候选记忆细胞

LSTM 神经网络还需要计算候选记忆细胞 $C^{\sim}_t$，它的计算与上面介绍的 3 个门的计算类似，但使用了值域为[−1,1]的 tanh 函数作为激活函数，计算公式如下。

$$C^{\sim}_t = \tanh\left(X_t W_{xc} + H_{t-1} W_{hc} + b_c\right) \tag{8.8}$$

有了当前时间步候选记忆细胞的信息，可通过将其和遗忘门、输入门使用按元素乘法（符号为⊙）来控制信息的流动，并和上一时间步的记忆细胞进行组合计算得到当前时间步的记忆细胞 C_t，计算公式如下。

$$C_t = F_t \odot C_{t-1} + I_t \odot C^{\sim}_t \tag{8.9}$$

输入门用于控制 LSTM 神经网络对输入的接受程度。如果遗忘门一直近似为 1 且输入门一直近似为 0，那么过去的记忆细胞将一直通过时间保存并传递至当前时间步。这个设计可以解决循环神经网络中的梯度衰减问题，并能更好地捕捉时间序列中时间步距离较大的依赖关系。

2）隐藏状态

LSTM 神经网络通过输出门来控制从记忆细胞到隐藏状态 H_t 的信息流动，如下式所示。

$$H_t = O_t \odot \tanh\left(C_t\right) \tag{8.10}$$

这里的 tanh 函数能确保隐藏状态的值在-1 到 1 之间。需要注意的是，当输出门近似为 1 时，记忆细胞信息将传递到隐藏状态供输出层使用；当输出门近似为 0 时，记忆细胞信息只保留不输出。

8.3 GRU 神经网络

DL-08-v-003

8.3.1 GRU 神经网络的网络结构

GRU（Gate Recurrent Unit，门控循环单元）神经网络是 LSTM 神经网络的变体，只包含重置门（Reset Gate）和更新门（Update Gate），其网络结构如图 8.4 所示。

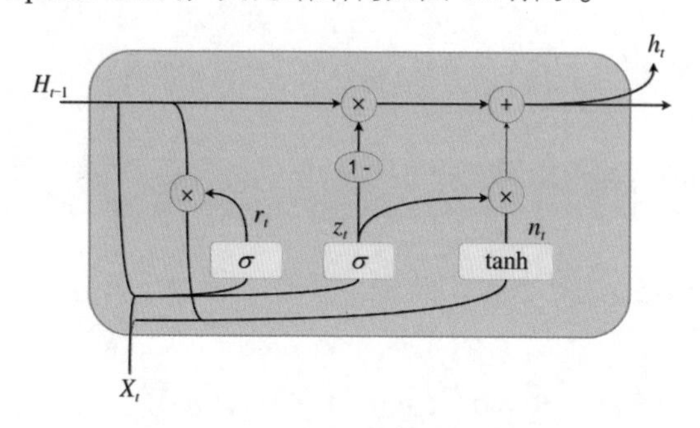

图 8.4 GRU 神经网络的网络结构

重置门和更新门的输入均为当前时间步的输入 X_t 与上一时间步的隐藏状态 H_{t-1}，输出由 sigmoid 函数的全连接层计算得到。

8.3.2 GRU 门机制

重置门 R_t 和更新门 Z_t 的计算公式如下所示。

$$R_t = \sigma\left(X_t W_{xr} + H_{t-1} W_{hr} + b_r\right) \tag{8.11}$$

$$Z_t = \sigma\left(X_t W_{xz} + H_{t-1} W_{hz} + b_z\right) \tag{8.12}$$

GRU 可通过计算候选隐藏状态来辅助稍后的隐藏状态计算，具体来说，时间步 t 的候选隐藏状态 $H^{\sim}_t$ 的计算公式如下所示。

$$H^{\sim}_t = \tanh\left(X_t W_{xh} + \left(R_t \odot H_{t-1}\right) W_{hh} + b_h\right) \tag{8.13}$$

从式（8.13）可以看出，重置门控制了上一时间步隐藏状态是如何流入当前时间步候选隐藏状态的。而上一时间步的隐藏状态可能包含了时间序列截至上一时间步的全部历史信息。因此，重置门可以用来丢弃与预测无关的历史信息。

时间步 t 的隐藏状态 H_t 的计算过程是使用当前时间步的更新门 Z_t 对上一时间步的隐藏状态和当前时间步的候选隐藏状态 $H^{\sim}_t$ 进行组合，计算公式如下所示。

$$H_t = Z_t \odot H_{t-1} + (1 - Z_t) \odot H^{\sim}_t \tag{8.14}$$

8.4　项目案例：文本生成

本次实验将训练一个古诗词语言模型，使用诗句作为输入，生成一首完整的唐诗。实验效果如图 8.5 所示。

```
results = generate(model,'人生得意须尽欢，', ix2word,word2ix,device)
print(' '.join(i for i in results))
```

人 生 得 意 须 尽 欢 ， 吾 见 古 人 未 能 休 。 空 令 月 镜 终 坐 我 ， 梦 去 十 年 前 几 回 。 谁 谓 一 朝 天 不 极 ， 重 阳 堪 发 白 髭 肥 。

```
results = generate(model,'万里悲秋常作客，', ix2word,word2ix,device)
print(' '.join(i for i in results))
```

万 里 悲 秋 常 作 客 ， 伤 人 他 日 识 文 诚 。 经 时 偏 忆 诸 公 处 ， 一 叶 黄 花 未 有 情 。

```
results = generate(model,'风急天高猿啸哀，渚清沙白鸟飞回。', ix2word,word2ix,device)
print(' '.join(i for i in results))
```

风 急 天 高 猿 啸 哀 ， 渚 清 沙 白 鸟 飞 回 。 孤 吟 一 片 秋 云 起 ， 漏 起 傍 天 白 雨 来 。

```
results = generate(model,'千山鸟飞绝，万径人踪灭。', ix2word,word2ix,device)
print(' '.join(i for i in results))
```

千 山 鸟 飞 绝 ， 万 径 人 踪 灭 。 日 暮 沙 外 亭 ， 自 思 林 下 客 。

图 8.5　实验效果

1. 实验目标

（1）能够使用 PyTorch 进行 LSTM 的开发。

（2）能够使用 LSTM 训练语言模型。

（3）能够使用 LSTM 实现文本的生成。

2. 实验环境

实验环境如表 8.1 所示。

表 8.1　实验环境

硬　件	软　件	资　源
PC/笔记本电脑 显卡（模型训练需要，推荐 NVIDIA 显卡，显存 4G 以上）	Ubuntu 18.04/Windows 10 Python 3.7.3 Torch 1.9.1 Torch 1.9.1+cu111（模型训练需要 GPU 版本）	唐诗数据集

3．实验步骤

基于 PyTorch 使用循环神经网络在唐诗数据集上训练一个古诗词语言模型，该模型可依据输入的诗句，自动生成一首完整的唐诗。实验步骤如下。

（1）网络配置。

（2）制作数据集。

（3）模型构建。

（4）模型训练。

（5）模型使用。

本实验目录结构如图 8.6 所示。

图 8.6　本实验目录结构

在 PyCharm 中打开 SG08.py，根据以下步骤编写代码完成本次实验。

1）网络配置

将网络模型相关参数封装为一个模块。

```
class DictObj(object):
    #私有变量是 mAP
    #设置变量时，初始化设置 mAP
    def __init__(self, mp):
        self.map = mp
        #print(mp)
#set 可以省略（直接初始化设置）
    def __setattr__(self, name, value):
        if name == 'map':#初始化的设置（默认的方法）
            #print("init set attr", name ,"value:", value)
            object.__setattr__(self, name, value)
            return
        #print('set attr called ', name, value)
        self.map[name] = value
```

```
    #之所以新建一个类就是为了能够实现直接调用名字的功能
        def __getattr__(self, name):
            #print('get attr called ', name)
            return  self.map[name]

    Config = DictObj({
        'poem_path' : "./tang.npz",
        'tensorboard_path':'./tensorboard',
        'model_save_path':'./modelDict/poem.pth',
        'embedding_dim':100,
        'hidden_dim':1024,
        'lr':0.001,
        'LSTM_layers':3
    })
```

2）制作数据集

（1）数据查看。

唐诗数据集文件被分为 3 部分，data 部分是唐诗数据，总共包含 57580 首唐诗的数据，其中每一首唐诗都被格式化成 125 个字符，开始使用'<START\>'标志，结束使用'<EOP\>'标志，空格使用'<space\>'标志，ix2word 和 word2ix 是汉字的字典索引。

```
    def view_data(poem_path):
        datas = np.load(poem_path)
        data = datas['data']
        ix2word = datas['ix2word'].item()
        word2ix = datas['word2ix'].item()
        word_data = np.zeros((1,data.shape[1]),dtype=np.str) #这样初始化后值会保留第
1 个字符，所以输出中'<START>' 变成了'<'
        row = np.random.randint(data.shape[0])
        for col in range(data.shape[1]):
            word_data[0,col] = ix2word[data[row,col]]
        print(data.shape) #(57580, 125)
        print(word_data) #随机查看
    view_data(Config.poem_path)
```

以上代码运行结果如下所示。

```
    (57580, 125)
    [['<' '<' '<' '<' '<' '<' '<' '<' '<' '<' '<' '<' '<' '<' '<' '<' '<' '<'
      '<' '<' '<' '<' '<' '<' '<' '<' '<' '<' '<' '<' '<' '<' '<' '<' '<' '<'
      '<' '<' '<' '<' '<' '<' '<' '<' '<' '<' '<' '<' '<' '<' '<' '<' '<' '<'
      '<' '<' '<' '<' '<' '<' '<' '<' '<' '<' '<' '<' '<' '<' '<' '<' '<' '<'
      '<' '<' '<' '<' '庭' '树' '晓' '禽' '动' '，' '郡' '楼' '残' '点' '声' '。' '
灯' '挑'
      '红' '烬' '落' '，' '酒' '煖' '白' '光' '生' '。' '髮' '少' '嫌' '梳' '利' '，'
'颜' '衰'
```

```
'恨' '镜' '明' '。' '独' '吟' '谁' '应' '和' '，' '须' '寄' '洛' '阳' '城' '。'
'<']]
```

可以看到这 125 个字符中，大部分都是空格数据，如果不去除空格数据，那么虽然模型最开始训练时就有 60%左右的准确率，但是该准确率是因为空格数据造成的，所以需要去除空格数据。

（2）构造数据集。

先将原始的唐诗数据集中的空格过滤掉，然后根据序列的长度 seq_len 重新划分无空格的数据集，并得到每个序列的标签。文本标签如图 8.7 所示。由图 8.7 可知“床前明月”对应的标签为“前明月光”。

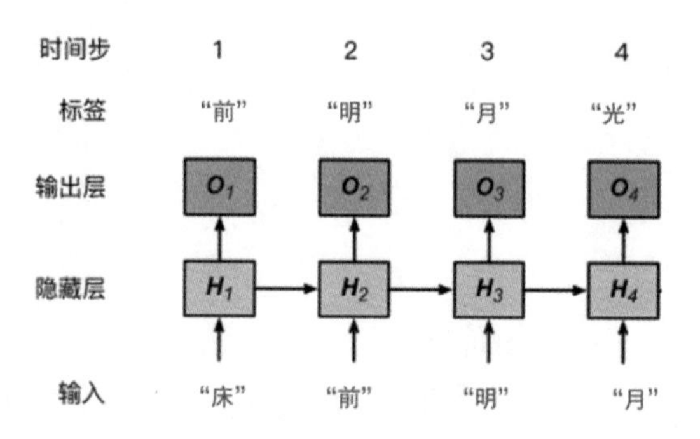

图 8.7　文本标签

```
class PoemDataSet(Dataset):
    def __init__(self,poem_path,seq_len):
        self.seq_len = seq_len
        self.poem_path = poem_path
        self.poem_data, self.ix2word, self.word2ix = self.get_raw_data()
        self.no_space_data = self.filter_space()

    def __getitem__(self, idx:int):
        txt = self.no_space_data[idx*self.seq_len : (idx+1)*self.seq_len]
        label = self.no_space_data[idx*self.seq_len + 1 : (idx+1)*self.seq_len +
1] #将窗口向后移动一个字符就是标签
        txt = torch.from_numpy(np.array(txt)).long()
        label = torch.from_numpy(np.array(label)).long()
        return txt,label

    def __len__(self):
        return int(len(self.no_space_data) / self.seq_len)

    def filter_space(self): #将空格数据过滤掉，并将原始数据平整到一维
        t_data = torch.from_numpy(self.poem_data).view(-1)
        flat_data = t_data.numpy()
        no_space_data = []
```

```
            for i in flat_data:
                if (i != 8292 ):
                    no_space_data.append(i)
            return no_space_data
        def get_raw_data(self):
            datas = np.load(self.poem_path)
            data = datas['data']
            ix2word = datas['ix2word'].item()
            word2ix = datas['word2ix'].item()
            return data, ix2word, word2ix
#seq_len 考虑到唐诗主要是五言绝句和七言绝句。唐诗每句各自加上一个标点符号，其长度为 6 和 8，选择一个公约数 48，这样刚好凑够 8 句五言或者 6 句七言，比较符合唐诗的偶数句对
poem_ds = PoemDataSet(Config.poem_path, 48)
ix2word = poem_ds.ix2word
word2ix = poem_ds.word2ix
poem_ds[0]
```

运行代码，结果如下所示。

```
(tensor([8291, 6731, 4770, 1787, 8118, 7577, 7066, 4817,  648, 7121, 1542,
6483,
         7435, 7686, 2889, 1671, 5862, 1949, 7066, 2596, 4785, 3629, 1379,
2703,
         7435, 6064, 6041, 4666, 4038, 4881, 7066, 4747, 1534,   70, 3788,
3823,
         7435, 4907, 5567,  201, 2834, 1519, 7066,  782,  782, 2063, 2031,
846]),
 tensor([6731, 4770, 1787, 8118, 7577, 7066, 4817,  648, 7121, 1542, 6483,
7435,
         7686, 2889, 1671, 5862, 1949, 7066, 2596, 4785, 3629, 1379, 2703,
7435,
         6064, 6041, 4666, 4038, 4881, 7066, 4747, 1534,   70, 3788, 3823,
7435,
         4907, 5567,  201, 2834, 1519, 7066,  782,  782, 2063, 2031,  846,
7435]))
```

定义数据生成器。

```
poem_loader =  DataLoader(poem_ds,
                     batch_size=16,
                     shuffle=True,
                     num_workers=0)
```

3）模型构建

模型使用 Embedding+LSTM 进行构建，使用 Embedding 层将汉字转化为向量，可以更好地表示汉字的语义，同时降低特征维度。

汉字向量化后使用 LSTM 神经网络进行训练。LSTM 神经网络的输入、输出如图 8.8 所示。

Embedding_dim 是每个汉字的向量化表示，即图 8.8 中的输入 I_i^t；因为 LSTM 神经网络有隐藏状态 h 和隐藏状态 c，所以构建模型时同时设置了隐藏状态 h 和隐藏状态 c 的维度，也就是图 8.8 中的黄色节点需要乘以 2。展开 LSTM 神经网络后的网络结构如图 8.9 所示。

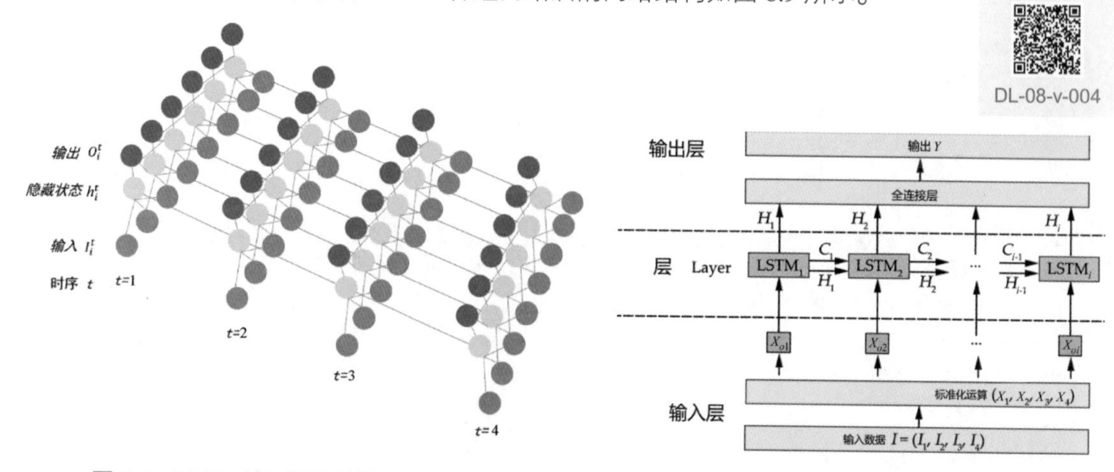

图 8.8　LSTM 神经网络的输入、输出

图 8.9　展开 LSTM 神经网络后的网络结构

```
    #import torch.nn.functional as F
    class MyPoetryModel_tanh(nn.Module):
        def __init__(self, vocab_size, embedding_dim, hidden_dim):
            super(MyPoetryModel_tanh, self).__init__()
            self.hidden_dim = hidden_dim
            self.embeddings = nn.Embedding(vocab_size, embedding_dim)#vocab_size:
就是 ix2word 这个字典的长度
            self.lstm = nn.LSTM(embedding_dim, self.hidden_dim, num_layers=Config.
LSTM_layers,
                        batch_first=True,dropout=0, bidirectional=False)
            self.fc1 = nn.Linear(self.hidden_dim,2048)
            self.fc2 = nn.Linear(2048,4096)
            self.fc3 = nn.Linear(4096,vocab_size)
    #self.linear = nn.Linear(self.hidden_dim, vocab_size)#输出的大小是词表的维度
        def forward(self, input, hidden=None):
            embeds = self.embeddings(input)  #[batch, seq_len] => [batch, seq_len,
embed_dim]
            batch_size, seq_len = input.size()
            if hidden is None:
                h_0 = input.data.new(Config.LSTM_layers*1, batch_size, self.hidden_
dim).fill_(0).float()
                c_0 = input.data.new(Config.LSTM_layers*1, batch_size, self.hidden_
dim).fill_(0).float()
            else:
                h_0, c_0 = hidden
```

```
        output, hidden = self.lstm(embeds, (h_0, c_0))#hidden是h和c这两个隐状态
        output = torch.tanh(self.fc1(output))
        output = torch.tanh(self.fc2(output))
        output = self.fc3(output)
        output = output.reshape(batch_size * seq_len, -1)
        return output,hidden

###训练日志的设置
class AvgrageMeter(object):
    def __init__(self):
        self.reset()
    def reset(self):
        self.avg = 0
        self.sum = 0
        self.cnt = 0
    def update(self, val, n=1):
        self.sum += val * n
        self.cnt += n
        self.avg = self.sum / self.cnt
##topk的准确率计算
def accuracy(output, label, topk=(1,)):
    maxk = max(topk)
    batch_size = label.size(0)

    #获取前k个索引
    _, pred = output.topk(maxk, 1, True, True) #使用topk来获得前k个索引
    pred = pred.t() #进行转置
    #eq 按照对应元素进行比较 view(1,-1)自动转换到行为 1 的形状, expand_as(pred)扩展到
pred的shape
    #expand_as 执行按行复制来扩展，要保证列相等
    correct = pred.eq(label.view(1, -1).expand_as(pred)) #与正确标签序列形成的矩
阵相比，生成True/False矩阵
  #print(correct)
    rtn = []
    for k in topk:
        correct_k = correct[:k].view(-1).float().sum(0) #前k行的数据，将其平整到
1维度，来计算true的总个数
        rtn.append(correct_k.mul_(100.0 / batch_size)) #mul_() ternsor 的乘法
正确的数目/总的数目 乘以100% 变成百分比
    return rtn
```

4）模型训练

```
def train( epochs, train_loader, device, model, criterion, optimizer,scheduler,
tensorboard_path):
```

```
    model.train()
    top1 = AvgrageMeter()
    model = model.to(device)
    for epoch in range(epochs):
        train_loss = 0.0
        train_loader = tqdm(train_loader)
        train_loader.set_description('[%s%04d/%04d %s%f]' % ('Epoch:', epoch + 1,
epochs, 'lr:', scheduler.get_lr()[0]))
        for i, data in enumerate(train_loader, 0):  #0 是下标起始位置默认为 0
            inputs, labels = data[0].to(device), data[1].to(device)
            #print(' '.join(ix2word[inputs.view(-1)[k] for k in inputs.view(-1)
.shape.item()]))
            labels = labels.view(-1) #因为 outputs 经过平整，所以 labels 也要平整来对齐
            #初始为 0，清除上个 batch 的梯度信息
            optimizer.zero_grad()
            outputs,hidden = model(inputs)
            loss = criterion(outputs,labels)
            loss.backward()
            optimizer.step()
            _,pred = outputs.topk(1)
            #print(get_word(pred))
            #print(get_word(labels))
            prec1, prec2= accuracy(outputs, labels, topk=(1,2))
            n = inputs.size(0)
            top1.update(prec1.item(), n)
            train_loss += loss.item()
            postfix  =  {'train_loss':  '%.6f'  %  (train_loss  /  (i  +  1)),
'train_acc': '%.6f' % top1.avg}
            train_loader.set_postfix(log=postfix)

            #break
            #ternsorboard 曲线绘制
            if os.path.exists(Config.tensorboard_path) == False:
                os.mkdir(Config.tensorboard_path)
            writer = SummaryWriter(tensorboard_path)
            writer.add_scalar('Train/Loss', loss.item(), epoch)
            writer.add_scalar('Train/Accuracy', top1.avg, epoch)
            writer.flush()
        scheduler.step()
    print('Finished Training')
```

模型初始化。初始化模型，并选择损失函数和优化函数，初始学习率设置为 0.001。

```
model = MyPoetryModel_tanh(len(word2ix),
                  embedding_dim=Config.embedding_dim,
                  hidden_dim=Config.hidden_dim)
```

```
device = torch.device("cuda:0" if torch.cuda.is_available() else "cpu")
epochs = 30
optimizer = optim.Adam(model.parameters(), lr=Config.lr)
scheduler = torch.optim.lr_scheduler.StepLR(optimizer, step_size = 10,gamma=
0.1)#学习率调整
criterion = nn.CrossEntropyLoss()
model
```

运行代码，结果如下所示。

```
MyPoetryModel_tanh(
  (embeddings): Embedding(8293, 100)
  (lstm): LSTM(100, 1024, num_layers=3, batch_first=True)
  (fc1): Linear(in_features=1024, out_features=2048, bias=True)
  (fc2): Linear(in_features=2048, out_features=4096, bias=True)
  (fc3): Linear(in_features=4096, out_features=8293, bias=True)
)
```

模型训练与保存。

```
#因为使用tensorboard画图会产生很多日志文件，这里进行清空操作
import shutil
if os.path.exists(Config.tensorboard_path):
    shutil.rmtree(Config.tensorboard_path)
os.mkdir(Config.tensorboard_path)
train(epochs, poem_loader, device, model, criterion, optimizer,scheduler,
Config.tensorboard_path)
#模型保存
if os.path.exists(Config.model_save_path) == False:
    os.mkdir(Config.model_save_path)
torch.save(model.state_dict(), Config.model_save_path)
```

训练过程如下所示。

```
  0%|          | 0/4079 [00:00<?, ?it/s]
train/loss 9.023276329040527 0
train/accuracy 0.0 0
train/loss 8.832850456237793 0
train/accuracy 3.5807290077209473 0
...
train/accuracy 91.81542857390281 29
train/loss 0.4125040531158447 29
train/accuracy 91.81556684893453 29
Finished Training
```

5）模型使用

使用训练好的模型进行自动写诗创作。

输入给定句子的一个汉字之后，给出对应的预测输出，如果预测输出所在范围在给定的句子中，

那么就摒弃这个输出，并用给定句子的下一个字作为输入，直到预测输出所在范围不在给定的句子中，用预测输出作为下一个输入。

因为每次模型输出还包括隐藏状态 h 和隐藏状态 c，所以前面的输入都会更新隐藏状态，以避免影响当前的输出。也就是只要模型使用没有结束，隐藏状态会一直在模型中传递。

```
model.load_state_dict(torch.load(Config.model_save_path))  #模型加载
def generate(model, start_words, ix2word, word2ix,device):
    results = list(start_words)
    start_words_len = len(start_words)
    #第一个词语是<START>
    input = torch.Tensor([word2ix['<START>']]).view(1, 1).long()

    #最开始的隐藏状态初始为0矩阵
    hidden  =  torch.zeros((2,  Config.LSTM_layers*1,1,Config.hidden_dim),
dtype=torch.float)
    input = input.to(device)
    hidden = hidden.to(device)
    model = model.to(device)
    model.eval()
    with torch.no_grad():
            for i in range(48):#诗的长度
                output, hidden = model(input, hidden)
                #如果在给定的句子中，输入给定句子的下一个字
                if i < start_words_len:
                    w = results[i]
                    input = input.data.new([word2ix[w]]).view(1, 1)
                #否则将预测输出作为下一个输入
                else:
                    top_index = output.data[0].topk(1)[1][0].item()#输出的预测的字
                    w = ix2word[top_index]
                    results.append(w)
                    input = input.data.new([top_index]).view(1, 1)
                if w == '<EOP>': #输出了结束标志就退出
                    del results[-1]
                    break
    return results
results = generate(model,'雨', ix2word,word2ix,device)
print(' '.join(i for i in results))
```

输出结果如下。

雨 余 芳 草 净 沙 尘 ， 水 绿 滩 平 一 带 春 。 唯 有 啼 鹃 似 留 客 ， 桃 花 深 处 更 无 人 。

4. 实验小结

对序列数据采用不同采样方法将导致隐藏状态初始化的不同，本次实验序列长度选择的是 48，

模型初始学习率设置为 0.001，训练 30 轮后，train_loss 为 0.452125, train_acc 为 91.745990。

本章总结

- 循环神经网络的特点是利用序列的信息，对一个序列的每一个元素执行同样的操作，并且之后的输出依赖于之前的计算。
- LSTM 神经网络的网络设计中引入了 3 个门，即输入门、遗忘门和输出门，它还有与隐藏状态形状相同的记忆细胞，从而记录额外的信息。
- GRU 神经网络是 LSTM 神经网络的变体，只包含重置门和更新门。

作业与练习

DL-08-c-001

1．[单选题] 神经网络的记忆单元是（　　）。

A．$x^{\langle t\rangle}$　　B．$\hat{y}^{\langle t\rangle}$　　C．$a^{\langle t-1\rangle}$　　D. R_t

2．[单选题] 假设正在训练一个 LSTM 神经网络的隐藏层个数为 100，则记忆单元的个数为（　　）。

A．1　　B．100　　C．300　　D．10000

3．[多选题] LSTM 神经网络使用的激活函数有（　　）。

A．ReLu　　B．sigmoid　　C．tanh　　D．Leaky ReLU

4．[多选题] 关于 LSTM 门机制说法正确的是（　　）。

A．输入门用于控制 LSTM 对输入的接收程度

B．输出门用于控制从记忆细胞到隐藏状态的信息流动

C．遗忘门用于将所有信息进行遗忘

D．当输出门近似为 0 时，记忆细胞信息只保留不输出

5．[多选题] 关于 GRU 门机制说法正确的是（　　）。

A．只包含重置门和更新门

B．重置门可以用来丢弃与预测无关的历史信息

C．更新门对上一时间步的隐藏状态和当前时间步的候选隐藏状态进行组合

D．重置门控制了上一时间步的隐藏状态如何流入当前时间步的候选隐藏状态

第9章

深度循环神经网络

本章目标

- 熟悉深度循环神经网络的网络结构与特点。
- 理解不同风格的深度循环神经网络信息的传递方式。
- 会使用 PyTorch 构建基本的双向 LSTM 神经网络模型。
- 掌握使用 LSTM 神经网络进行短时交通流量预测的主要流程。
- 能够使用给定数据集对 LSTM 神经网络模型进行训练。
- 能够使用训练好的 LSTM 神经网络模型对时间序列数据进行分析。

在分析城市交通流量历史数据的基础上，通过建立基于 LSTM 神经网络的短时交通流量预测模型，对城市不同时段的交通流量进行预测，以期根据预测结果对城市交通基础建设与管控进行有效设计与优化。

本章包含的项目案例如下。

- 基于时间维度的短时交通流量预测。

使用 PyTorch 构建包含两个隐藏层的双向 LSTM 神经网络模型，并在交通流量数据集上对其进行训练，重点考虑当前时刻的交通流量数据对下一时刻交通流量预测产生的影响。

9.1 深度循环神经网络的概述

DL-09-v-001

9.1.1 深度循环神经网络的特点

只有一个隐藏层的神经网络的能力是有限的，所以人们通常会使用更深（更多隐藏层）的神经网络来解决复杂的问题。对于循环神经网络同样如此，该网络是由多个隐藏层组成的，从而其可以对更宏观的数据进行分析和预测。

具有多个隐藏层的循环神经网络如图 9.1 所示。每个隐藏状态都连续地传递到当前层的下一个时间步和下一层的当前时间步。

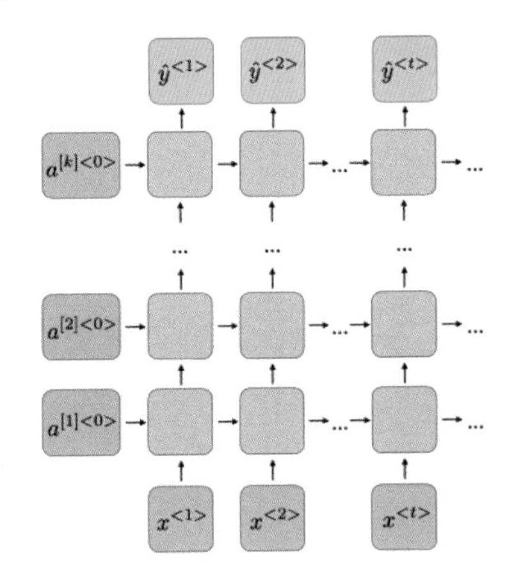

图 9.1　具有多个隐藏层的循环神经网络

设 a 为隐藏状态，k 为隐藏层的个数，t 为时间步，第 k 个隐藏层的隐藏状态使用激活函数 $\varnothing^k$，则有

$$a^{[k]\langle t\rangle} = \varnothing^k \left(a^{[k-1]\langle t\rangle} W_{xh}^{[k]} + a^{[k]\langle t-1\rangle} W_{hh}^{[k]} + b_h^{[k]}\right) \tag{9.1}$$

输出层的计算仅基于第 k 个隐藏层最终的隐藏状态，如下式所示。

$$\hat{y}^{\langle t\rangle} = a^{[k]\langle t\rangle} W_{hq} + b_q \tag{9.2}$$

对于具有多个隐藏层的 LSTM 神经网络，在时间维度上需要传递隐藏状态和记忆细胞状态，在多个隐藏层之间，上一个隐藏层的输出可作为下一个隐藏层的输入，如图 9.2 所示。

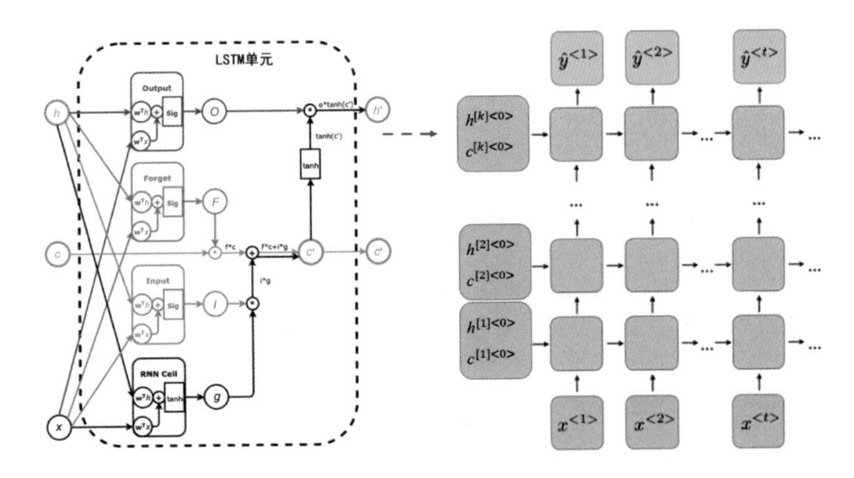

图 9.2　多个隐藏层的 LSTM 神经网络

在深度循环神经网络中，隐藏层个数 k 和隐藏层神经元个数 h 均为超参数，反向传播更新参数的过程和一般神经网络的大致相似，此处不再赘述。

DL-09-v-002

9.1.2 双向 LSTM 神经网络

语句“曾经有一份珍贵的?摆在我面前，我没有好好珍惜。”中的“?”所代表的字词，在没有上下文的情况下，可能是“礼物”，也可能是“爱情”。但是如果该语句出自《大话西游》中的那段经典台词，那么“? ”代表的字词是“爱情”的概率就会更大。这就是在文本预测中对上下文有较远距离依赖的例子。

双向 LSTM 神经网络添加了反向传递信息的隐藏层，以便更灵活地处理上述情况。具有单个隐藏层的双向 LSTM 神经网络架构如图 9.3 所示。

双向 LSTM 神经网络的前向传播过程如图 9.4 所示。

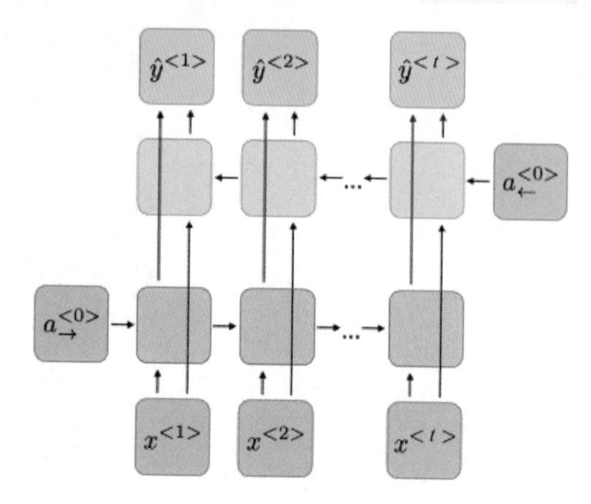

图 9.3 具有单个隐藏层的双向 LSTM 神经网络架构

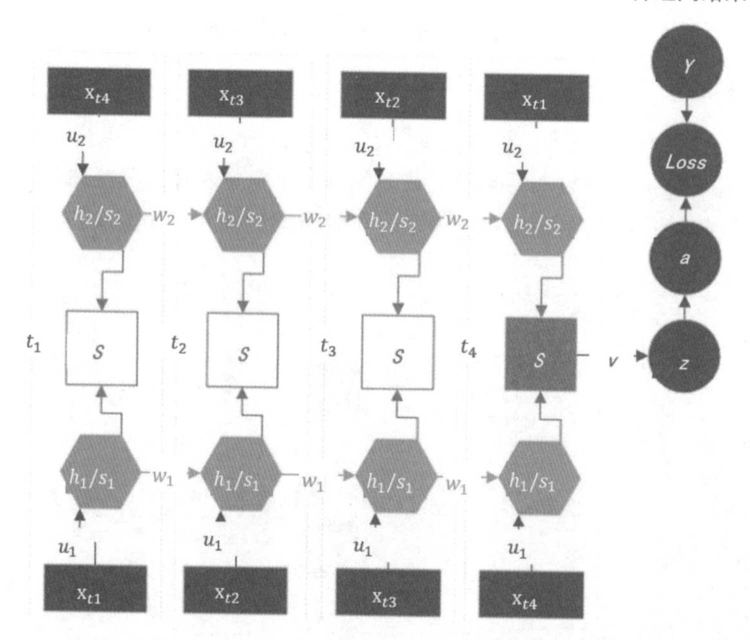

图 9.4 双向 LSTM 神经网络的前向传播过程

其中，h_1/s_1 表示正向循环的隐藏层状态，u_1、w_1、u_2、w_2 表示权重参数；h_2/s_2 表示逆向循环的隐藏层状态，S 是 H 的激活函数结果。上下两组 x_{t1} 至 x_{t4} 的顺序是相反的，说明如下。

（1）对于正向循环的最后一个时间步来说，x_{t4} 作为输入，s_{1t4} 作为最后一个时间步的隐藏层值。

（2）对于逆向循环的最后一个时间步来说，x_{t1} 作为输入，s_{2t4} 作为最后一个时间步的隐藏层值。

（3）s_{1t4} 和 s_{2t4} 拼接得到 s_{t4}，再与权重参数 v 相乘，结果为 z。

S 节点有两种，一种是绿色实心的，表示有实际输出；另一种是绿色空心的，表示没有实际输出，对于没有实际输出的节点，不需要做反向传播计算。

9.2　项目案例：短时交通流量预测

短时交通流量预测是智能交通系统的核心预测问题之一，它是基于时间序列预测（Time Series Forecasting，TSF）技术进行预测的，即根据已有的时间序列数据预测未来的变化，故其对交通管理具有重要意义。准确的预测结果可以使通勤者选择合适的出行方式、出行路线和出发时间。

短期交通流量预测属于时空复杂性问题，即下一时刻的预测结果基于当前时刻的状态和数据信息，包括目标路网之间的相互作用。本次实验暂时不考虑空间因素，只使用交通流量历史数据，并结合 LSTM 神经网络的时间记忆特性，对交通流量进行预测。

实验效果如图 9.5 所示。

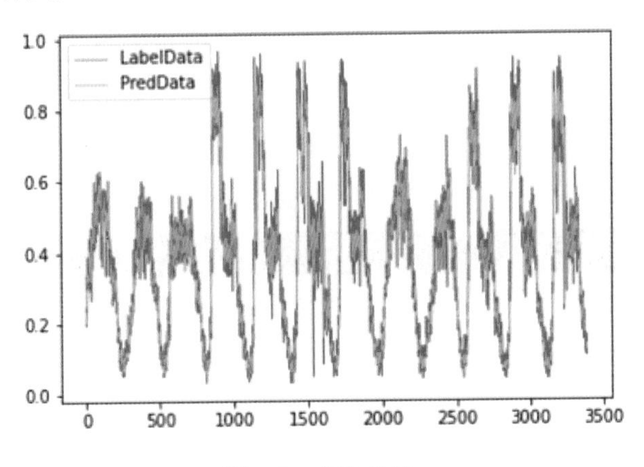

图 9.5　实验效果

9.2.1　解决方案

使用 LSTM 神经网络对短时交通流量随时间变化的特征进行学习和提取的主要步骤如下。

（1）对短时交通流量数据进行预处理，得到有效的短时交通流量历史数据。

（2）对短时交通流量历史数据进行归一化操作，得到范围在[0,1]区间的新数据。根据归一化数据，选择前 12 个时刻的短时交通流量数据作为输入特征，形成 12 维的输入向量。

（3）确定模型结构及参数并对参数进行设置，主要包括每层的节点个数、激活函数、学习率、误差目标函数、优化函数、批处理数量、迭代次数等。

（4）将输入向量输入输入层，经过激活函数，得到输出结果。

（5）将输入层数据、上一时刻隐藏层输出结果及上一时刻记忆细胞状态同时输入当前时刻的隐藏层，经过 3 个控制门后，得到第 1 个隐藏层的输出结果。

（6）第 1 个隐藏层的输出结果作为第 2 个隐藏层的输入，按照同样的方式得到第 2 个隐藏层的输出结果，经过输出层后，得到当前时刻最终短时交通流量预测值。

（7）根据预测值与实际值计算 MSE，作为误差目标函数。

（8）根据误差值更新各层连接权值，直到达到期望误差或最大迭代次数后，停止训练。

（9）根据训练所得的神经网络模型，得到当前时刻的短时交通流量预测值。

9.2.2 项目案例实现

1. 实验目标

（1）能够使用 PyTorch 实现多隐藏层的双向 LSTM 神经网络模型的构建。

（2）能够在交通流量数据集上训练模型，对交通流量进行预测。

（3）能够对训练好的模型进行保存，并对训练过程进行可视化。

2. 实验环境

实验环境如表 9.1 所示。

表 9.1 实验环境

硬 件	软 件	资 源
PC/笔记本电脑 显卡（模型训练需要，推荐 NVIDIA 显卡，显存 4G 以上）	Ubuntu 18.04/Windows 10 Python 3.7.3 Torch 1.9.1 Torch 1.9.1+cu111（模型训练需要 GPU 版本）	交通流量数据集 PEMS04

3. 实验步骤

使用 PyTorch 构建具有多隐藏层的双向 LSTM 神经网络模型，并在交通流量数据集上对其进行训练，对比不同神经网络模型的训练效果与性能，实现对交通流量的预测。实验步骤如下。

（1）数据处理。

（2）模型构建。

（3）模型训练。

（4）模型应用。

本次实验目录结构如图 9.6 所示。

图 9.6　本次实验目录结构

实验相关源码文件为 LSTM.py 和 BiLSTM.py，根据以下步骤编写代码完成本次实验。

1）数据处理

该步骤包括读取数据并对其进行可视化，将交通流量数据集处理成适合训练双向 LSTM 神经网络模型的格式。交通流量数据集来源于美国加利福尼亚州洛杉矶市，每 30 秒实时收集一次交通流量数据，收集所得数据被聚合成 5 分钟间隔，意味着每小时的交通流量数据中有 12 个点。其中数据包含 3 个特征，分别是带时间戳的车流量、平均车速、平均车道占有率。交通流量数据集信息如表 9.2 所示。

表 9.2　交通流量数据集信息

数　据　集	描　　述	数据周期
交通流量数据集	29 条道路 3848 个传感器的检测数据	2018/1/1-2018/2/28

在本实验中，使用过去一小时的交通流量数据预测下一小时的交通流量情况。交通流量数据集中的缺失值通过线性插值来填充，并通过标准归一化方法将数据集标准化，使模型训练过程更加稳定。

（1）数据加载与可视化。

```
#读取数据并对其进行可视化
import numpy as np
import matplotlib.pyplot as plt
flow_data = np.load("./data/PEMS04/pems04.npz")
print([key for key in flow_data.keys()])
#先调整维度顺序，将节点个数放到前面，然后只取第 1 个特征，最后增加一个维度
flow_data = flow_data['data']
print(flow_data.shape)
```

运行以上代码，结果如下。

```
['data']
(16992, 307, 3)
```

可视化代码如下所示。

```
node_id = 1
plt.plot(flow_data[: 24 * 12, node_id, 0])
plt.savefig("node_{:3d}_1.png".format(node_id))
plt.plot(flow_data[: 24 * 12, node_id, 1])
plt.savefig("node_{:3d}_2.png".format(node_id))
plt.plot(flow_data[: 24 * 12, node_id, 2])
plt.savefig("node_{:3d}_3.png".format(node_id))
```

数据可视化如图 9.7 所示。

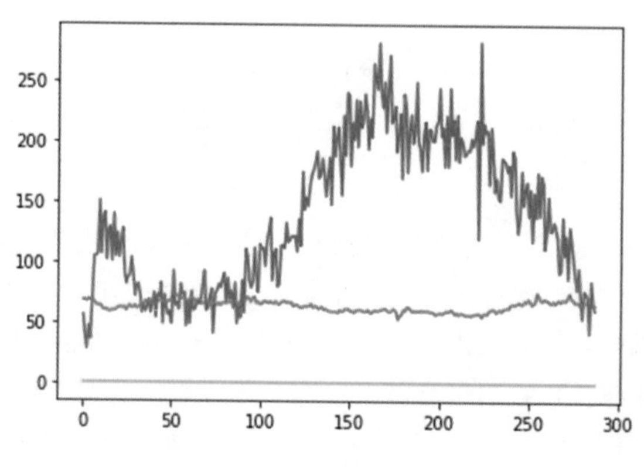

图 9.7　数据可视化

后 2 个特征与交通流量相关性很小，因此只使用第 1 个特征作为本次实验的数据。

```
#数据获取函数
def get_flow(file_name,node_id):
    flow_data = np.load(file_name)
    #先调整维度顺序，将节点个数放到前面，然后只取第 1 个特征，最后增加一个维度
    flow_data = flow_data['data'][:, node_id, 0]
    dmin,dmax = flow_data.min(),flow_data.max()
    flow_data = (flow_data - dmin) / (dmax - dmin)
    return flow_data
#获取数据
traffic_data = get_flow("./data/PEMS04/pems04.npz",node_id)
print(traffic_data.shape)
```

运行以上代码，结果如下所示。

```
(16992,)
```

（2）数据划分。

```
#读取数据集，并对其进行划分
def sliding_window(seq,window_size):
    result = []
    for i in range(len(seq)- window_size):
```

```
        result.append(seq[i: i+window_size])
    return result
data=traffic_data.copy()
sensordata_num= len(data)
sensordata_num
```

运行以上代码，结果如下所示。

```
16992
train_set,test_set = [],[]
#划分训练集和测试集
train_seq = data[:int(sensordata_num*0.8)]
test_seq = data[int(sensordata_num*0.8):]
#使用滑动窗口制作矩形数据，13 个时刻划分为一个样本
train_set += sliding_window(train_seq,window_size=13)
test_set += sliding_window(test_seq,window_size=13)
train_set,test_set= np.array(train_set).squeeze(), np.array(test_set).squeeze()
print(train_set.shape,test_set.shape)
print(train_set,test_set)
```

运行以上代码，部分结果如下所示。

```
(13580, 13) (3386, 13)
[[0.10447761 0.07462687 0.05223881 ... 0.19962687 0.25746269 0.2630597 ]
  [0.07462687 0.05223881 0.08768657 ... 0.25746269 0.2630597  0.19029851]
  [0.05223881 0.08768657 0.06716418 ... 0.2630597  0.19029851 0.2369403 ]
  ...
[0.17723881 0.12126866 0.14738806 ... 0.10261194 0.14179104 0.13619403]]
```

数据拆分。

```
#将前 12 列作为特征集，将最后一列作为数据标签
X_train=train_set[:,:12]
y_train=train_set[:,-1]
X_test=test_set[:,:12]
y_test=test_set[:,-1]
X_train=np.expand_dims(X_train,axis=-1)
X_test=np.expand_dims(X_test,axis=-1)
X_train.shape,X_test.shape
```

运行以上代码，结果如下所示。

```
((13580, 12, 1), (3386, 12, 1))
```

构建训练集。

```
#使用 torch.utils.data 构建模型训练需要的训练集对象
train_dataset=Data.TensorDataset(torch.Tensor(X_train),torch.Tensor(y_train))
#把测试集转换为张量
```

```
X_test=torch.Tensor(X_test)
#使用 torch.utils.data 构建数据生成器，按批次生成训练数据
batch_size = 128
train_loader = Data.DataLoader(
    dataset=train_dataset,       #封装进 Data.TensorDataset()的数据
    batch_size=batch_size,       #每块的大小
    shuffle=True,               #随机打乱数据
    num_workers =0,              #多进程（multiprocess）读取数据
)
```

上述代码中有一个重要的参数 num_workers，该参数的不同取值具有不同的意义。

num_workers：数据生成器一次性创建的工作进程（worker）数量，并将生成数据分配给指定工作进程，工作进程将它负责的训练数据加载进内存。

num_workers=0 表示只有主进程用来加载数据。

num_workers=1 表示只有一个进程用来加载数据，而主进程不参与数据加载。

num_workers>1 表示有多个进程用来加载数据，主进程不参与数据加载。增加进程也会增加CPU、内存的消耗，所以进程数量的设置依赖于训练数据批次和机器性能。

一般开始将进程数量设置为计算机上的 CPU 数量，然后缓慢增加进程数量，直到训练速度不再提高。

2）模型构建

对于时序模型的评价指标主要有 RMSE（Root Mean Square Error，均方根误差）、MAE（Mean Absolute Error，平均绝对误差）、MAPE（Mean Absolute Percentage Error，平均绝对百分比误差）。

（1）RMSE 是 MSE 的平方根，表示模型回归结果与真实值的平均差值，计算公式如下所示。

$$\mathrm{RMSE}=\sqrt[2]{\frac{1}{n}\sum_{i=1}^{n}\left(\hat{y}_i-y_i\right)^2} \tag{9.3}$$

（2）MAE 是误差绝对值的直接求和，计算公式如下所示。

$$\mathrm{MAE}=\frac{1}{n}\sum_{i=1}^{n}\left|\hat{y}_i-y_i\right| \tag{9.4}$$

（3）MAPE 是误差百分比的平均值，计算公式如下所示。

$$\mathrm{MAPE}=\frac{1}{n}\sum_{i=1}^{n}\left|\frac{\hat{y}_i-y_i}{y_i}\right| \tag{9.5}$$

本节通过自定义 MAPE 评价指标来对模型进行评价，代码如下所示。

```
#自定义 MAPE 评价指标
def mape(y_true, y_pred):
    y_true, y_pred = np.array(y_true), np.array(y_pred)
    non_zero_index = (y_true > 0)
    y_true = y_true[non_zero_index]
```

```
        y_pred = y_pred[non_zero_index]
        mape = np.abs((y_true - y_pred) / y_true)
        mape[np.isinf(mape)] = 0
    return np.mean(mape) * 100
```

构建 RNN 模型时，可以定义 LSTM 神经网络类，继承 nn.Module。值得注意的是，和其他神经网络模型一样，RNN 模型也包含以下最基本的组成部分。

DL-09-v-003

（1）输入层：RNN 模型的数据输入层。

RNN 模型输入数据的维度形状为(batch_size, sequence_length,input_size)，说明如下。

batch_size：批次大小，每次输入模型的样本个数，在本实验中设置为 128，可以取 4、8、16、32、64 等（取决于内存，基本上是 2 的幂）。

sequence_length：序列长度，输入数据的序列长度（时间步长可取为 0、1、2、…、N），本实验中的序列长度是 12，即有 12 个时间步。

input_size：输入维度，数据集中使用的特征维度，本实验使用的交通流量数据集有 3 列，分别是带时间戳的车流量、平均车速、平均车道占有率，在数据处理部分中选择了第 1 个特征。

本实验使用的数据经过处理后 X_train 的形状为(13580, 12, 1)，如图 9.8 所示。

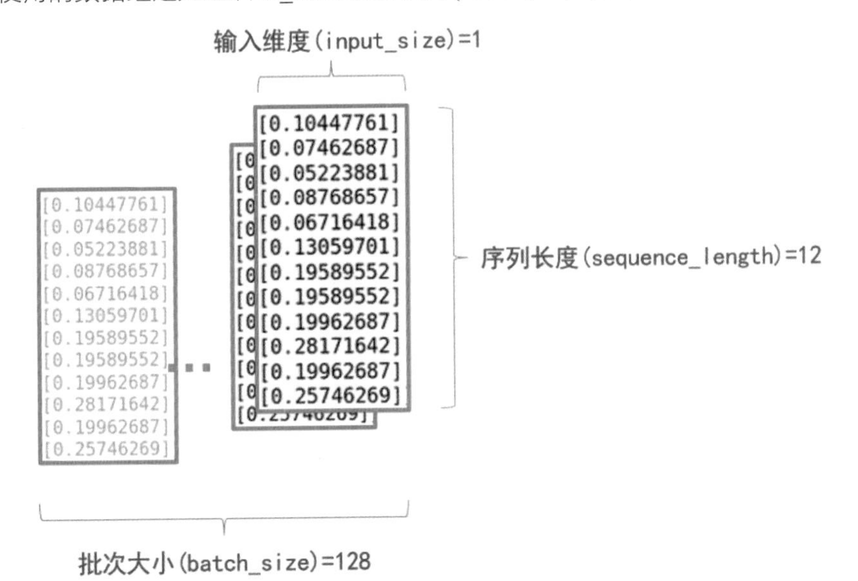

图 9.8　X_train 的形状

在实现模型的结构时，要注意 PyTorch 可以接受以下形状的输入。

① 输入类型 1 的形状为(sequence_length,batch_size, input_size)。

② 输入类型 2 的形状为(batch_size, sequence_length,input_size)。

其中，batch_size 不影响模型的结构，而 sequence_length 和 input_size 分别对应 RNN 模型的时间步数和输入层神经元个数，如图 9.9 所示。

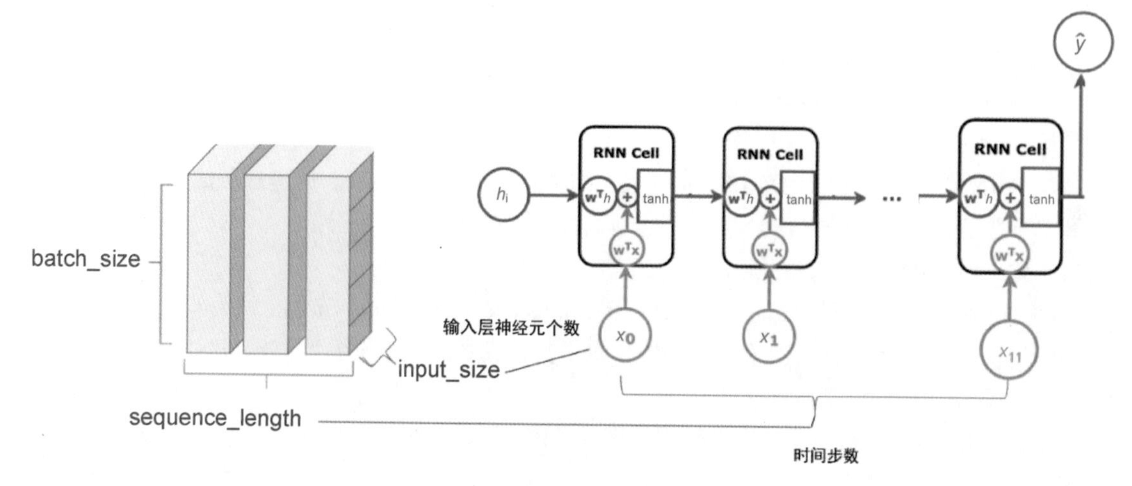

图 9.9 数据形状与模型结构

定义 LSTM 神经网络类的代码如下所示。

```
#====== STATICS ======
input_size =1       #输入特征个数
hidden_size = 64     #隐藏层神经元个数
layer_size = 2       #隐藏层个数
output_size = 1      #输出结果个数
#=====================
class My_LSTM(nn.Module):
    def __init__(self,input_size,hidden_size,layer_size,output_size,
bidirectional=True):
        super(My_LSTM,self).__init__()
        self.input_size,self.hidden_size,
        self.layer_size,self.output_size=
        input_size,hidden_size,layer_size,output_size
        self.bidirectional=bidirectional
        #第一步 LSTM
    self.lstm=nn.LSTM(input_size=input_size,
                    num_layers=layer_size,
                    hidden_size=hidden_size,
                    batch_first=True, #batch_size 在最前面
                    bidirectional=bidirectional)
        #第二步 FNN
        if bidirectional:
         #隐藏层节点个数×2
          self.linear=nn.Linear(self.hidden_size*2,self.output_size)
        else:
          self.linear=nn.Linear(self.hidden_size,self.output_size)
    def forward(self,images,device):
```

```
        if self.bidirectional:
            self.h0=torch.zeros(self.layer_size*2,images.size(0),self.hidden_si
ze).to(device)
            self.c0=torch.zeros(self.layer_size*2,images.size(0),self.hidden_
size).to(device)
        else:
            self.h0=torch.zeros(self.layer_size,images.size(0),self.hidden_size).
to(device)
            self.c0=torch.zeros(self.layer_size,images.size(0),self.hidden_size).
to(device)
        output,(last_h,last_c)=self.lstm(images,(self.h0,self.c0))
        output=output[:,-1,:]
        output=self.linear(output)
        return output
```

（2）输出层：RNN 模型中 t-1 时刻的输出是 t 时刻的输入。

在构建模型时，如果使用 batch_first=True，那么输出形状为(batch_size, sequence_length, 1(或者 2) × hidden_size)，否则输出形状为(sequence_length, batch_size, 1(或者 2) × hidden_size)。

取 1 或者 2 的根据是如果是双向网络结构则为 2，否则为 1 。

（3）隐藏层：在时间步之间传递隐藏状态。

定义隐藏层时，参数 layer_size 表示层数，hidden_size 表示隐藏层神经元个数。隐藏层的隐藏状态形状为(1(或者 2)* layer_size, batch_size,hidden_size) 。

在本次实验中 RNN 模型的输出形状为(batch_size, sequence_length, 1(或者 2) × hidden_size)，因为只需要最后一个时间步的预测结果，所以使用代码“output=output[:,-1,:]”取序列的最后一个值。

最后一个全连接层 Liner 也只有一个神经元，即 output_size=1。

3）模型训练

DL-09-v-004

LSTM.py 和 BiLSTM.py 在训练部分，分别构建单向 LSTM 神经网络模型和双向 LSTM 神经网络模型并对其进行训练。

（1）LSTM.py 单向 LSTM 神经网络模型训练代码如下所示。

```
    #构建模型对象
    model = My_LSTM(input_size, hidden_size, layer_size, output_size,bidirectional=
False).to(device)
    #定义损失函数为 MSE
    loss_func = nn.MSELoss().to(device)
    #使用自适应梯度下降进行优化
    optimizer = torch.optim.Adam(list(model.parameters()), lr=0.0001)
    #训练 100 轮
    train_log = []
    test_log = []
    #开始时间
```

```
    timestart = time.time()
    trained_batches = 0 #记录多少个batch
    for epoch in range(100):
        #每一个batch的开始时间
        batchstart = time.time()
        for x,label in train_loader:
            #把训练输入放到device中
            x = x.float().to(device)  #(batch_size, seq_len, hidden_size)
            label = label.float().to(device)
            #得到预测结果
            out= model(x,device)
            #去掉多余维度
            prediction = out.squeeze(-1)  #(batch)
            #计算损失
            loss = loss_func(prediction, label)
            #梯度清零
            optimizer.zero_grad()
            #反向传播
            loss.backward()
            #更新参数
            optimizer.step()
            trained_batches += 1
            train_log.append(loss.detach().cpu().numpy().tolist());
        #测试
        X_test=X_test.float().to(device)
        pred=model(X_test,device)
        pred=pred.squeeze(-1)
        pred=pred.detach().cpu().numpy()
        #计算测试指标
        rmse_score = math.sqrt(mse(y_test, pred))
        mae_score = mae(y_test, pred)
        mape_score = mape(y_test, pred)
        test_log.append([rmse_score, mae_score, mape_score])
        train_batch_time = (time.time() - batchstart)
        print('epoch %d, train_loss %.6f,rmse_loss %.6f,mae_loss %.6f,mape_loss
%.6f,Time used %.6fs'
              %(epoch, loss,rmse_score,mae_score,mape_score,train_batch_time))
    #计算总时间
    timesum = (time.time() - timestart)
    print('总时长 %fs'%(timesum))
    #模型保存
    torch.save(model,'models/traffic.pth')
    #train_loss 曲线
    x = np.linspace(0,len(train_log),len(train_log))
```

```
plt.plot(x,train_log,label="train_loss",linewidth=1.5)
plt.xlabel("number of batches")
plt.ylabel("loss")
plt.legend()
plt.show()
plt.savefig('output/LSTMtrainloss.jpg')

#test_loss 曲线
x_test= np.linspace(0,len(test_log),len(test_log))
test_log = np.array(test_log)
plt.plot(x_test,test_log[:,0],label="test_rmse_loss",linewidth=1.5)
plt.xlabel("number of batches*100")
plt.ylabel("loss")
plt.legend()
plt.show()
plt.savefig('output/LSTMtestrmseloss.jpg')

#test_loss 曲线
x_test= np.linspace(0,len(test_log),len(test_log))
test_log = np.array(test_log)
plt.plot(x_test,test_log[:,1],label="test_mae_loss",linewidth=1.5)
plt.xlabel("number of batches*100")
plt.ylabel("loss")
plt.legend()
plt.show()
plt.savefig('output/LSTMtestrmaeloss.jpg')

#test_loss 曲线
x_test= np.linspace(0,len(test_log),len(test_log))
test_log = np.array(test_log)
plt.plot(x_test,test_log[:,2],label="test_mape_loss",linewidth=1.5)
plt.xlabel("number of batches*100")
plt.ylabel("loss")
plt.legend()
plt.show()
plt.savefig('output/LSTMtestrmapeloss.jpg')
```

以上代码运行结果如下所示。

```
epoch 0, train_loss 0.056167,rmse_loss 0.207551,mae_loss 0.166151,mape_loss
79.555804,Time used 1.066366s
epoch 1, train_loss 0.015739,rmse_loss 0.170492,mae_loss 0.136641,mape_loss
72.008056,Time used 0.939470s
epoch 2, train_loss 0.002371,rmse_loss 0.099939,mae_loss 0.076771,mape_loss
37.059781,Time used 0.985172s
```

```
    epoch 3, train_loss 0.011185,rmse_loss 0.096714,mae_loss 0.071534,mape_loss
32.381203,Time used 0.983521s
    …
    epoch 98, train_loss 0.003678,rmse_loss 0.064613,mae_loss 0.046488,mape_loss
15.662756,Time used 0.975884s
    epoch 99, train_loss 0.001068,rmse_loss 0.061751,mae_loss 0.043498,mape_loss
15.260286,Time used 1.085341s
        总时长 100.354749s
```

LSTM 训练可视化如图 9.10 所示。

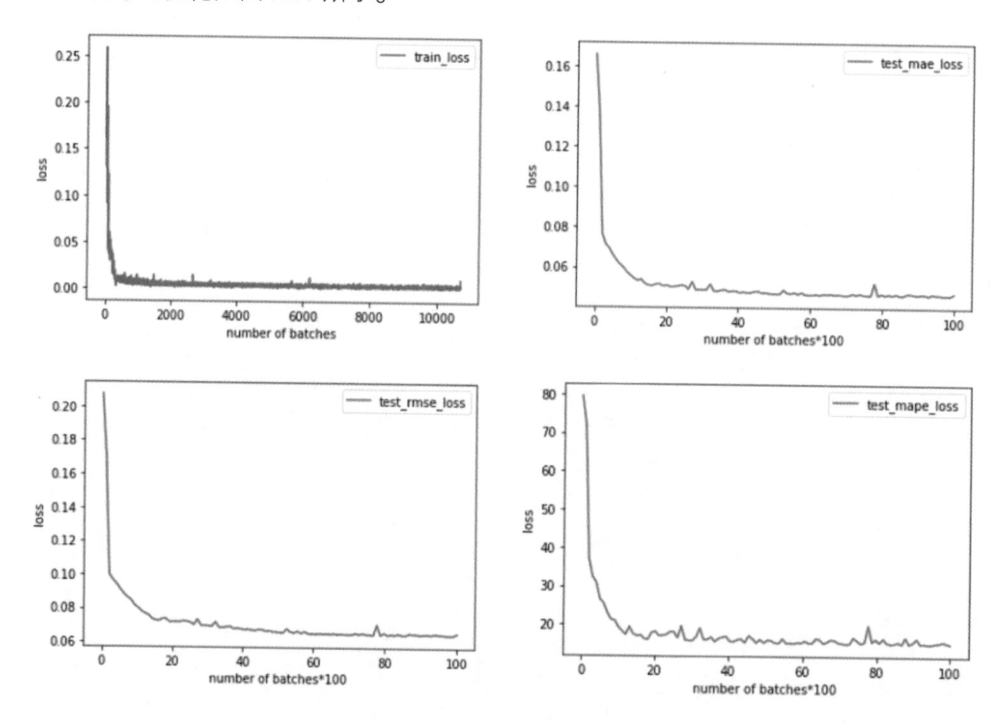

图 9.10 LSTM 训练可视化

（2）BiLSTM.py 双向 LSTM 神经网络模型训练代码如下所示。

```
    #双向 LSTM
    model = My_LSTM(input_size, hidden_size, layer_size, output_size, bidirectional=
True).to(device)
    #损失函数
    loss_func = nn.MSELoss().to(device)
    optimizer = torch.optim.Adam(list(model.parameters()), lr=0.0001)
    #定义训练
    train_log = []
    test_log = []
    #开始时间
    timestart = time.time()
```

DL-09-v-005

```
trained_batches = 0 #记录多少个batch
for epoch in range(100):

    #每一个batch的开始时间
    batchstart = time.time()
    for x,label in train_loader:
        x = x.float().to(device)  #(batch_size, seq_len, hidden_size)
        label = label.float().to(device)

        out= model(x,device)
        prediction = out.squeeze(-1)  #(batch)

        loss = loss_func(prediction, label)
        optimizer.zero_grad()
        loss.backward()
        optimizer.step()

        trained_batches += 1
        train_log.append(loss.detach().cpu().numpy().tolist());

    #测试
    X_test=X_test.float().to(device)
    pred=model(X_test,device)
    pred=pred.squeeze(-1)
    pred=pred.detach().cpu().numpy()
    #计算测试指标
    rmse_score = math.sqrt(mse(y_test, pred))
    mae_score = mae(y_test, pred)
    mape_score = mape(y_test, pred)
    test_log.append([rmse_score, mae_score, mape_score])
    train_batch_time = (time.time() - batchstart)

    print('epoch %d, train_loss %.6f,rmse_loss %.6f,mae_loss %.6f,mape_loss %.
6f,Time used %.6fs'
          %(epoch, loss,rmse_score,mae_score,mape_score,train_batch_time))
#计算总时间
timesum = (time.time() - timestart)
print('总时长 %fs'%(timesum))
torch.save(model,'models/traffic-2.pth')
```

以上代码运行结果如下所示。

```
epoch 0, train_loss 0.057603,rmse_loss 0.187457,mae_loss 0.150300,mape_loss
83.192312,Time used 1.423689s
epoch 1, train_loss 0.028448,rmse_loss 0.133344,mae_loss 0.107585,mape_loss
58.176807,Time used 1.383523s
```

```
epoch 2, train_loss 0.023569,rmse_loss 0.085403,mae_loss 0.063669,mape_loss 27.445293,Time used 1.430359s
epoch 3, train_loss 0.002886,rmse_loss 0.080470,mae_loss 0.059198,mape_loss 24.986727,Time used 1.448220s
epoch 4, train_loss 0.007892,rmse_loss 0.076798,mae_loss 0.055035,mape_loss 19.661551,Time used 1.461450s
...
epoch 97, train_loss 0.005191,rmse_loss 0.064856,mae_loss 0.046378,mape_loss 15.533069,Time used 1.399208s
epoch 98, train_loss 0.001970,rmse_loss 0.065089,mae_loss 0.046796,mape_loss 15.271310,Time used 1.407973s
epoch 99, train_loss 0.002660,rmse_loss 0.064754,mae_loss 0.046430,mape_loss 15.293409,Time used 1.441197s
总时长 137.672885s
```

BiLSTM 训练可视化如图 9.11 所示。

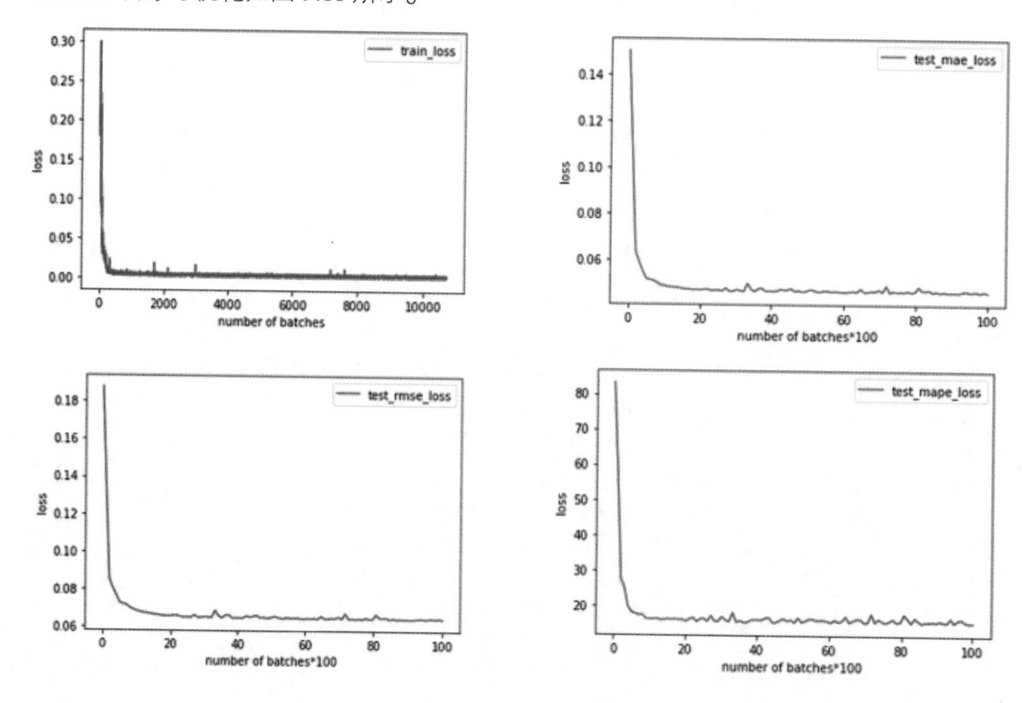

图 9.11　BiLSTM 训练可视化

4）模型应用

```
#模型加载
pred_model=torch.load('models/traffic.pth')
X_test=X_test.float().to(device)
pred=pred_model(X_test,device)
pred=pred.squeeze(-1)
pred=pred.detach().cpu().numpy()
```

```
plt.plot(y_test, label="LabelData",linewidth=0.5)
plt.plot(pred, label="PredData",linewidth=0.5)
plt.legend()
plt.show()
```

实验效果如图 9.5 所示。

4. 实验小结

2 个模型在训练到第 5 轮左右时，在训练集上的损失急速下降，之后趋于平稳。

单向 LSTM 神经网络模型训练时长为 100.354749 秒，训练结束时各项指标为 train_loss 0.001068、rmse_loss 0.061751、mae_loss 0.043498、mape_loss 15.260286。

双向 LSTM 神经网络模型训练时长为 137.672885 秒，训练结束时各项指标为 train_loss 0.002660、rmse_loss 0.064754、mae_loss 0.046430、mape_loss 15.293409。

双向 LSTM 神经网络模型与单向 LSTM 神经网络模型比较，其训练时长用时变长，但是各项指标并没有更好的表现。

本章总结

- 在循环神经网络中，输入序列涉及序列的分割、不等长数据的填充、数值归一化和线性插分采样等操作。
- 循环神经网络在处理序列时是串行的，因此使用 GPU 并不能像卷积神经网络、前馈神经网络一样得到很好的加速效果。
- 在循环神经网络模型训练时尽可能调大 batch-size。

作业与练习

DL-09-c-001

1. [多选题] 以下对双向 LSTM 神经网络描述正确的是（　　）。
   A. 用于处理对上下文有较远距离依赖的问题
   B. 具有正向与反向传递信息的隐藏层
   C. 正向循环的最后一个时间步与逆向循环的最后一个时间步的隐藏层值会进行拼接
   D. 对于有实际输出与没有实际输出的节点均要进行反向传播
2. [多选题] 在将数据集处理为双向 LSTM 神经网络模型所需要的格式时，会使用到的方法为（　　）。
   A. 删除缺失值　　　　B. 合并数据

C．对缺失值进行线性插值　　　　　D．对数据进行标准化

3．[单选题] 下列关于循环神经网络的说法错误的是（　　）。

A．GRU 神经网络、LSTM 神经网络都能捕捉时间序列中时间步长距离较远的依赖关系

B．双向 LSTM 神经网络在文本任务中能做到同时考虑上文、下文与当前词之间的依赖

C．LSTM 神经网络和 GRU 神经网络能在一定程度上缓解梯度消失与梯度爆炸的问题

D．深度循环神经网络能有效抽取更高层、更抽象的信息，层数越深效果越好

4．[单选题] 对于时序模型的评价指标说法错误的是（　　）。

A．RMSE 是 MSE 的平方根

B．MAPE 是误差百分比的平均值

C．MAE 是误差的直接求和

D．MAE 是误差绝对值的直接求和

5．[多选题] 关于 RNN 模型输入数据的维度，以下说法正确的是（　　）。

A．batch_size：每次输入模型的样本个数

B．sequence_length：输入数据的序列长度

C．input_size：数据集中使用的特征维度

D．三个参数可以根据需要进行调整

第3部分

时空数据模型与应用

时空数据模型能够动态描述时间中时空对象的位置、环境和变化。由于 CNN 擅长对数据进行空间特征的学习，而 RNN 则擅长对数据进行时间特征的学习，因此可以使用 CNN 和 RNN 对某个场景时空序列的数据进行学习，以更好地理解和分析其发生与发展的状态及过程。本部分（第 10～14 章）内容主要介绍时空数据模型与应用，具体包括以下内容。

（1）第 10 章主要介绍 CNN-LSTM 混合模型相关知识。本章先介绍了编码器-解码器模型的基本概念和模型结构。然后介绍了使用 PyTorch 构建编码器-解码器模型的实现过程。最后介绍了使用 CNN-LSTM 混合模型实现基于时空特征的交通事故预测的项目案例。

（2）第 11 章主要介绍多元时间序列神经网络相关知识。本章先介绍了计算机科学中的图结构。然后介绍了图神经网络的基本概念和图卷积网络的基本原理及数学运算。最后介绍了 DCRNN 和 seq2seq 模型，并介绍了基于 DCRNN 实现交通流量预测的项目案例。

（3）第 12 章主要介绍 MTGNN 与交通流量预测相关知识。本章先介绍了 MTGNN 的网络结构和特点，其核心组件为图学习层、图像卷积模块和时间卷积模块。然后介绍了 MTGNN 时空卷积的原理和计算过程。最后介绍了 PyTorch-Lightning 的高级框架及其安装和使用过程，并介绍了基于 MTGNN 实现交通流量预测的项目案例。

（4）第 13 章主要介绍注意力机制相关知识。首先介绍了注意力机制的基本概念和原理。然后介绍了自注意力机制的原理。最后介绍了基于自注意力机制实现视频异常检测的项目案例。

（5）第 14 章主要介绍 Transfomer 相关知识。如今预训练模型在视觉等多个领域都取得了显著效果，基于预训练模型，利用特定任务的标注样本进行模型微调，通常可以在下游任务取得非常好的效果。本章先介绍了 Transformer 的概念及其总体结构。然后介绍了 Self-Attention 机制的原理和计算过程。最后介绍了基于 Transformer 模型实现轨迹预测的项目案例。

第10章

CNN-LSTM混合模型

本章目标

- 理解 CNN-LSTM 混合模型的基本结构与原理。
- 能够使用 PyTorch 构建 CNN-LSTM 混合模型。
- 能够对视频数据进行正确拆分与标注。
- 能够对 CNN-LSTM 混合模型进行优化并对预测结果进行分析。

由于CNN擅长对数据进行空间特征的学习，而RNN则擅长对数据进行时间特征的学习，因此可以使用CNN和RNN对交通场景时空序列的数据进行学习，以根据交通视频帧序列预测交通事故的发生概率。

本章包含的项目案例如下。

- 基于时空特征的交通事故预测。

构建 CNN-LSTM 混合模型，对交通视频帧序列的空间特征进行提取，并学习其时间特征。利用优化后的模型对交通事故发生概率进行预测，从而达到减少交通事故的目的。

10.1 编码器-解码器模型

DL-10-v-001

许多时空序列数据分析是通过构建混合模型来学习时间特征与提取空间特征的，其中比较典型的一种混合模型就是 CNN-LSTM 混合模型。

10.1.1 模型结构

在时空序列预测问题中，如视频动作预测， CNN-LSTM 混合模型涉及的任务为特征提取和序列预测。

1. 编码器

CNN-LSTM 混合模型属于编码器-解码器（Encoder-Decoder）模型，如图 10.1 所示。CNN 对图像特征编码，提取视频帧的空间特征，把特征按时间顺序输入解码器的 LSTM 层以获取预测结果。

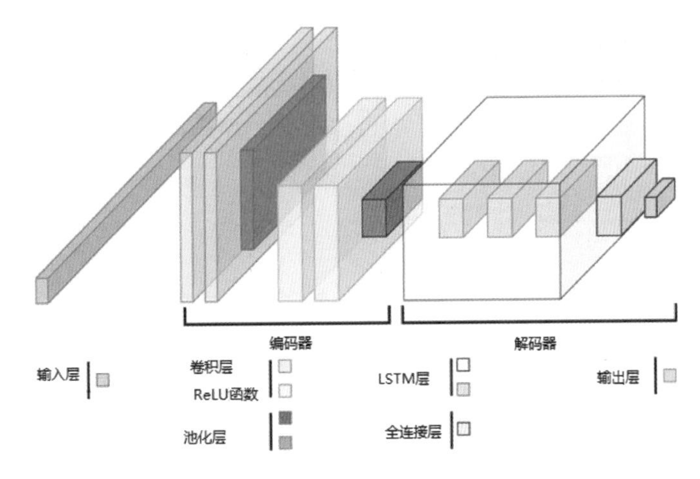

图 10.1 编码器-解码器模型

使用 CNN 模型进行空间特征提取，其结果通常用固定长度的向量表示。用作特征提取的 CNN 模型可以在视频帧图像集上进行训练，也可以使用预训练的图像识别模型根据实际问题进行微调。

使用 VGG 模型提取图像特征向量如图 10.2 所示，即对图像特征进行编码，可以把 VGG 模型叫作编码器。

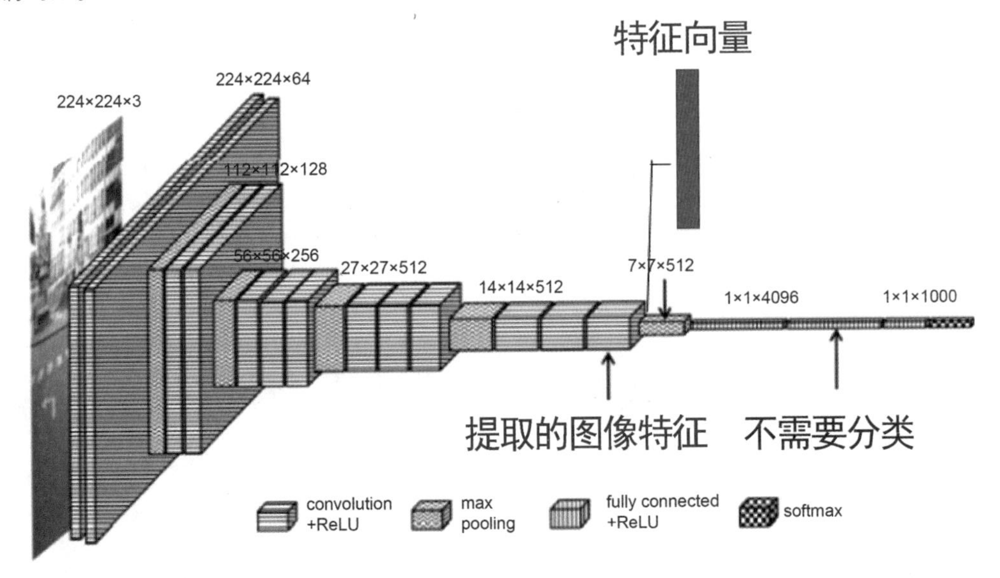

图 10.2 使用 VGG 提取图像特征向量

2. 解码器

交通事故在时间上呈现周期性和渐近性的特征，如图 10.3 所示。

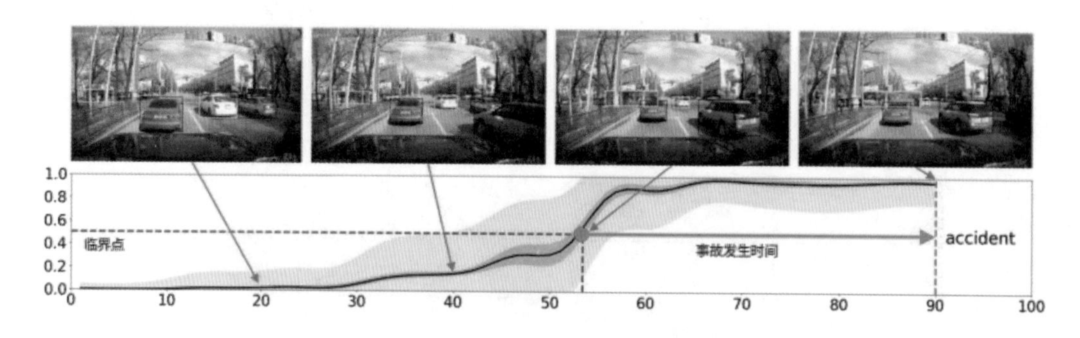

图 10.3 交通事故的周期性和渐进性特征

使用 RNN 对交通事故的时间序列的隐含相关性进行建模和预测。基于时空特征的交通事故预测如图 10.4 所示。将通过编码器得到的一段视频帧序列的特征向量集传输给 RNN，一帧对应一个时间步，帧的特征向量是每个时间步的输入数据。RNN 输出对交通事故发生的预测结果。

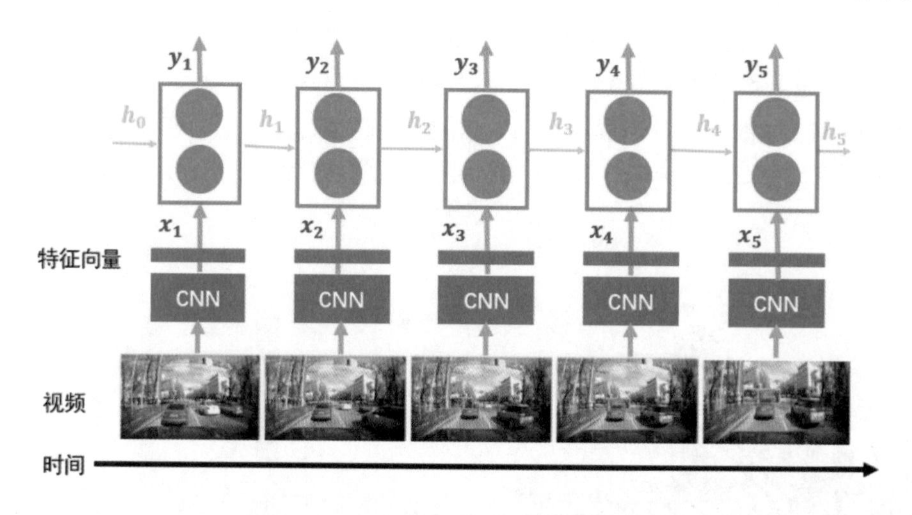

图 10.4 基于时空特征的交通事故预测

10.1.2 构建编码器-解码器模型

可以使用编码器-解码器模型来处理视频的多个图像以提取时间相关性，该模型是一个组合了 CNN-RNN 的架构。RNN 模型的目的是通过保留过去图像的记忆来提取图像之间的时间相关性。

视频图像先被输入 CNN 以提取高级特征，然后将特征馈送到 RNN，并将 RNN 的输出作为预测结果。模型的构建代码如下所示。

```
import torch
import torch.nn as nn
import torchvision.models as models
from torch.nn.utils.rnn import pack_padded_sequence
import torch.nn.functional as F
from torchvision.models import resnet18, resnet101
class CNNLSTM(nn.Module):
    def __init__(self, num_classes=2):
        super(CNNLSTM, self).__init__()
        self.resnet = resnet101(pretrained=True)
        self.resnet.fc = nn.Sequential(nn.Linear(self.resnet.fc.in_features,
300))
        self.lstm = nn.LSTM(input_size=300, hidden_size=256, num_layers=3)
        self.fc1 = nn.Linear(256, 128)
        self.fc2 = nn.Linear(128, num_classes)

    def forward(self, x_3d):
        hidden = None
        for t in range(x_3d.size(1)):
            with torch.no_grad():
                x = self.resnet(x_3d[:, t, :, :, :])
            out, hidden = self.lstm(x.unsqueeze(0), hidden)
        x = self.fc1(out[-1, :, :])
        x = F.relu(x)
        x = self.fc2(x)
        return
```

10.2 项目案例：基于时空特征的交通事故预测

交通事故会导致严重的人员伤亡和巨大的经济损失。如果能在自然场景下对交通风险与事故做出有效的预测，对防止交通事故的发生具有非常重要的意义。

与交通事故相关的因素包含人、天气、路况、环境和时间等多种。由于交通事故属于稀疏发生事件，因此交通事故预测是一项非常具有挑战性的任务。为了学习交通事故的因果特征，预测交通事故发生的事件和地点，人们通常使用不同类型的深度神经网络模型对不同维度交通事故的相关信息特征进行学习和表示。

本次实验使用 CNN-LSTM 混合模型对交通事故的时空特征建模，预测视频中交通事故的发生概率。在输出图像时使用红色深浅表示交通事故的发生概率。

没有发生交通事故的实验效果如图 10.5 所示。可以看到图 10.5 中大部分为蓝色，表示比较安全。发生交通事故的实验效果如图 10.6 所示。可以看到图 10.6 中大部分为红色，表示发生交通事故的概率较大。

图 10.5 没有发生交通事故的实验效果

图 10.6 发生交通事故的实验效果

10.2.1 数据集和评价指标

1）数据集

数据集来自行车记录仪视频，它包含 455 个交通事故视频和 744 个非交通事故视频，以 20 帧率对每个视频进行采样得到 100 帧图像，如果有交通事故发生，那么该事故开始时间在第 81 帧。

2）评价指标

交通事故预测的目标为在交通事故发生之前从行车记录仪视频中对其进行预测。给定当前时刻为 t 的视频，使用模型预测发生交通事故的概率。首先预定义一个交通事故发生的时间阈值，假设在 $t<y$ 的时间步发生交通事故，如果 t 大于给定的时间阈值，那么把交通事故发生的时间定义为 $\tau=y-t$。如果对于包含交通事故的视频通过模型预测的结果为 $\tau=0$，那么表示模型无法预测交通事故是否发生。

本项目案例所使用的模型评价指标为平均精度。平均精度是指从视频中识别交通事故的正确性。对于交通事故视频，如果在 t 时刻的帧图像被预测为交通事故，那么该段视频对应的所有图像都被标记为 1（否则为 0）。

模型训练时需要记录 TTA（Time To Acknowledg，事故发生时间）。对于一段视频，使用一组阈值得到多个 TTA 的记录，计算这组 TTA 的平均值，即平均事故发生时间（mean Time To Acknowledg，mTTA）。实验中的 TTA@0.8 是指召回率为 80%的 TTA 值。

10.2.2 项目案例实现

1. 实验目标

（1）能够使用 PyTorch 构建 CNN-LSTM 混合模型。

（2）能够根据实际应用需求对 Torch 中的数据集和数据生成模块进行重写。

（3）能够根据实际应用场景自定义模型训练及测试阶段评价指标。

2. 实验环境

实验环境如表 10.1 所示。

表 10.1　实验环境

硬　件	软　件	资　源
PC/笔记本电脑 显卡（模型训练需要，推荐 NVIDIA 显卡，显存 4G 以上）	Ubuntu 18.04/Windows 10 Python 3.7.3 Torch 1.9.1 PyTorch_grad_cam Torch 1.9.1+cu111（模型训练需要 GPU 版本）	交通事故预测数据集 实验训练代码 实验应用代码

3. 实验步骤

本实验目录结构如图 10.7 所示。

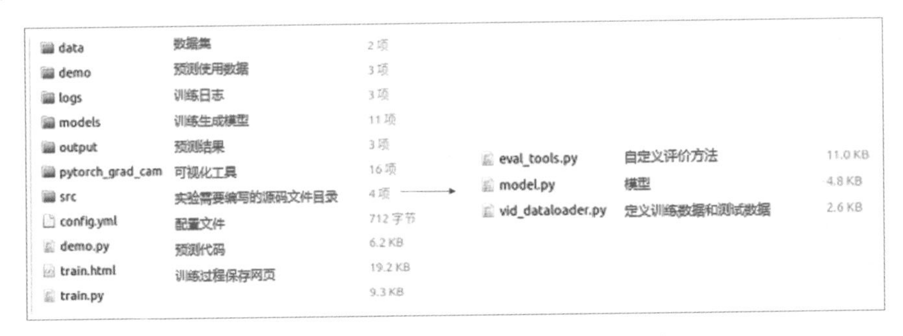

图 10.7　本实验目录结构

请按照以下步骤编写代码完成本次实验。

1）数据处理

在 src/vid_dataloader.py 中编写如下代码。

定义 MySampler 类继承 torch.utils.data.Sampler，根据训练批次生成序列。

```
#自定义 Sampler
class MySampler(torch.utils.data.Sampler):
    def __init__(self, end_idx, seq_length):
        indices = []
        for i in range(len(end_idx)-1):
            start = end_idx[i]
            #end = end_idx[i+1] - seq_length
            end = end_idx[i+1] - seq_length
```

```
            if start>=end:
                break
            indices.append(torch.arange(start, end))
        indices = torch.cat(indices)
        self.indices = indices
#实现迭代器
    def __iter__(self):
        #torch.randperm(n): 产生范围在 0~(n-1)的随机打散的数组
        indices = self.indices[torch.randperm(len(self.indices))]
        return iter(indices.tolist())
#返回样本个数
    def __len__(self):
        return len(self.indices)
```

定义 MyDataset 类，继承 torch.utils.data.Dataset。根据视频索引获取对应帧图像，读取图像并对其进行数据增强，同一个视频对应的图像数据保存到同一个数组中，正样本标签为 1，负样本标签为 0。

```
#自定义 dataset
class MyDataset(Dataset):
    def __init__(self, image_paths, seq_length, transform,
    length, device=("cuda" if torch.cuda.is_available() else "cpu")):
        self.image_paths = image_paths
        self.seq_length = seq_length
        self.transform = transform
        self.length = length
        self.device = device
        self.n_frames = 100 #每个视频都对应 100 帧图像
    #获取一段视频所有的帧图像
    def __getitem__(self, index):
        start = index
        end = index + self.n_frames
        indices = list(range(start, end))
        images = []
        for i in indices:
            image_path = self.image_paths[i][0]
            #print(image_path)
            #print('image_path :', image_path)
            image = Image.open(image_path)
            if self.transform:
                image = self.transform(image)
            images.append(image)
        #视频 ID
        video_id = self.image_paths[i][0]
        vid = video_id.split('/')[-2]
        #将图像数据堆叠起来并复制到训练设备中
```

```
        x = torch.stack(images).to(self.device)
        #数据标签
        if self.image_paths[start][1] == 0:
            label = 0,1 #正样本
            try:
                toa = [90]#事故开始时间
            except:
                toa = [self.n_frames + 1]
        else:
            label = 1,0 #负样本
            toa = [self.n_frames + 1]
        #保存数据标签并复制到训练设备上
        y = torch.tensor([label], dtype=torch.float32).to(self.device)
        #保存 TTA 并复制到训练设备上
        toa = torch.Tensor((toa)).to(self.device)
        #返回训练集、标签集和 TTA
        return x, y, toa
    def __len__(self):
        return self.length
```

2）模型构建

在 src/model.py 中编写以下代码，分别定义 CNN 模型、RNN 模型和 CNN-LSTM 混合模型。

DL-10-v-002

```
#特征提取
class FeatureExtractor(nn.Module):
    def __init__(self, num_classes, device, output_dim, extractor):
        super(FeatureExtractor,self).__init__()
        self.feat_extractor = extractor
        if self.feat_extractor =='resnet50':
            self.resnet = models.resnet50(pretrained=True) #迁移学习
            #微调分类器
            self.resnet.fc = nn.Sequential(
                        nn.Linear(2048, out_features= output_dim))
        elif self.feat_extractor == 'vgg16':
            self.resnet = models.vgg16(pretrained=True) #迁移学习
            #微调分类器
            self.resnet.classifier[6] = nn.Linear(in_features=4096,out_
features=output_dim)
        else:
            raise NotImplementedError
    def forward(self,x):
        x = self.resnet(x)
        return x
#RNN
class GRUNet(nn.Module):
```

```
    def __init__(self, input_dim, hidden_dim, output_dim, n_layers,dropout):
        super(GRUNet, self).__init__()
        self.hidden_dim = hidden_dim #隐藏层节点个数
        self.n_layers = n_layers #隐藏层个数
        #添加 GRU
        self.gru = nn.GRU(input_dim, hidden_dim, n_layers, batch_first=True)
        self.dropout = dropout #降采样
        #第一个全连接层
        self.dense1 = torch.nn.Linear(hidden_dim, 64) #64
        #ReLU 函数
        self.relu = nn.ReLU()
        #输出层
        self.dense2 = torch.nn.Linear(64, output_dim) #64
        #使用对数 softmax
        self.logsoftmax = nn.LogSoftmax(dim=1)
    def forward(self, x, h):
        #得到输出结果
        out, h = self.gru(x, h)
        #对最后一个输出进行降采样
        out = F.dropout(out[:,-1],self.dropout[0])
        out = self.relu(self.dense1(out))
        out = F.dropout(out,self.dropout[1])
        out = self.dense2(out)
        out = self.logsoftmax(out)
        return out, h
#事故预测
class Accident_Model(nn.Module):
    def __init__(self, num_classes, h_dim, z_dim, n_layers, dropout, extractor, 
loss, network):
        super(Accident_Model,self).__init__()
        self.h_dim = h_dim  #隐藏层节点个数
        self.z_dim = z_dim
        self.n_layers= n_layers  #隐藏层个数
        self.num_classes= num_classes   #类别个数
        self.feat_extractor = extractor
        self.features  =  FeatureExtractor(num_classes,  device,  h_dim+h_dim, 
self.feat_extractor)
        self.gru_net = GRUNet(h_dim+h_dim, h_dim, 2,n_layers,dropout)
        self.loss_type = loss
        self.ce_loss = torch.nn.CrossEntropyLoss(reduction='mean')
    def forward(self,x,y,toa):
        losses = {'total_loss': 0}
        all_output, all_hidden = [], []
        h = Variable(torch.zeros(self.n_layers, x.size(0), self.h_dim))
        h = h.to(x.device)
```

```
        for t in range(x.size(1)):
            x_t = self.features(x[:,t])
            x_t = torch.unsqueeze(x_t,1)
            #print('x_t shape: ', x_t.shape)
            output, h = self.gru_net(x_t,h)
            #损失函数
            #指数损失函数（exponential loss）
            #指数损失函数的标准形式：L=exp[-yf(x)]，特征是对离群点、噪声非常敏感。经常用在
AdaBoost 算法中
            if self.loss_type == 'exponential':
                L1 =self._exp_loss(output,y,t,toa=toa,fps=10.0)
            elif self.loss_type == 'crossentropy':#交叉熵
                target_cls = y[:, 1]
                target_cls = target_cls.to(torch.long)
                L1 = self.ce_loss(output, target_cls)
            else:
                raise ValueError('Select loss function correctly.')
            losses['total_loss']+=L1
            all_output.append(output) #TO-DO: 保存所有输出
        return losses, all_output
    def _exp_loss(self, pred, target, time, toa, fps=20.0):
            '''
            :param pred:
            :param target: 对二分类进行独热编码
            :param time:
            :param toa:
            :param fps:
            :return:
            '''
            target_cls = target[:, 1]
            target_cls = target_cls.to(torch.long)
            penalty = -torch.max(torch.zeros_like(toa).to(toa.device, pred.dtype),
(toa.to(pred.dtype) - time - 1) / fps)
            pos_loss = -torch.mul(torch.exp(penalty), -self.ce_loss(pred, target_
cls))
            #负样本
            neg_loss = self.ce_loss(pred, target_cls)
            loss = torch.mean(torch.add(torch.mul(pos_loss, target[:, 1]), torch.
mul(neg_loss, target[:, 0])))
            return loss
```

3）自定义模型评价标准

在 src/eval_tools.py 中包含模型训练阶段和测试阶段的评价方法，本次实验需要编写代码实现训练阶段模型评估的自定义函数。

添加 evaluation_train 函数，代码如下所示。

DL-10-v-003

```
#在训练时计算 mTTA
def evaluation_train(all_pred, all_labels, time_of_accidents, fps=20.0):
    """
    :param: all_pred (N x T), 视频数量, T 每个视频的帧数
    :param: all_labels (N,)
    :param: time_of_accidents (N,) int 类型
    :output: AP (平均精准度, AUC),
             mTTA (平均事故发生时间),
             TTA@R80 (召回时的事故发生时间=80%)
    """
    preds_eval = []
    min_pred = np.inf
    n_frames = 0
    for idx, toa in enumerate(time_of_accidents):
        if all_labels[idx] > 0:
            pred = all_pred[idx, :int(toa)]  #正样本视频
        else:
            pred = all_pred[idx, :]  #负样本视频
        #查找预测最小值
        min_pred = np.min(pred) if min_pred > np.min(pred) else min_pred
        preds_eval.append(pred)
        n_frames += len(pred)
    total_seconds = all_pred.shape[1] / fps
    #从最小值中迭代一组阈值
    Precision = np.zeros((n_frames))  #精准度
    Recall = np.zeros((n_frames))#召回率
    Time = np.zeros((n_frames))
    cnt = 0
    for Th in np.arange(max(min_pred, 0), 1.0, 0.001):
        Tp = 0.0
        Tp_Fp = 0.0
        Tp_Tn = 0.0
        time = 0.0
        counter = 0.0  #TP 视频数量
        #迭代每一个视频
        for i in range(len(preds_eval)):
            #预测正确的正样本: (pred->1) * (gt->1)
            tp =  np.where(preds_eval[i]*all_labels[i]>=Th)
            Tp += float(len(tp[0])>0)
            if float(len(tp[0])>0) > 0:
                #如果至少有一个 TP, 那么计算相反数
                time += tp[0][0] / float(time_of_accidents[i])
                counter = counter+1
```

```
            #所有的正样本
            Tp_Fp += float(len(np.where(preds_eval[i]>=Th)[0])>0)
        if Tp_Fp == 0:  #对所有负样本进行预测
            continue
        else:
            Precision[cnt] = Tp/Tp_Fp
        if np.sum(all_labels) ==0: #所有视频都是负的
            continue
        else:
            Recall[cnt] = Tp/np.sum(all_labels)
        if counter == 0:
            continue
        else:
            Time[cnt] = (1-time/counter)
        cnt += 1
    #使用召回率对指标进行排序
    new_index = np.argsort(Recall)
    #Precision = Precision[new_index]
    Recall = Recall[new_index]
    Time = Time[new_index]
    #对召回率使用 unique，并获得对应的精准度
    _,rep_index = np.unique(Recall,return_index=1)
    rep_index = rep_index[1:]
    new_Time = np.zeros(len(rep_index))
    for i in range(len(rep_index)-1):
        new_Time[i] = np.max(Time[rep_index[i]:rep_index[i+1]])
    #降序
    new_Time[-1] = Time[rep_index[-1]]
    #将 mTTA 转换为秒
    mTTA = np.mean(new_Time) * total_seconds
    print("本轮训练平均事故发生时间= %.4f"%(mTTA))
return mTTA
```

代码编写完成后，在终端打开实验根目录，执行以下命令对模型进行训练。

```
python train.py
```

运行代码，部分结果如下所示。

```
Epoch  [1/10]:   0%|                                          | 0/38
Epoch   [1/10]:   100%|██████████████████████████████████|   38/38   [02:45<00:00,
4.34s/it, loss=0.163]
--------------------------------
------开始评估------
100%|████████████████████████████████████████████████████████████
████████████████████████████████████████████████████████████████
```

```
████████████████████████████████████████| 38/38 [02:36<00:00, 4.13s/it, val_loss=0.135]
  Average Precision= 1.0000, mean Time to accident= 5.0000
  Precision at Recall 80: 1.0000
  Recall@80%, Time to accident= 5.0
  Epoch [2/10]: 100%|████████████████████████████████████████| 38/38 [02:42<00:00, 4.28s/it, loss=0.0665]
  ------------------------------
  ------开始评估------
  100%|████████████████████████████████████████| 38/38 [02:36<00:00, 4.12s/it, val_loss=0.0469]
  Average Precision= 1.0000, mean Time to accident= 4.9861
  Precision at Recall 80: 1.0000
  Recall@80%, Time to accident= 4.986
  …
  Epoch [9/10]: 100%|████████████████████████████████████████| 38/38 [02:43<00:00, 4.31s/it, loss=0.00387]
  ------------------------------
  ------开始评估------
  100%|████████████████████████████████████████| 38/38 [02:36<00:00, 4.12s/it, val_loss=0.00484]
  Average Precision= 1.0000, mean Time to accident= 4.9861
  Precision at Recall 80: 1.0000
  Recall@80%, Time to accident= 4.986
  Epoch [10/10]: 100%|████████████████████████████████████████| 38/38 [02:44<00:00, 4.32s/it, loss=0.00307]
  ------------------------------
  ------开始评估------
  100%|████████████████████████████████████████| 38/38 [02:38<00:00, 4.17s/it, val_loss=0.00365]
  Average Precision= 1.0000, mean Time to accident= 5.0000
  Precision at Recall 80: 1.0000
  Recall@80%, Time to accident= 5.0
```

代码运行结束，在 models 中生成模型文件，如图 10.8 所示。

名称	大小
best_model.pth	101.0 MB
saved_model_00.pth	101.0 MB
saved_model_01.pth	101.0 MB
saved_model_02.pth	101.0 MB
saved_model_03.pth	101.0 MB
saved_model_04.pth	101.0 MB
saved_model_05.pth	101.0 MB
saved_model_06.pth	101.0 MB
saved_model_07.pth	101.0 MB
saved_model_08.pth	101.0 MB
saved_model_09.pth	101.0 MB

图 10.8　模型文件

在 config.yml 中使用 demo_dir 配置模型应用时的预测图像所在目录，如“./demo/00002”，并在终端执行以下命令对预测图像进行预测。

```
python demo.py
```

4. 实验小结

模型训练 10 轮，总时长约为 25 分钟，训练后期各项指标如下。

（1）Average Precision = 1.0000，mean Time to accident = 5.0000。

（2）Precision at Recall 80：1.0000。

（3）Recall@80%，Time to accident = 5.0。

本章总结

- 使用 CNN 提取空间特征，并使用 RNN 对交通事故的时间序列进行建模。
- 基于时空特征的融合可以提高交通事故预测的准确率。
- 普通 CNN 提取的欧几里得空间特征在真实的交通事故场景中并不是标准的欧几里得空间特征。

作业与练习

DL-10-c-001

1. [多选题] 使用 PyTorch 训练编码器-解码器模型，以下描述错误的是（　　）。

   A. 使用 PyTorch Torchvision 模块中的 ResNet152 进行特征提取

B．需要把 ResNet152 最后一层的输出结果输入 LSTM 神经网络模型

C．LSTM 神经网络的输入是图像的特征向量，输出为图像字幕

D．需要使用词嵌入得到图像特征的词向量

2．[多选题] 关于编码器-解码器模型，以下说法正确的是（　　）。

A．编码器-解码器和 seq2seq 是两个完全相同的概念

B．编码器-解码器可以输入并输出不定长的序列

C．编码器-解码器可以使用两个 RNN

D．在编码器-解码器的训练中，可以采用强制学习

3．[多选题] 时空序列预测问题的数据形态包括（　　）。

A．文本数据　　B．表格化数据　　C．图像数据　　D．音频数据

4．[多选题] RNN 和 CNN 在时间序列预测方面的差异为（　　）。

A．RNN 的迭代训练更加消耗算力和时间

B．RNN 难以捕捉剧烈的数据波动

C．CNN 不受之前时间点预测数据的限制

D．CNN 可以更好地捕捉剧烈的数据波动

5．[单选题] 关于交通流量预测问题，以下说法正确的是（　　）。

A．对交通流量历史数据进行周期性采集不是必要的

B．在条件不允许的情况下使用单个摄像头进行采集对结果影响较小

C．可在已知 $t-M+1$ 到 t 时刻内的交通流量求 $t+1$ 到 $t+H$ 时刻的交通流量

D．可在已知 $t-M+1$ 到 t 时刻内的交通流量求 $t+1$ 时刻的交通流量

第11章 多元时间序列神经网络

本章目标

- 理解图结构的基本组成与原理。
- 理解 DCRNN 的基本结构及信息传输过程。
- 能够使用 PyTorch 构建并训练 DCRNN 模型。
- 能够根据时间特征和空间特征对交通流量进行预测。

DCRNN（Diffusion Convolutional Recurrent Neural Network，扩散卷积递归神经网络）使用图形上的双向随机游走捕获空间依赖性，并使用具有计划采样的编码器-解码器体系结构捕获时间依赖性。在交通流量数据集上优化并评估模型，对交通流量进行预测。

本章包含的项目案例如下。

- 基于 DCRNN 实现交通流量预测。

使用 PyTorch 构建 DCRNN 模型，使用扩散卷积对交通流量进行动力学建模，捕获空间依赖性，并且集成 seq2seq 的体系结构和调度采样技术。在交通流量数据集上对模型进行优化和评估，实现交通流量的预测。

11.1 图

在计算机科学中，图（Graph）是一种常见的非线性数据结构，是一种通用的、紧凑的、可解释的，具有排列不变性的数据表示。从数据角度出发，图通常对关系型数据进行描述和建模，如社交网络、交通网络等。从数学角度出发，图由顶点（Vertex）及连接顶点的边（Edge）构成，其关键概念是结构和信号的分解。

11.1.1 结构和信号

信号是表示消息的物理量，并且是时间和空间的函数。

在计算机科学中，数据元素之间的关系称为结构。根据结构的不同特性，通常可将其分为线性结构、树形结构、集合、图状结构和网状结构。

图像是人对视觉感知的物质再现，是静态影像，也是一种视觉信号，而视频是动态影像。

图像的结构方式如图 11.1 所示。图像中的像素以有意义的方式排列，如果改变像素的排列方式，那么图像就会失去意义。

图 11.1 图像的结构方式

卷积是卷积核对图像像素邻域的分组表示，同时像素有一个或多个通道，因此每个像素都用一个特征向量描述。每个通道上的像素邻域是图像的结构，通道是图像的信号。

序列同样可以分解为结构和信号。语法是结构，单词是信号。序列的结构和信号如图 11.2 所示，通过词嵌入得到词的特征向量，每个特征向量都有位置编码（Positional Encoding），因此，序列可以用图进行建模。

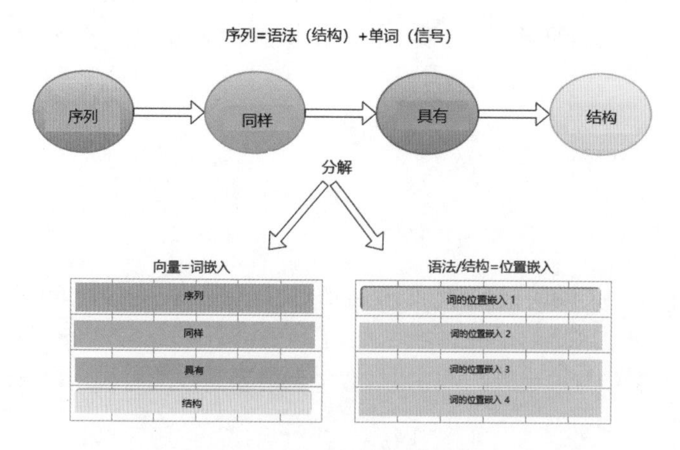

图 11.2 序列的结构和信号

11.1.2　图结构

图是一系列实体（Nodes）之间的关系。图结构如图 11.3 所示。图 11.3 中黄色的是节点（或称顶点），其属性包括节点标识、邻居节点个数等；蓝色的是边（或称链接），其属性包括边的标识、边的权重等。

根据边的方向性，图可分为无向图和有向图，如图 11.4 所示。

图 11.3　图结构　　图 11.4　无向图和有向图

11.1.3　图神经网络

图神经网络（Graph Neural Network，GNN）可对图的所有属性（节点、边、全局上下文）进行优化的转换，并保留图的对称性（置换不变性）。

GNN 采用“图入图出”架构，这意味着该类型的神经网络接受图作为输入，将信息加载到其节点、边和全局上下文中，并逐步转换这些嵌入，而不会改变输入图的连通性。

GNN 模型如图 11.5 所示。GNN 模型在图的每个组件上使用单独的 MLP（或其他可微模型），称之为 GNN 层。

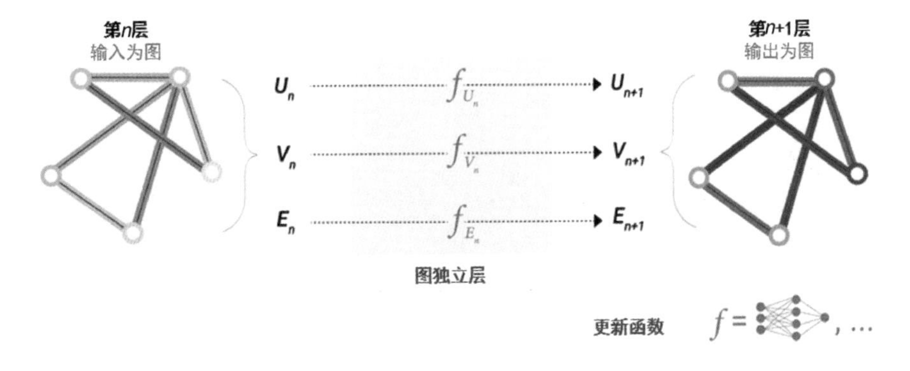

图 11.5　GNN 模型

每个节点可使用 MLP 返回一个节点向量。每一条边也可使用 MLP 学习每一条边的特征表示，并通过学习得到一个全局上下文向量，为整个图学习一个特征。

GNN 不会更新输入图的连通性。可以用与输入图相同的邻接表和相同数量的特征向量来描述 GNN 的输出图，输出图更新了每个节点、边和全局上下文的表示。

目前 GNN 可以总结为以下几种。

（1）递归图神经网络（RGNN），使用 RNN 学习节点的特征表示。

（2）卷积图神经网络（CGNN），使用图卷积学习节点的特征表示。

（3）图形自动编码器（GAE），可以学习生成新图。

（4）时空图神经网络（STGNN），同时考虑空间依赖性和时间依赖性。

11.2　图卷积网络

图卷积网络（Graph Convolutional Networks，GCN）是一种卷积神经网络，可以直接在图上工作，并能灵活利用图的结构信息。

GCN 通常解决的是对图（如引文网络）中的节点（如文档）进行分类的问题，其中仅有一小部分节点有标签，因此它属于半监督学习。

11.2.1　基本原理

每个节点会从它的所有邻居节点处获取特征值，当然也包括它自身的特征值。

图卷积示例如图 11.6 所示。图 11.6 中使用图卷积表示论文及引用，其中每个节点表示一篇论文，边表示引文。在预处理步骤中，不使用原始论文作为特征，而是将论文转换成向量。

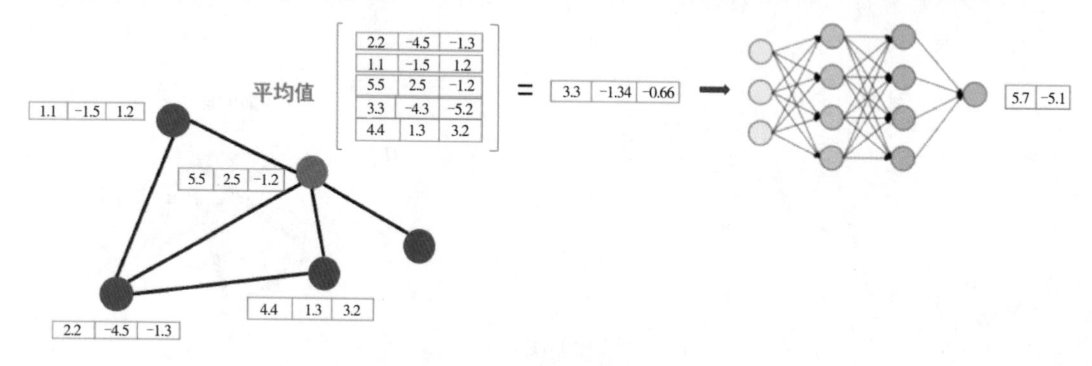

图 11.6　图卷积示例

对于绿色节点，首先得到它的所有邻居节点的特征值，包括自身的特征值，然后对这些特征值取平均值，最后通过 GCN 返回一个向量作为最终结果。

深度图卷积如图 11.7 所示。深度图卷积可以将更多的层叠加在一起，以获得更深的 GCN，每一层的输出是下一层的输入。

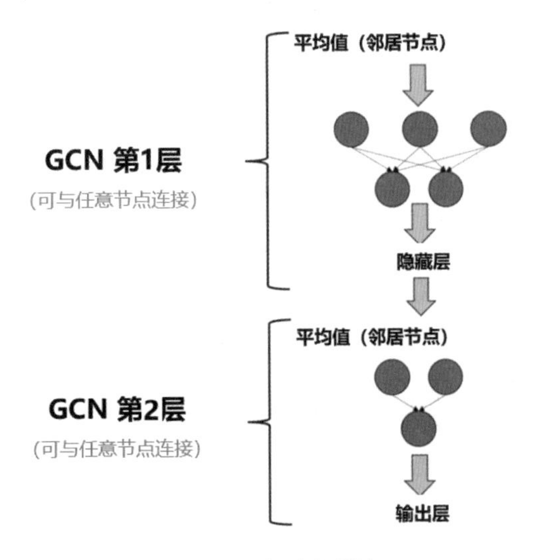

图 11.7　深度图卷积

11.2.2　数学运算

图卷积的数学运算如图 11.8 所示。在图 G 的结构中，有邻接矩阵 $\boldsymbol{A}$、度量矩阵 $\boldsymbol{D}$、特征矩阵 $\boldsymbol{X}$。

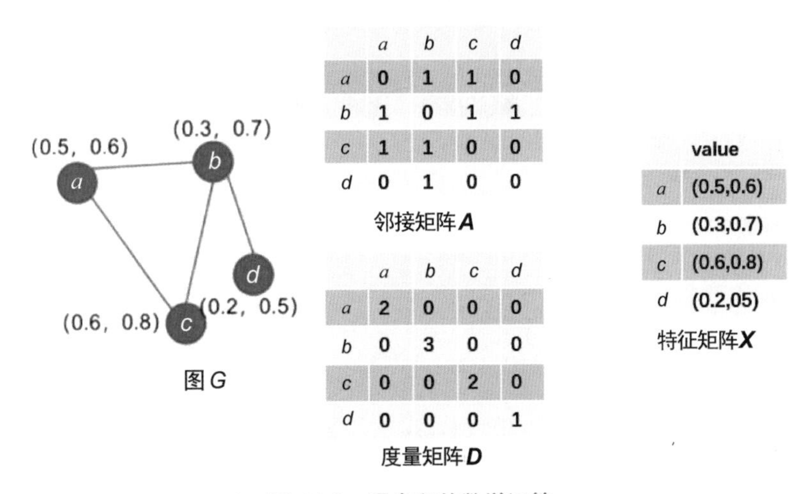

	a	b	c	d
a	0	1	1	0
b	1	0	1	1
c	1	1	0	0
d	0	1	0	0

	a	b	c	d
a	2	0	0	0
b	0	3	0	0
c	0	0	2	0
d	0	0	0	1

	value
a	(0.5,0.6)
b	(0.3,0.7)
c	(0.6,0.8)
d	(0.2,05)

图 11.8　图卷积的数学运算

节点更新如图 11.9 所示。节点更新即把邻居节点的特征加在一起。例如，节点 a 的邻居节点有节点 b 和节点 c，在聚合节点 a 时，把 a(0.5, 0.6)、b(0,3, 0.7)和 c(0.6, 0.8)的值直接加在一起，得到新的节点聚合信息。

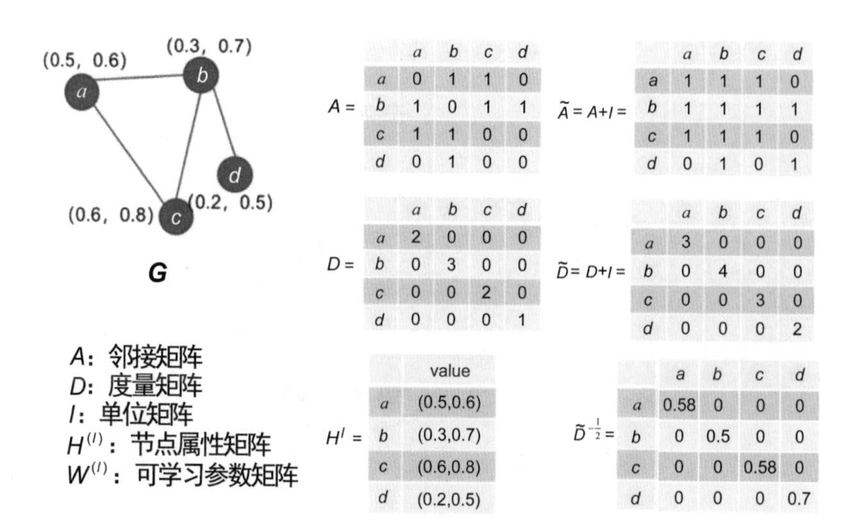

图 11.9 节点更新

考察节点更新函数，如下式所示。

$$\boldsymbol{H}^{(l+1)}=\left(\tilde{\boldsymbol{D}}^{-\frac{1}{2}}\tilde{\boldsymbol{A}}\tilde{\boldsymbol{D}}^{-\frac{1}{2}}\boldsymbol{H}^{(l)}\boldsymbol{W}^{(l)}\right) \tag{11.1}$$

聚合节点 a 的过程如下。

（1）0.5÷3：0.5 是节点 a 的特征值，3 是节点 a 的度加一的平方。

（2）0.3÷12：0.3 是节点 b 的特征值，12 是节点 a 的度加一乘以节点 b 的度加一。

（3）0.6÷3：0.6 是节点 c 特征值，3 是节点 a 的度加一乘以节点 c 的度加一。

11.2.3 使用 GCN 模型实现图像识别

构建 GCN 模型对图像进行识别，代码如下所示。

```
import numpy as np
import torch
from torch import nn
import torch.nn.functional as F
def device_as(x,y):
  return x.to(y.device)
#张量运算现在支持成批输入
def calc_degree_matrix_norm(a):
  return torch.diag_embed(torch.pow(a.sum(dim=-1),-0.5))
def create_graph_lapl_norm(a):
  size = a.shape[-1]
  a +=  device_as(torch.eye(size),a)
  D_norm = calc_degree_matrix_norm(a)
  L_norm = torch.bmm( torch.bmm(D_norm, a) , D_norm )
```

```
  return L_norm
class GCN_AISUMMER(nn.Module):
    """
    GCN layer
    """
    def __init__(self, in_features, out_features, bias=True):
      super().__init__()
      self.linear = nn.Linear(in_features, out_features, bias=bias)
    def forward(self, X, A):
        """
        A: 邻接矩阵
        X: 图
        """
        L = create_graph_lapl_norm(A)
        x = self.linear(X)
        return torch.bmm(L, x)
#构建 GNN 模型

import torch
import torch.nn as nn
class GNN(nn.Module):
  def __init__(self,
                    in_features = 7,
                    hidden_dim = 64,
                    classes = 2,
                    dropout = 0.5):
    super(GNN, self).__init__()
    self.conv1 = GCN_AISUMMER(in_features, hidden_dim)
    self.conv2 = GCN_AISUMMER(hidden_dim, hidden_dim)
    self.conv3 = GCN_AISUMMER(hidden_dim, hidden_dim)
    self.fc = nn.Linear(hidden_dim, classes)
    self.dropout = dropout
  def forward(self, x,A):
    x = self.conv1(x, A)
    x = F.relu(x)
    x = self.conv2(x, A)
    x = F.relu(x)
    x = self.conv3(x, A)
    x = F.dropout(x, p=self.dropout, training=self.training)
    #聚合节点嵌入
    x = x.mean(dim=1)
    #分类器
    return self.fc(x)
```

数据准备的代码如下所示。

```
#pip install torchnet networkx

import torchnet as tnt
import os
import networkx as nx
import numpy as np
import torch
def indices_to_one_hot(number, nb_classes, label_dummy=-1):
    """独热编码"""
    if number == label_dummy:
        return np.zeros(nb_classes)
    else:
        return np.eye(nb_classes)[number]
def get_graph_signal(nx_graph):
  d = dict((k, v) for k, v in nx_graph.nodes.items())
  x = []
  invd = {}
  j = 0
  for k, v in d.items():
      x.append(v['attr_dict'])
      invd[k] = j
      j = j + 1
  return np.array(x)
def load_data(path, ds_name, use_node_labels=True, max_node_label=10):
    node2graph = {}
    Gs = []
    data = []
    dataset_graph_indicator = f"{ds_name}_graph_indicator.txt"
    dataset_adj = f"{ds_name}_A.txt"
    dataset_node_labels = f"{ds_name}_node_labels.txt"
    dataset_graph_labels = f"{ds_name}_graph_labels.txt"
    path_graph_indicator = os.path.join(path,dataset_graph_indicator)
    path_adj = os.path.join(path,dataset_adj)
    path_node_lab = os.path.join(path,dataset_node_labels)
    path_labels = os.path.join(path,dataset_graph_labels)
    with open(path_graph_indicator, "r") as f:
        c = 1
        for line in f:
            node2graph[c] = int(line[:-1])
            if not node2graph[c] == len(Gs):
                Gs.append(nx.Graph())
            Gs[-1].add_node(c)
            c += 1
    with open(path_adj, "r") as f:
```

```
            for line in f:
                edge = line[:-1].split(",")
                edge[1] = edge[1].replace(" ", "")
                Gs[node2graph[int(edge[0])] - 1].add_edge(int(edge[0]), int(edge[1]))
        if use_node_labels:
            with open(path_node_lab, "r") as f:
                c = 1
                for line in f:
                    node_label = indices_to_one_hot(int(line[:-1]), max_node_label)
                    Gs[node2graph[c] - 1].add_node(c, attr_dict=node_label)
                    c += 1
        labels = []
        with open(path_labels, "r") as f:
            for line in f:
                labels.append(int(line[:-1]))
        return list(zip(Gs, labels))
    def create_loaders(dataset, batch_size, split_id, offset=-1):
        train_dataset = dataset[:split_id]
        val_dataset = dataset[split_id:]
        return to_pytorch_dataset(train_dataset, offset,batch_size), to_pytorch_
dataset(val_dataset, offset,batch_size)
    def to_pytorch_dataset(dataset, label_offset=0, batch_size=1):
        list_set = []
        for graph, label in dataset:
            F, G = get_graph_signal(graph), nx.to_numpy_matrix(graph)
            numOfNodes = G.shape[0]
            F_tensor = torch.from_numpy(F).float()
            G_tensor = torch.from_numpy(G).float()
            #0 索引
            if label == -1:
                label = 0

            label += label_offset

            list_set.append(tuple((F_tensor, G_tensor, label)))
        dataset_tnt = tnt.dataset.ListDataset(list_set)
        data_loader = torch.utils.data.DataLoader(dataset_tnt, shuffle=True, batch_
size=batch_size)
        return data_loader
    dataset = load_data(path='./dataset/MUTAG/', ds_name='MUTAG',
                    use_node_labels=True, max_node_label=7)
    train_dataset, val_dataset = create_loaders(dataset, batch_size=1, split_id=
150, offset=0)
    print('数据读取完毕')
```

对所构建模型进行训练的代码如下所示。

```
criterion = torch.nn.CrossEntropyLoss()
device = 'cuda' if torch.cuda.is_available() else 'cpu'
print(f'训练设备 on {device}')
model = GNN(in_features = 7,
            hidden_dim = 128,
            classes = 2).to(device)
optimizer= torch.optim.SGD(model.parameters(), lr=0.01)
def train(train_loader):
    model.train()
    for data in train_loader:
      optimizer.zero_grad()
      X, A, labels = data
      X, A, labels = X.to(device), A.to(device), labels.to(device)
      #前向传播
      out = model(X, A)
      #损失函数
      loss = criterion(out, labels)
      #计算梯度
      loss.backward()
      #更新参数
      optimizer.step()
def test(loader):
  model.eval()
  correct = 0
  for data in loader:
    X,A, labels = data
    X,A, labels = X.cuda(), A.cuda(), labels.cuda()
    #前向传播
    out = model(X, A)
    #最大概率
    pred = out.argmax(dim=1)
    #准确率
    correct += int((pred == labels).sum())
  return correct / len(loader.dataset)
#main code
best_val = -1
for epoch in range(1, 241):
    train(train_dataset)
    train_acc = test(train_dataset)
    val_acc = test(val_dataset)
    if val_acc>best_val:
      best_val = val_acc
      epoch_best = epoch
```

```
    if epoch%10==0:
      print(f'Epoch:  {epoch:03d},  Train  Acc:  {train_acc:.4f},  Val  Acc:
{val_acc:.4f} || Best Val Score: {best_val:.4f} (Epoch {epoch_best:03d}) ')
```

11.3　多元时间序列神经网络的概述

交通预测、天气预报等属于多元时间序列预测，包含多个事件相关变量。每个变量不仅取决于其过去的值，还依赖于其他变量，需要通过对多个时间序列进行建模，从而由一个变量的变化揭示其他相关变量行为的关键信息，以通过此依赖关系对变量将来的变化做出预测。

11.3.1　DCRNN

DCRNN 集成扩散卷积、seq2seq 学习框架及计划采样来捕获时间序列之间的空间依赖性和时间依赖性。

11.3.1.1　DCRNN 的空间依赖性

DCRNN 使用扩散卷积对空间依赖性进行建模。

1）扩散过程

通过将交通流量与扩散过程相关联来对空间依赖性进行建模，从而明确捕获交通动力学的随机性质。

扩散过程如图 11.10 所示。扩散过程在图 G 上随机游走，具有重启概率 $\alpha \in [0,1]$，状态转移矩阵 $\boldsymbol{D}_o^{-1}\boldsymbol{W}$，其中 $\boldsymbol{D}_o = \text{diag}(\boldsymbol{W})$ 是一个度数对角矩阵。该扩散过程会收敛到平稳分布 $\boldsymbol{P} \in \mathbb{R}^{N \times N}$，$P_i$ 表示节点 v_i 的扩散可能性。

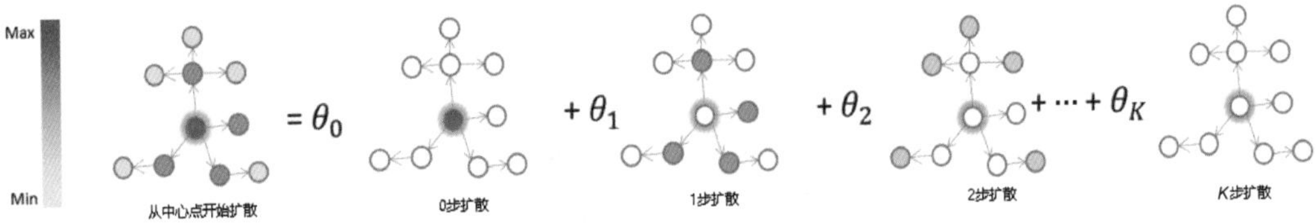

图 11.10　扩散过程

扩散过程的平稳分布可以表示为在图 G 上无限随机游的加权组合，如下式所示。

$$\boldsymbol{P} = \sum_{K=0}^{\infty} \alpha (1-\alpha)^K \left(\boldsymbol{D}_{\alpha}^{-1}\right)^K \tag{11.2}$$

式中，K 表示扩散步数。

2）扩散卷积

GCN 是针对欧几里得空间进行卷积运算的神经网络，对于非欧几里得空间的图结构，人们无法找到一个固定尺寸的卷积核去滑动整个图区域，如图 11.11 所示。

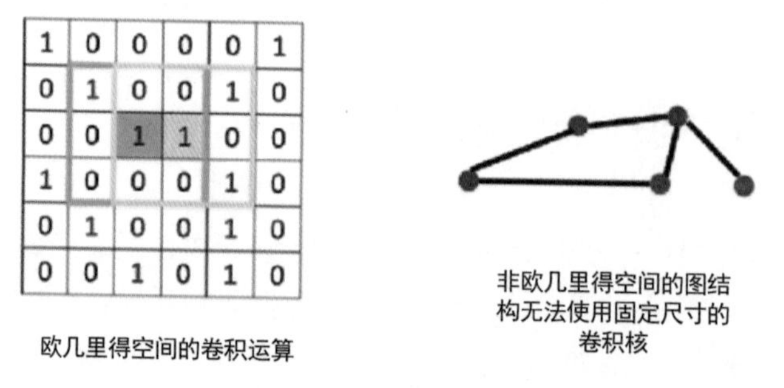

图 11.11　非欧几里得空间的图结构

扩散卷积（见图 11.12）将图卷积视为扩散过程，假设信息以一定的转移概率从一个节点转移到其邻居节点，信息分布会在几轮转移后达到均衡。

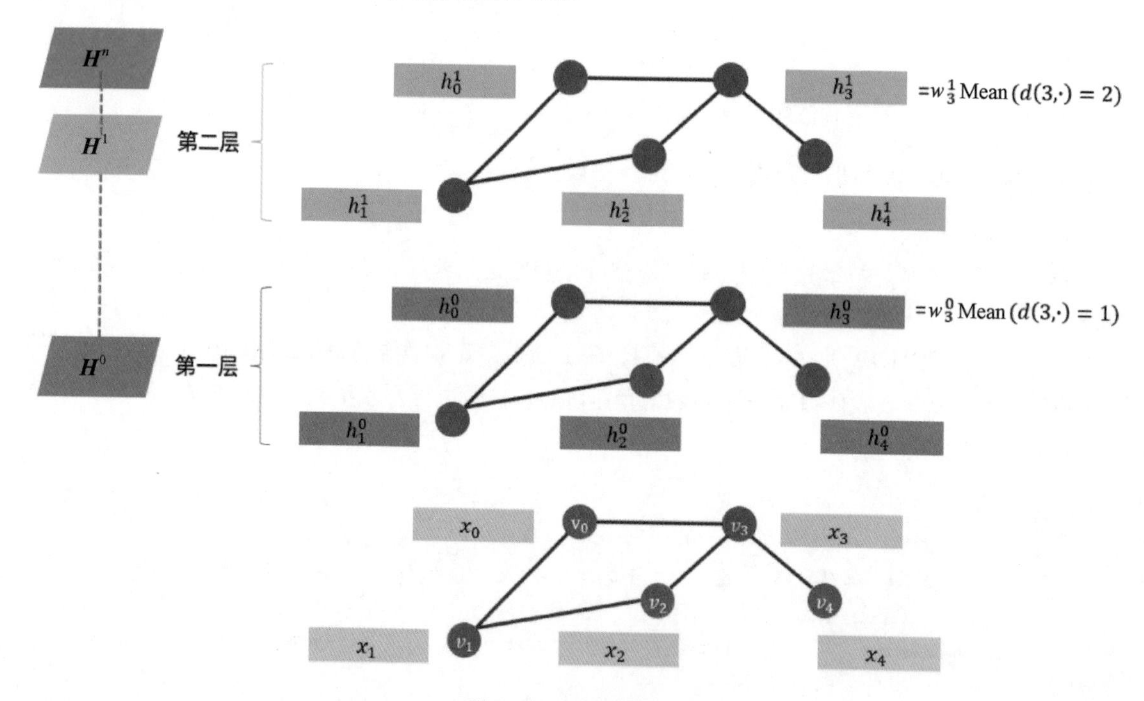

图 11.12　扩散卷积

图 11.12 中第一层卷积 h_3^0 的结果是与 v_3 距离为 1 的节点特征的求和平均，同理第二层卷积 h_3^1 的结果则是与 v_3 距离为 2 的节点特征的求和平均，这样每一层的卷积操作可以用以下公式表示。

$$\boldsymbol{H}^{(k)}=f\left(\boldsymbol{W}^{(k)}\odot p^{k}\boldsymbol{X}\right) \tag{11.3}$$

式中，k 表示层数；p^k 表示卷积所能观测到的某节点邻居节点范围，k=1 时表示对该节点距离为 1 的邻居节点的卷积，k=2 时表示对该节点距离为 2 的邻居节点的卷积。计算出每一层的节点特征之后，需要对每一层的节点特征进行拼接，以得到一个矩阵，并通过一些线性变换对每个节点在不同层的特征进行空间变换，如图 11.13 所示，最终得到整张图或者每个节点的特征矩阵。

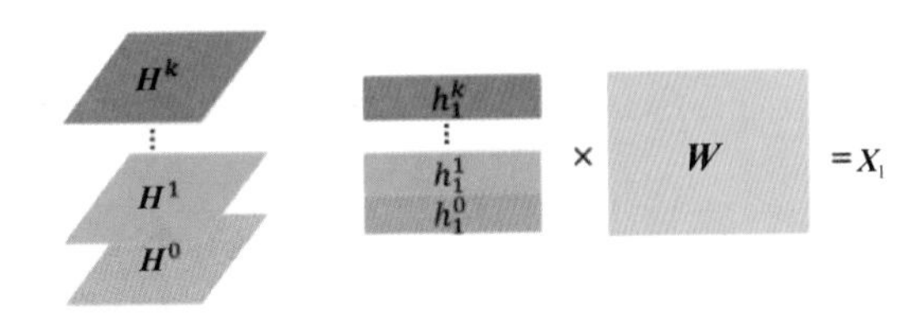

图 11.13　对每个节点在不同层的特征进行空间变换

11.3.1.2　DCRNN 的时间依赖性

DCRNN 利用 RNN 对时间的依赖性进行建模，这里的 RNN 使用的是 GRU，最重要的是用扩散卷积代替 GRU 中的矩阵乘法，公式如下。

$$r^{(t)} = \sigma\left(\theta_r * G\left[\boldsymbol{X}^{(t)}, \boldsymbol{H}^{(t-1)}\right] + b_r\right) \tag{11.4}$$

$$u^{(t)} = \sigma\left(\theta_u * G\left[\boldsymbol{X}^{(t)}, \boldsymbol{H}^{(t-1)}\right] + b_u\right) \tag{11.5}$$

$$C^{(t)} = \tanh\left(\theta_C * G\left[\boldsymbol{X}^{(t)}, \left(r^{(t)} \odot \boldsymbol{H}^{(t-1)}\right)\right] + b_c\right) \tag{11.6}$$

$$\boldsymbol{H}^{(t)} = u^{(t)} \odot \boldsymbol{H}^{(t-1)} + \left(1 - u^{(t)}\right) \odot C^{(t)} \tag{11.7}$$

式中，$r^{(t)}$ 和 $u^{(t)}$ 表示重置门和更新门。

在多步预测中，输入一个序列，输出一个序列，通常会使用编码器-解码器模型。

11.3.2　seq2seq 模型

编码器-解码器体系结构用于解决由一个任意长度的输入序列到另一个任意长度的输出序列的变换问题，即编码过程将整个输入序列编码成一个向量，解码过程通过最大化预测序列概率，从中解码出整个输出序列。编码和解码的过程通常都使用 RNN 实现。

seq2seq 模型属于编码器-解码器体系结构的一种，可以将其分成以下部分。

（1）编码器，对输入序列进行编码。

（2）编码器嵌入向量，整个输入序列的最终嵌入。

（3）解码器，将嵌入向量解码为输出序列。

编码器负责将输入序列压缩成指定长度的向量，这个向量可以看成是输入序列的语义，该过程称为编码，如图 11.14 所示，获取语义向量最简单的方式就是直接将最后一个输入的隐藏状态作为

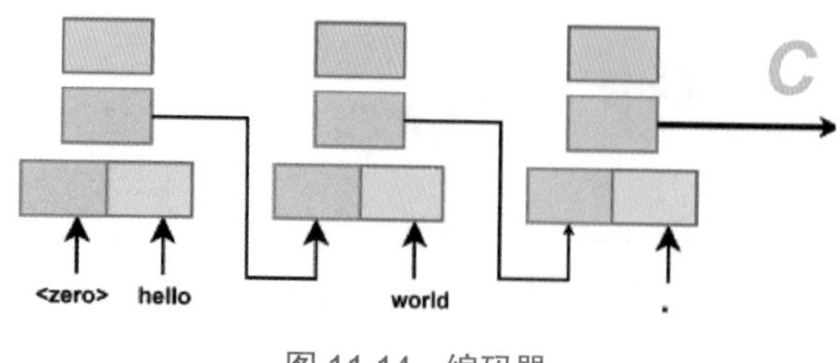

图 11.14 编码器

语义向量，也可以对最后一个隐藏状态做一个变换得到语义向量，还可以将输入序列的所有隐藏状态做一个变换得到语义变量。

而解码器则负责根据语义向量生成输出序列，这个过程也称为解码。编码器-解码器体系结构如图 11.15 所示。将编码器得到的语义变量作为初始状态输入解码器的 RNN 中，得到输出序列。可以看到上一时刻的输出会作为当前时刻的输入，而且语义向量只作为初始状态参与运算，后面的运算都与语义向量无关。

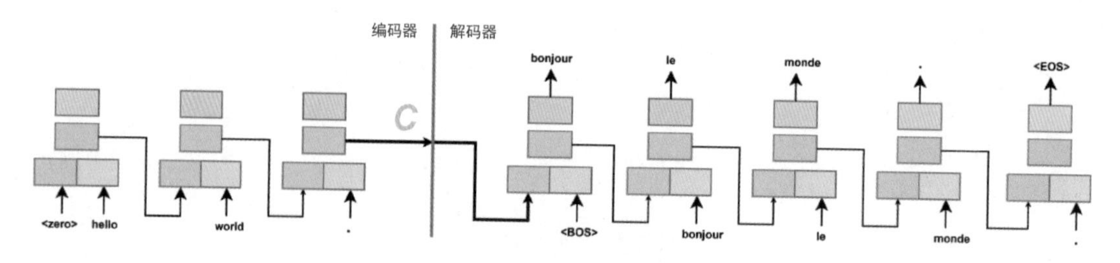

图 11.15 编码器-解码器体系结构

DCRNN 模型的编码器和解码器都是具有 DCGRU 结构的 RNN。在 DCRNN 模型训练过程中，将历史时间序列输入编码器，并使用其最终状态初始化解码器。解码器会根据先前的观测值生成预测值。

seq2seq 模型在训练和预测时存在差异，在训练过程中，该模型将已有的正确序列输入进行预测，而在预测过程中，该模型则根据上一轮生成的结果进行预测，如果上一轮生成的结果错误，那么后续接连错误的概率就会很大。为了避免出现这样的问题，计划采样设定了一个概率 p，使得模型在训练的过程中，使用训练样本进行预测的概率为 p，使用上一轮生成的结果进行预测的概率为 $1-p$。在 DCRNN 模型的训练策略中，设定的概率会随着模型训练轮数的增加不断降低，直到其为 0，这样就使得模型能很好地适应预测过程的模式。计划采样如图 11.16 所示。

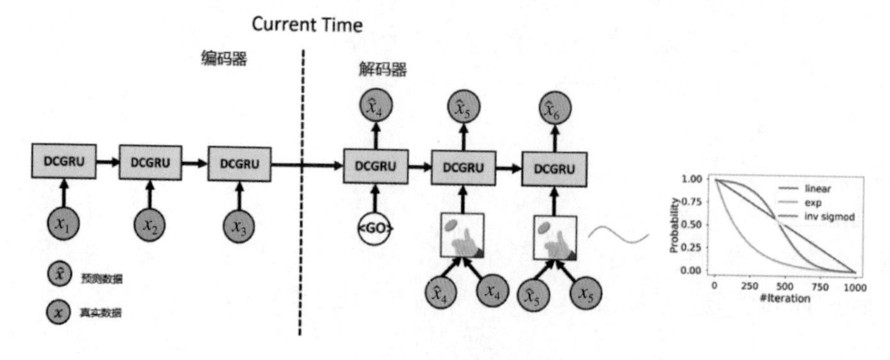

图 11.16 计划采样

11.4　项目案例：基于 DCRNN 实现交通流量预测

交通流量预测不仅要考虑时间因素，还要考虑空间因素。一方面，交通时间序列显示出强大的时间动态，高峰时间或交通事故等反复发生的事件可能会导致模型不稳定，从而难以长期预测。另一方面，路网上的传感器包含复杂而独特的空间依赖性。

11.4.1　解决方案

交通时空依赖性如图 11.17 所示。虽然 road1 和 road3 在欧几里得空间中相近，但它们却表现出截然不同的行为，而且未来的交通速度受下游交通的影响要大于上游交通的影响，这意味着交通中的空间结构是非欧几里得和定向的。

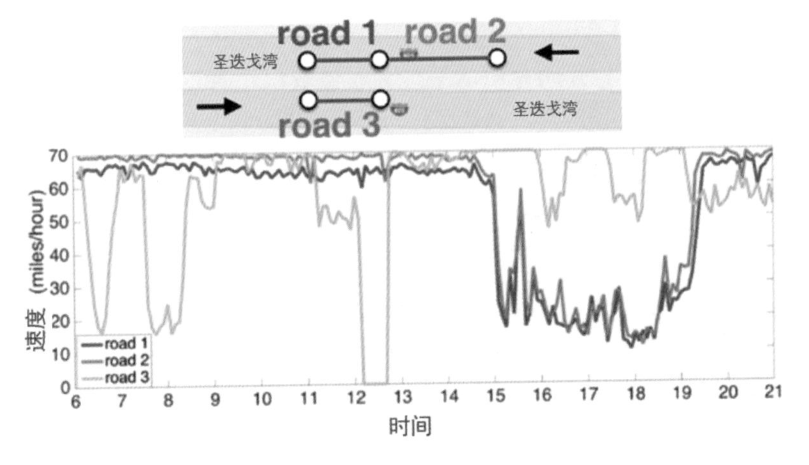

图 11.17　交通时空依赖性

本次实验使用有向图表示传感器之间的成对空间关系。该有向图的节点是传感器，边缘权重表示通过路网距离测量的传感器对之间的接近度。

实验结果如图 11.18 所示。

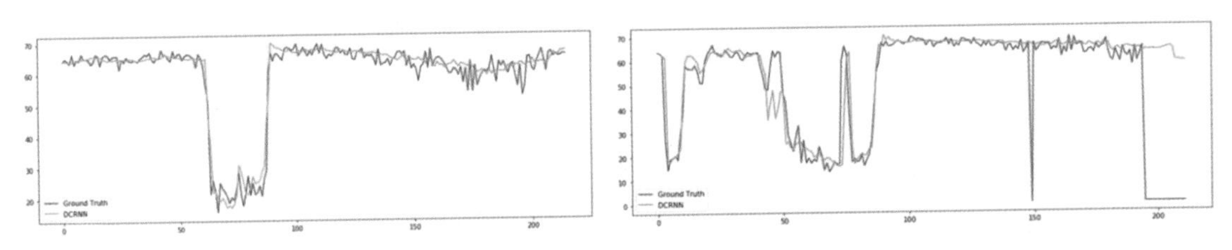

图 11.18　实验结果

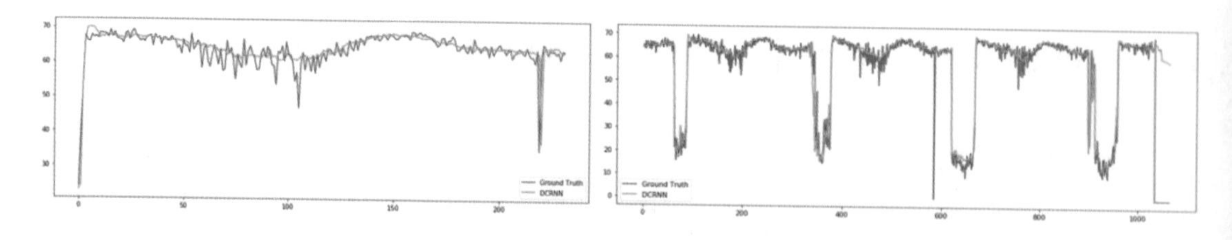

图 11.18　实验结果（续）

交通预测的目标是根据路网上 N 个相关传感器先前观测到的交通流量来预测未来的交通流量。将传感器网络表示为加权有向图 $G=(v;\varepsilon;\boldsymbol{W})$，其中 v 表示一组节点，$|v|=N$，ε 表示一组边，$\boldsymbol{W}\in\mathbb{R}^{N\times N}$ 表示节点接近度（如其路网距离的函数）的加权邻接矩阵。将在 G 上观察到的流量表示为图形信号 $\boldsymbol{X}\in\mathbb{R}^{N\times P}$，其中 P 表示每个节点的特征数（如速度、体积）。令 $\boldsymbol{X}^{(t)}$ 表示在 t 时刻观察到的图形信号，流量预测问题旨在学习一个函数 $h(\cdot)$，如下式所示。

$$\left[\boldsymbol{X}^{(t-T'+1)},\cdots,\boldsymbol{X}^{(t)};G\right]\xrightarrow{h(\cdot)}\left[\boldsymbol{X}^{(t+1)},\cdots,\boldsymbol{X}^{(t+T)}\right] \tag{11.8}$$

DCRNN 结构如图 11.19 所示。DCRNN 融合了扩散卷积、seq2seq 学习框架和计划采样，实现了对时间、空间依赖性信息的抽取。

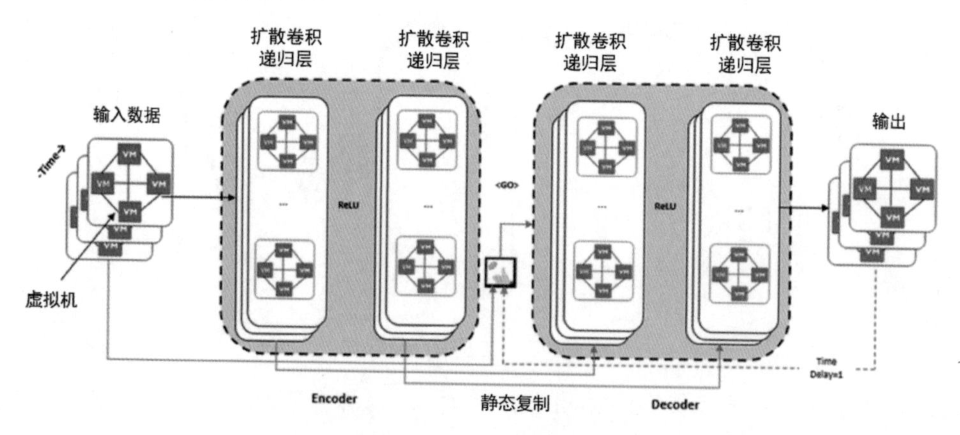

图 11.19　DCRNN 结构

11.4.2　项目案例实现

1. 实验目标

（1）理解 DCRNN 的基本结构及信息传输过程。

（2）能够使用 PyTorch 构建并训练 DCRNN 模型。

（3）能够根据时间特征和空间特征对交通流量进行预测。

2. 实验环境

实验环境如表 11.1 所示。

表 11.1　实验环境

硬　件	软　件	资　源
PC/笔记本电脑 显卡（模型训练需要，推荐 NVIDIA 显卡，显存 4G 以上）	Ubuntu 18.04/Windows 10 Python 3.7.3 Torch 1.9.1 Torch 1.9.1+cu111（模型训练需要 GPU 版本）	交通流量数据集

3. 实验步骤

使用 PyTorch 构建 DCRNN 模型，并定义神经网络优化目标函数、模型性能评估方法。在交通流量数据集上对模型进行优化和评估，实现交通流量的预测。

本次实验目录结构如图 11.20 所示。

图 11.20　本次实验目录结构

实验步骤如下所示。

1）数据处理

读取数据并对其进行可视化，将交通流量数据集处理成使用 PyTorch 训练所需要的格式。交通流量数据集来源于美国加利福尼亚州洛杉矶市，数据每 30 秒实时收集一次，收集所得数据被聚合成 5 分钟间隔，这意味着每小时的交通流量数据中有 12 个点。

数据包含的特征有带时间戳的车流量、平均车速、平均车道占有率。

本次实验的交通流量数据集信息如表 11.2 所示。

表 11.2　本次实验的交通流量数据集信息

数　据　集	描　述	数据周期
交通流量数据集	29 条道路 3848 个传感器的检测数据	2018/1/1-2018/2/28

根据实验使用过去一小时的交通流量数据来预测下一小时的交通流量数据情况。交通流量数据集中的缺失数值通过线性插值来填充，并通过标准归一化方法将其标准化，使模型训练过程更加稳定。

（1）数据加载与可视化。

```
#读取数据并对其进行可视化
import numpy as np
importmatplotlib.pyplotasplt
flow_data=np.load("./data/PEMS04/pems04.npz")
print([keyforkeyinflow_data.keys()])
#先调整维度顺序，将节点个数放到前面，然后只取第 1 个特征，最后增加一个维度
flow_data=flow_data['data']
print(flow_data.shape)
```

运行代码，结果如下所示。

```
['data']
(16992,307,3)
node_id=1
plt.plot(flow_data[:24*12,node_id,0])
plt.savefig("node_{:3d}_1.png".format(node_id))
plt.plot(flow_data[:24*12,node_id,1])
plt.savefig("node_{:3d}_2.png".format(node_id))
plt.plot(flow_data[:24*12,node_id,2])
plt.savefig("node_{:3d}_3.png".format(node_id))
```

数据可视化如图 11.21 所示。

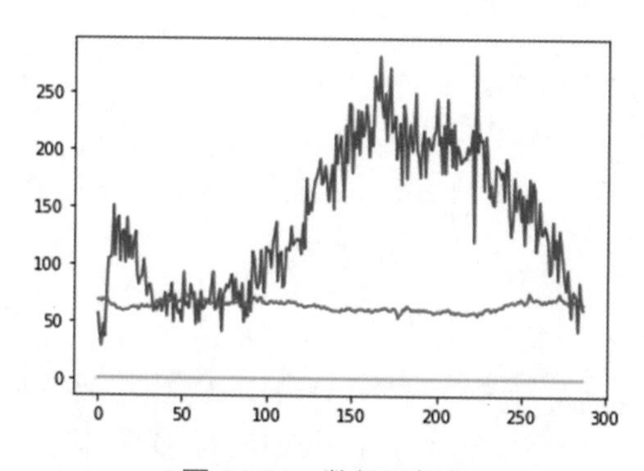

图 11.21　数据可视化

后 2 个特征与交通流量相关性很小，因此只使用第 1 个特征作为本次实验的数据。

```
#数据获取函数
defget_flow(file_name,node_id):
flow_data=np.load(file_name)
#先调整维度顺序，将节点个数放到前面，然后只取第 1 个特征，最后增加一个维度
flow_data=flow_data['data'][:,node_id,0]
dmin,dmax=flow_data.min(),flow_data.max()
flow_data=(flow_data-dmin)/(dmax-dmin)
return flow_data
```

```
#获取数据
traffic_data=get_flow("./data/PEMS04/pems04.npz",node_id)
print(traffic_data.shape)
```

运行代码，结果如下所示。

```
(16992,)
```

（2）数据划分。

在 scripts/generate_training_data.py 中编写如下代码。

```
#生成"图_seq2seq"所需要的数据
def generate_graph_seq2seq_io_data(
        df, x_offsets, y_offsets, add_time_in_day=True, add_day_in_week=False,
scaler=None
):
    """
    生成样本
    :param df:
    :param x_offsets:
    :param y_offsets:
    :param add_time_in_day:
    :param add_day_in_week:
    :param scaler:
    :return:
    #x: (epoch_size, input_length, num_nodes, input_dim)
    #y: (epoch_size, output_length, num_nodes, output_dim)
    """
    num_samples, num_nodes = df.shape
    data = np.expand_dims(df.values, axis=-1)
    data_list = [data]
    if add_time_in_day:
        time_ind = (df.index.values - df.index.values.astype("datetime64[D]"))
/ np.timedelta64(1, "D")
        time_in_day = np.tile(time_ind, [1, num_nodes, 1]).transpose((2, 1, 0))
        data_list.append(time_in_day)
    if add_day_in_week:
        day_in_week = np.zeros(shape=(num_samples, num_nodes, 7))
        day_in_week[np.arange(num_samples), :, df.index.dayofweek] = 1
        data_list.append(day_in_week)
    data = np.concatenate(data_list, axis=-1)
    #epoch_len = num_samples + min(x_offsets) - max(y_offsets)
    x, y = [], []
    #t is the index of the last observation
    min_t = abs(min(x_offsets))
    max_t = abs(num_samples - abs(max(y_offsets)))  #Exclusive
```

```
        for t in range(min_t, max_t):
            x_t = data[t + x_offsets, ...]
            y_t = data[t + y_offsets, ...]
            x.append(x_t)
            y.append(y_t)
        x = np.stack(x, axis=0)
        y = np.stack(y, axis=0)
        return x, y
#拆分数据集
def generate_train_val_test(args):
    df = pd.read_hdf(args.traffic_df_filename)
    #0 是最近观察到的样本
    x_offsets = np.sort(
        #np.concatenate(([-week_size + 1, -day_size + 1], np.arange(-11, 1, 1)))
        np.concatenate((np.arange(-11, 1, 1),))
    )
    #预测下一个小时
    y_offsets = np.sort(np.arange(1, 13, 1))
    #x: (num_samples, input_length, num_nodes, input_dim)
    #y: (num_samples, output_length, num_nodes, output_dim)
    x, y = generate_graph_seq2seq_io_data(
        df,
        x_offsets=x_offsets,
        y_offsets=y_offsets,
        add_time_in_day=True,
        add_day_in_week=False,
    )
    print("x shape: ", x.shape, ", y shape: ", y.shape)
    #将数据保存为 npz
    #num_test = 6831，使用最后的 6831 个示例作为测试
    #其余部分：7/8 用于训练，1/8 用于验证
    num_samples = x.shape[0]
    num_test = round(num_samples * 0.2)
    num_train = round(num_samples * 0.7)
    num_val = num_samples - num_test - num_train
    #train
    x_train, y_train = x[:num_train], y[:num_train]
    #val
    x_val, y_val = (
        x[num_train: num_train + num_val],
        y[num_train: num_train + num_val],
    )
    #test
    x_test, y_test = x[-num_test:], y[-num_test:]
```

```
    for cat in ["train", "val", "test"]:
        _x, _y = locals()["x_" + cat], locals()["y_" + cat]
        print(cat, "x: ", _x.shape, "y:", _y.shape)
        np.savez_compressed(
            os.path.join(args.output_dir, "%s.npz" % cat),
            x=_x,
            y=_y,
            x_offsets=x_offsets.reshape(list(x_offsets.shape) + [1]),
            y_offsets=y_offsets.reshape(list(y_offsets.shape) + [1]),
        )
def main(args):
    print("正在生成训练数据")
    generate_train_val_test(args)
```

2）模型构建

（1）在 model/dcrnn_cell.py 中编写如下代码，定义模型构成单元。

```
#层参数
class LayerParams:
    def __init__(self, rnn_network: torch.nn.Module, layer_type: str):
        self._rnn_network = rnn_network #RNN 模型
        self._params_dict = {} #参数字典
        self._biases_dict = {} #阈值字典
        self._type = layer_type #层类型
    #获取权重参数
    def get_weights(self, shape):
        if shape not in self._params_dict:
            nn_param = torch.nn.Parameter(torch.empty(*shape, device=device))
            #初始化函数，公式推导是从"方差一致性"出发，初始化的分布有均匀分布和正态分布
            torch.nn.init.xavier_normal_(nn_param)
            self._params_dict[shape] = nn_param
            self._rnn_network.register_parameter('{}_weight_{}'.format(self._
type, str(shape)),
                                                 nn_param)
        return self._params_dict[shape]
    #获取阈值
    def get_biases(self, length, bias_start=0.0):
        if length not in self._biases_dict:
            biases = torch.nn.Parameter(torch.empty(length, device=device))
            #使用常量初始化
            torch.nn.init.constant_(biases, bias_start)
            self._biases_dict[length] = biases
            self._rnn_network.register_parameter('{}_biases_{}'.format(self._
type, str(length)),
                                                 biases)
```

```
            return self._biases_dict[length]
    #GRU
    class DCGRUCell(torch.nn.Module):
        def __init__(self, num_units, adj_mx, max_diffusion_step, num_nodes,
nonlinearity='tanh',
                     filter_type="laplacian", use_gc_for_ru=True):
            """
            :param num_units:
            :param adj_mx:
            :param max_diffusion_step:
            :param num_nodes:
            :param nonlinearity:
            :param filter_type: "laplacian", "random_walk", "dual_random_walk".
            :param use_gc_for_ru: 是否使用图卷积计算重置门和更新门
            """
            super().__init__()
            #定义激活函数为tanh或者ReLU
            self._activation = torch.tanh if nonlinearity == 'tanh' else torch.
relu
            #参数初始化
            self._num_nodes = num_nodes
            self._num_units = num_units
            self._max_diffusion_step = max_diffusion_step
            self._supports = []
            self._use_gc_for_ru = use_gc_for_ru
            supports = []

            supports.append(utils.calculate_random_walk_matrix(adj_mx).T)
#构造过滤器 -> 论文中的双向随机扩散公式
            supports.append(utils.calculate_random_walk_matrix(adj_mx.T).T)
            for support in supports:
                self._support.append(self._build_sparse_matrix(support))
            self._fc_params = LayerParams(self, 'fc')
            self._gconv_params = LayerParams(self, 'gconv')
        @staticmethod
        def _build_sparse_matrix(L):
            L = L.tocoo()#转换成稀疏矩阵的形式(位置, 值)
            indices = np.column_stack((L.row, L.col))#合并行索引和列索引位置
            #确保行优先排序等于 torch.sparse.sparse_reorder(L)
            #先根据列索引进行排序，之后根据行索引进行排序
            indices = indices[np.lexsort((indices[:, 0], indices[:, 1]))]
            #将数据转换为Torch的稀疏矩阵表示
            L = torch.sparse_coo_tensor(indices.T, L.data, L.shape, device=device)
            return L
        def forward(self, inputs, hx):
```

```
        """图卷积的 GRU 输入和普通 GRU 一样，数据和前一层的隐藏状态
        :param inputs: (B, num_nodes * input_dim)
        :param hx: (B, num_nodes * rnn_units)
        :return
        - Output: A `2-D`张量 `(B, num_nodes * rnn_units)`.
        """
        #输出一个节点数×2 的尺寸的数据->这里是对 GRU 中的重置门和更新门一起计算
        output_size = 2 * self._num_units
        if self._use_gc_for_ru:
            fn = self._gconv
        else:
            fn = self._fc
        #根据上面选定的 fn 进行计算，得到第一步的值
        value = torch.sigmoid(fn(inputs, hx, output_size, bias_start=1.0))
        #将值重整为(B, N, 2 * input_feature)
        value = torch.reshape(value, (-1, self._num_nodes, output_size))
        #在特征维上进行分割
        r, u = torch.split(tensor=value, split_size_or_sections=self._num_units,
dim=-1)
        #调整 r 和 u 的形状
        r = torch.reshape(r, (-1, self._num_nodes * self._num_units))
        u = torch.reshape(u, (-1, self._num_nodes * self._num_units))
        #计算 c
        c = self._gconv(inputs, r * hx, self._num_units)
        #若有激活函数则使用
        if self._activation is not None:
            c = self._activation(c)
        #计算本次状态
        new_state = u * hx + (1.0 - u) * c
        return new_state
    @staticmethod
    def _concat(x, x_):
        x_ = x_.unsqueeze(0)
        return torch.cat([x, x_], dim=0)
    #普通 GRU 的计算结果
    def _fc(self, inputs, state, output_size, bias_start=0.0):
        batch_size = inputs.shape[0]
        inputs = torch.reshape(inputs, (batch_size * self._num_nodes, -1))
#把特征维单列出来
        state = torch.reshape(state, (batch_size * self._num_nodes, -1)) #同上
        inputs_and_state = torch.cat([inputs, state], dim=-1)      #将两者在特征
维上合并
        input_size = inputs_and_state.shape[-1]          #获取特征维的维度
        weights = self._fc_params.get_weight((input_size, output_size))  #获取
一个权重
```

```
            value = torch.sigmoid(torch.matmul(inputs_and_state, weights))   #权重
先相乘再过激活函数
            biases = self._fc_params.get_biases(output_size, bias_start) #获取偏置
            value += biases
                                                                    #value + biases
            return value
                                                                    #返回结果
        #扩散卷积的计算结果
        def _gconv(self, inputs, state, output_size, bias_start=0.0):
            #调整输入和隐藏状态 (batch_size, num_nodes, input_dim/state_dim)
            batch_size = inputs.shape[0]             #查看批次
            #重整inputs的维度，将剩下的维度全部划给特征
            inputs = torch.reshape(inputs, (batch_size, self._num_nodes, -1))
            state  =  torch.reshape(state,  (batch_size,  self._num_nodes,  -1))
#state也一样
            #将两者的特征维连接
            inputs_and_state = torch.cat([inputs, state], dim=2)
            #获取特征数
            input_size = inputs_and_state.size(2)
            #初始x
            x = inputs_and_state
            #转置，(B, N, total_arg_size) -> (N, total_arg_size, B)
            x0 = x.permute(1, 2, 0)
            #变换->(N, total_arg_size, B) -> (N, total_arg_size * B)
            x0 = torch.reshape(x0, shape=[self._num_nodes, input_size * batch_
size])
            #扩张维度(1, N, total_arg_size * B)
            x = torch.unsqueeze(x0, 0)
            #扩散步数
            if self._max_diffusion_step == 0:
                pass
            else:
                for support in self._support:#使用扩散矩阵进行计算
                    x1 = torch.sparse.mm(support, x0) #稀疏矩阵乘法
                    x = self._concat(x, x1)#连接(1, N, total_arg_size * B)
                    for k in range(2, self._max_diffusion_step + 1): #开始扩散计算
                        #计算高阶的(D^{-1}W)^K
                        x2 = 2 * torch.sparse.mm(support, x1) - x0
                        #将结果继续拼接到x后面
                        x = self._concat(x, x2)
                        #迭代需要
                        x1, x0 = x2, x1
            #总共有多少个矩阵
            num_matrices = len(self._support) * self._max_diffusion_step + 1
            #x->(num_matrices, N, features, batch_size)
            x = torch.reshape(x, shape=[num_matrices, self._num_nodes, input_size,
batch_size])
```

```
        #x->(batch_size, N, features, num_matrices)
        x = x.permute(3, 1, 2, 0)
        #x->(batch_size * N, features * num_matrices)
        x = torch.reshape(x, shape=[batch_size * self._num_nodes, input_size
* num_matrices])
        #weight -> (features * num_matrices, output_features)
        weights = self._gconv_params.get_weight((input_size * num_matrices,
output_size))
        #(batch_size * N, features * num_matrices) * (features * matrices,
output_features)
        #= (batch_size * N, out_features)
        x = torch.matmul(x, weights)
        #biases
        biases = self._gconv_params.get_biases(output_size, bias_start)
        #result + biases
        x += biases
        #(batch_size, node_number * output_size)
        return torch.reshape(x, [batch_size, self._num_nodes * output_size])
```

（2）在 model/dcrnn_model.py 中编写如下代码，构建 DCRNN 模型。

```
def count_parameters(model):
    return sum(p.numel() for p in model.parameters() if p.requires_grad)


class Seq2SeqAttrs:
    def __init__(self, adj_mx, **model_kwargs):
        self.adj_mx = adj_mx
        self.max_diffusion_step = int(model_kwargs.get('max_diffusion_step', 2))
        self.cl_decay_steps = int(model_kwargs.get('cl_decay_steps', 1000))
        self.filter_type = model_kwargs.get('filter_type', 'laplacian')
        self.num_nodes = int(model_kwargs.get('num_nodes', 1))
        self.num_rnn_layers = int(model_kwargs.get('num_rnn_layers', 1))
        self.rnn_units = int(model_kwargs.get('rnn_units'))
        self.hidden_state_size = self.num_nodes * self.rnn_units
class EncoderModel(nn.Module, Seq2SeqAttrs):
    def __init__(self, adj_mx, **model_kwargs):
        nn.Module.__init__(self)
        Seq2SeqAttrs.__init__(self, adj_mx, **model_kwargs)
        self.input_dim = int(model_kwargs.get('input_dim', 1))
        self.seq_len = int(model_kwargs.get('seq_len'))      #for the encoder
        self.dcgru_layers = nn.ModuleList(
            [DCGRUCell(self.rnn_units, adj_mx, self.max_diffusion_step, self.
num_nodes,
                       filter_type=self.filter_type) for _ in range(self.num_rnn_
layers)])
    def forward(self, inputs, hidden_state=None):
```

```
        batch_size, _ = inputs.size()
        if hidden_state is None:
            hidden_state = torch.zeros((self.num_rnn_layers, batch_size, self.
hidden_state_size),
                                       device=device)
        hidden_states = []
        output = inputs
        for layer_num, dcgru_layer in enumerate(self.dcgru_layers):
            next_hidden_state = dcgru_layer(output, hidden_state[layer_num])
            hidden_states.append(next_hidden_state)
            output = next_hidden_state
        return output, torch.stack(hidden_states)  #runs in O(num_layers) so
not too slow

class DecoderModel(nn.Module, Seq2SeqAttrs):
    def __init__(self, adj_mx, **model_kwargs):
        #super().__init__(is_training, adj_mx, **model_kwargs)
        nn.Module.__init__(self)
        Seq2SeqAttrs.__init__(self, adj_mx, **model_kwargs)
        self.output_dim = int(model_kwargs.get('output_dim', 1))
        self.horizon = int(model_kwargs.get('horizon', 1))  #for the decoder
        self.projection_layer = nn.Linear(self.rnn_units, self.output_dim)
        self.dcgru_layers = nn.ModuleList(
            [DCGRUCell(self.rnn_units, adj_mx, self.max_diffusion_step, self.
num_nodes,
                       filter_type=self.filter_type) for _ in range(self.num_
rnn_layers)])
    def forward(self, inputs, hidden_state=None):
        hidden_states = []
        output = inputs
        for layer_num, dcgru_layer in enumerate(self.dcgru_layers):
            next_hidden_state = dcgru_layer(output, hidden_state[layer_num])
            hidden_states.append(next_hidden_state)
            output = next_hidden_state
        projected = self.projection_layer(output.view(-1, self.rnn_units))
        output = projected.view(-1, self.num_nodes * self.output_dim)
        return output, torch.stack(hidden_states)

class DCRNNModel(nn.Module, Seq2SeqAttrs):
    def __init__(self, adj_mx, logger, **model_kwargs):
        super().__init__()
        Seq2SeqAttrs.__init__(self, adj_mx, **model_kwargs)
        self.encoder_model = EncoderModel(adj_mx, **model_kwargs)
        self.decoder_model = DecoderModel(adj_mx, **model_kwargs)
        self.cl_decay_steps = int(model_kwargs.get('cl_decay_steps', 1000))
```

```
        self.use_curriculum_learning = bool(model_kwargs.get('use_curriculum_
learning', False))
        self._logger = logger
    def _compute_sampling_threshold(self, batches_seen):
        return self.cl_decay_steps / (
                self.cl_decay_steps + np.exp(batches_seen / self.cl_decay_steps))
    def encoder(self, inputs):
        """
        编码
        """
        encoder_hidden_state = None
        for t in range(self.encoder_model.seq_len):
            _, encoder_hidden_state = self.encoder_model(inputs[t], encoder_
hidden_state)
        return encoder_hidden_state
    def decoder(self, encoder_hidden_state, labels=None, batches_seen=None):
        """
        解码
        """
        batch_size = encoder_hidden_state.size(1)
        go_symbol = torch.zeros((batch_size, self.num_nodes * self.decoder_
model.output_dim),
                                device=device)
        decoder_hidden_state = encoder_hidden_state
        decoder_input = go_symbol
        outputs = []
        for t in range(self.decoder_model.horizon):
            decoder_output, decoder_hidden_state = self.decoder_model(decoder_
input,
                                                                      decoder_hidden_state)
            decoder_input = decoder_output
            outputs.append(decoder_output)
            if self.training and self.use_curriculum_learning:
                c = np.random.uniform(0, 1)
                if c < self._compute_sampling_threshold(batches_seen):
                    decoder_input = labels[t]
        outputs = torch.stack(outputs)
        return outputs
    def forward(self, inputs, labels=None, batches_seen=None):
        """seq2seq forward pass
        """
        encoder_hidden_state = self.encoder(inputs)
        self._logger.debug("Encoder complete, starting decoder")
        outputs = self.decoder(encoder_hidden_state, labels, batches_seen=
batches_seen)
```

```
        self._logger.debug("Decoder complete")
        if batches_seen == 0:
            self._logger.info(
                "Total trainable parameters {}".format(count_parameters(self))
            )
        return outputs
```

3）模型训练

```
#构建模型对象
model=My_LSTM(input_size,hidden_size,layer_size,output_size,bidirectional=
False).to(device)
#定义损失函数为MSE
loss_func=nn.MSELoss().to(device)
#使用自适应梯度下降进行优化
optimizer=torch.optim.Adam(list(model.parameters()),lr=0.0001)
#训练100轮
train_log=[]
test_log=[]
#开始时间
timestart=time.time()
trained_batches=0  #记录有多少个batch
forepochinrange(100):
#每一个batch的开始时间
batchstart=time.time()
forx,labelintrain_loader:
#把训练输入放到device中
x=x.float().to(device)#(batch_size,seq_len,hidden_size)
label=label.float().to(device)
#得到预测结果
out=model(x,device)
#去掉多余维度
prediction=out.squeeze(-1)#(batch)
#计算损失
loss=loss_func(prediction,label)
#梯度清零
optimizer.zero_grad()
#反向传播
loss.backward()
#更新参数
optimizer.step()
trained_batches+=1
train_log.append(loss.detach().cpu().numpy().tolist());
#测试
X_test=X_test.float().to(device)
```

```
    pred=model(X_test,device)
    pred=pred.squeeze(-1)
    pred=pred.detach().cpu().numpy()
    #计算测试指标
    rmse_score=math.sqrt(mse(y_test,pred))
    mae_score=mae(y_test,pred)
    mape_score=mape(y_test,pred)
    test_log.append([rmse_score,mae_score,mape_score])
    train_batch_time=(time.time()-batchstart)
    print('epoch%d,train_loss%.6f,rmse_loss%.6f,mae_loss%.6f,mape_loss%.6f,Time
used%.6fs'
    %(epoch,loss,rmse_score,mae_score,mape_score,train_batch_time))
    #计算总时间
    timesum=(time.time()-timestart)
    print('总时长%fs'%(timesum))
```

在 model/dcrnn_supervisor.py 中添加如下_train()函数。

```
    def _train(self, base_lr,
                steps, patience=50, epochs=100, lr_decay_ratio=0.1, log_every=1,
save_model=1,
                test_every_n_epochs=10, epsilon=1e-8, **kwargs):
            #学习率
            min_val_loss = float('inf')
            wait = 0
            optimizer = torch.optim.Adam(self.dcrnn_model.parameters(), lr=base_lr,
eps=epsilon)
            lr_scheduler = torch.optim.lr_scheduler.MultiStepLR(optimizer, milestones=
steps,
                                                        gamma=lr_decay_ratio)
            self._logger.info('Start training ...')
            #获取批次
            num_batches = self._data['train_loader'].num_batch
            self._logger.info("num_batches:{}".format(num_batches))
            batches_seen = num_batches * self._epoch_num
            for epoch_num in range(self._epoch_num, epochs):
                self.dcrnn_model = self.dcrnn_model.train()
                train_iterator = self._data['train_loader'].get_iterator()
                losses = []
                start_time = time.time()
                for _, (x, y) in enumerate(train_iterator):
                    optimizer.zero_grad()
                    x, y = self._prepare_data(x, y)
                    output = self.dcrnn_model(x, y, batches_seen)
                    if batches_seen == 0:
                        #定义模型优化器
```

```
                    optimizer = torch.optim.Adam(self.dcrnn_model.parameters(),
lr=base_lr, eps=epsilon)
                loss = self._compute_loss(y, output)
                self._logger.debug(loss.item())
                losses.append(loss.item())
                batches_seen += 1
                loss.backward()
                #梯度裁剪
                torch.nn.utils.clip_grad_norm_(self.dcrnn_model.parameters(),
self.max_grad_norm)
                optimizer.step()
            self._logger.info("epoch complete")
            lr_scheduler.step()
            self._logger.info("evaluating now!")
            val_loss, _ = self.evaluate(dataset='val', batches_seen=batches_seen)
            end_time = time.time()
            self._writer.add_scalar('training loss',
                                    np.mean(losses),
                                    batches_seen)
            if (epoch_num % log_every) == log_every - 1:
                message = 'Epoch [{}/{}] ({}) train_mae: {:.4f}, val_mae:
{:.4f}, lr: {:.6f}, ' \
                          '{:.1f}s'.format(epoch_num, epochs, batches_seen,
                                          np.mean(losses), val_loss, lr_scheduler.
get_lr()[0],
                                          (end_time - start_time))
                self._logger.info(message)
            if (epoch_num % test_every_n_epochs) == test_every_n_epochs - 1:
                test_loss, _ = self.evaluate(dataset='test', batches_seen=
batches_seen)
                message = 'Epoch [{}/{}] ({}) train_mae: {:.4f}, test_mae:
{:.4f},  lr: {:.6f}, ' \
                          '{:.1f}s'.format(epoch_num, epochs, batches_seen,
                                          np.mean(losses), test_loss, lr_scheduler.
get_lr()[0],
                                          (end_time - start_time))
                self._logger.info(message)
            if val_loss < min_val_loss:
                wait = 0
                if save_model:
                    model_file_name = self.save_model(epoch_num)
                    self._logger.info(
                        'Val loss decrease from {:.4f} to {:.4f}, '
                        'saving to {}'.format(min_val_loss, val_loss, model_file_
name))
                min_val_loss = val_loss
```

```
            elif val_loss >= min_val_loss:
                wait += 1
                if wait == patience:
                    self._logger.warning('Early stopping at epoch: %d' % epoch_num)
                    break
```

在实验根目录的 train.py 中编写如下代码。

DL-11-v-002

```
def main(args):
    with open(args.config_filename) as f:
        supervisor_config = yaml.load(f)
        graph_pkl_filename = supervisor_config['data'].get('graph_pkl_filename')
        sensor_ids, sensor_id_to_ind, adj_mx = load_graph_data(graph_pkl_
filename)
        supervisor = DCRNNSupervisor(adj_mx=adj_mx, **supervisor_config)
        supervisor.train()
```

运行代码，部分结果如下所示。

```
epoch0,train_loss0.056167,rmse_loss0.207551,mae_loss0.166151,mape_loss79.55
5804,Timeused1.066366s
epoch1,train_loss0.015739,rmse_loss0.170492,mae_loss0.136641,mape_loss72.00
8056,Timeused0.939470s
epoch2,train_loss0.002371,rmse_loss0.099939,mae_loss0.076771,mape_loss37.05
9781,Timeused0.985172s
epoch3,train_loss0.011185,rmse_loss0.096714,mae_loss0.071534,mape_loss32.38
1203,Timeused0.983521s
…
epoch98,train_loss0.003678,rmse_loss0.064613,mae_loss0.046488,mape_loss15.6
62756,Timeused0.975884s
epoch99,train_loss0.001068,rmse_loss0.061751,mae_loss0.043498,mape_loss15.2
60286,Timeused1.085341s
总时长 100.354749s
```

训练过程可视化结果如图 11.22 所示。

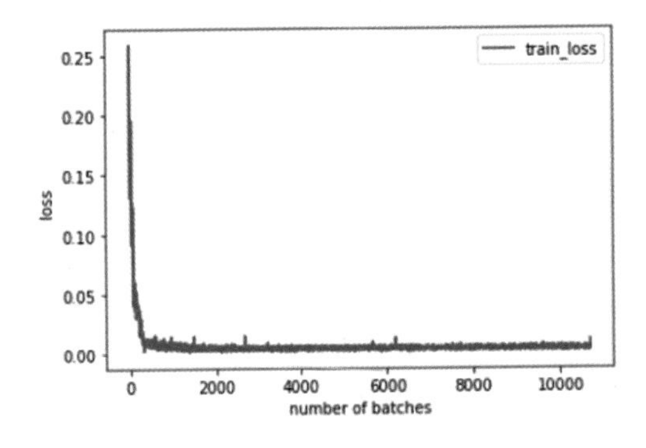

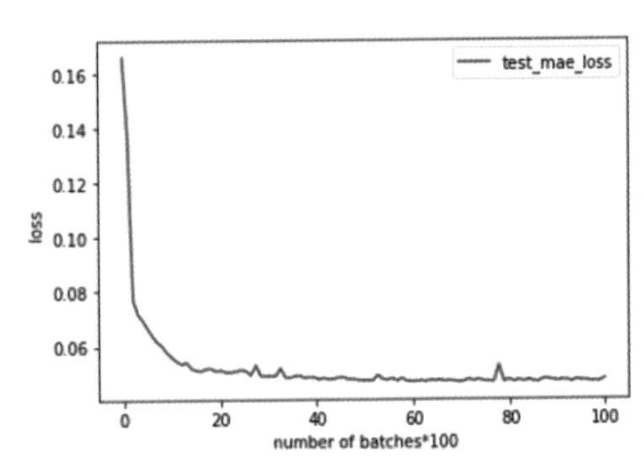

图 11.22　训练过程可视化结果

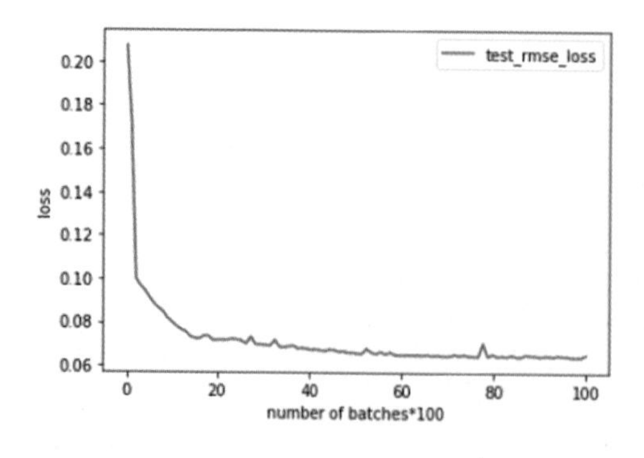

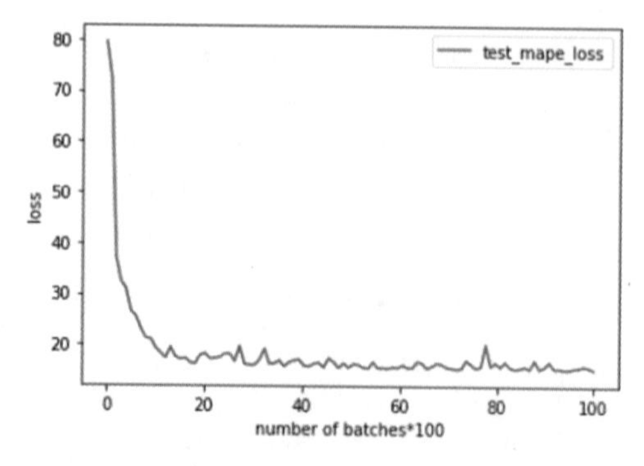

图 11.22 训练过程可视化结果（续）

4）模型使用

在实验根目录的 run_demo.py 中编写如下代码。

```
def run_dcrnn(args):
    with open(args.config_filename) as f:
        supervisor_config = yaml.load(f)
        graph_pkl_filename = supervisor_config['data'].get('graph_pkl_filename')
        sensor_ids, sensor_id_to_ind, adj_mx = load_graph_data(graph_pkl_
filename)
        supervisor = DCRNNSupervisor(adj_mx=adj_mx, **supervisor_config)
        mean_score, outputs = supervisor.evaluate('test')
        np.savez_compressed(args.output_filename, **outputs)
        print("MAE : {}".format(mean_score))
        print('Predictions saved as {}.'.format(args.output_filename))
```

4. 实验小结

DCRNN 模型可能偏向于涉及车辆的交通事故，原因是交通流量数据集由涉及车辆的大多数交通事故组成。然而，特征提取器的训练考虑了不同类型的车辆，包括汽车、卡车和摩托车，但没有考虑存在可见人工干预的行人和骑自行车的人。此外，由于交通流量数据集的限制，没有足够的视频，以及雨、雪、夜间或其他天气条件的影响，可能会导致模型出现预测偏差。

本章总结

- DCRNN 集成扩散卷积、seq2seq 学习框架及计划采样来捕获时间序列之间的时间依赖性和空间依赖性。
- 利用 RNN 可以对图像隐含的语义进行理解。
- 针对训练集中给出的问答结果进行编码，可以作为 RNN 输出结果进行训练。

作业与练习

DL-11-c-001

1．[单选题] 关于扩散过程，以下说法正确的是（　　）。
   A．只在空间上扩散
   B．只在时间上扩散
   C．扩散过程不能通过马尔可夫过程进行收敛
   D．结果是一个概率
2．[多选题] 以下对于扩散卷积的描述正确的是（　　）。
   A．针对非欧几里得空间的卷积运算
   B．使用图卷积进行扩散
   C．目的是对时间依赖性进行建模
   D．得到一个概率矩阵
3．[多选题] seq2seq 模型适用于以下（　　）场景的建模。
   A．翻译
   B．人机对话
   C．文本摘要生成
   D．使用 AlexNet 做图像分类
4．[多选题] seq2seq 模型的优点为（　　）。
   A．输出长度可变
   B．只用于图像、语音、语言等多种不同的场景
   C．训练收敛快
   D．可以通过改进搜索算法提高性能
5．[单选题] 以下对于 seq2seq 模型的描述正确的是（　　）。
   A．seq2seq 模型不能生成无穷长的序列
   B．在每个时间步中，解码器输入的语义向量相同
   C．解码器仍由编码器最后一个时间步的隐藏状态初始化
   D．引入梯度裁剪可以加速模型训练

第 12 章

MTGNN 与交通流量预测

本章目标

- 理解 MTGNN 的网络结构。
- 能够根据应用需求对数据进行处理并实现时空嵌入。
- 理解 MTGNN 模型的基本训练方法。
- 能够使用 PyTorch 的图神经网络库构建并训练 MTGNN 模型。
- 掌握 PyTorch-Lighting 轻量级库的基本使用。

MTGNN（Multi-Task Graph Neural Network，多任务图神经网络）是专门为多元时间序列数据设计的通用图神经网络，通过图形学习模块自动提取变量之间的单向关系，并使用一种新颖的混合跳跃传播层和扩张的起始层来捕获时间序列内的空间依赖性和时间依赖性。

本章包含的项目案例如下。

- 基于 MTGNN 实现交通流量预测。

使用 PyTorch 的图神经网络库构建 MTGNN 模型，并基于 PyTorch-Lighting 轻量级库训练模型以得到一个轻量级模型。

12.1 基于 MTGNN 实现交通流量预测

DCRNN 使用扩散卷积对每个时间步的空间依赖性进行捕获，将这些表示放入时间序列模型 GRU 中，并通过编码器-解码器体系结构对空间组件和时间组件的编码信息进行解码，得到模型预测值。但是，这样的建模方式难以同时且直接地对复杂的局部时空关系建模。

12.1.1 MTGNN 的网络结构

MTGNN 的核心组件为图学习层、图像卷积模块和时间卷积模块。

（1）图学习层，该层可基于数据自适应地表达稀疏图邻接矩阵。

（2）图像卷积模块，该模块可解决变量之间的空间依赖性，但是要事先给定由图学习层计算稀疏图的邻接矩阵。

（3）时间卷积模块，该模块通过改进一维卷积来获取时间模式，既能发现多频率的时间模式，又能处理很长的序列。

所有参数都可以通过梯度下降算法来学习，因此 MTGNN 能够以端到端的方式对多元时间序列数据进行建模并同时学习其内部图形结构。

MTGNN 将时间序列划分成子组，其网络结构如图 12.1 所示。

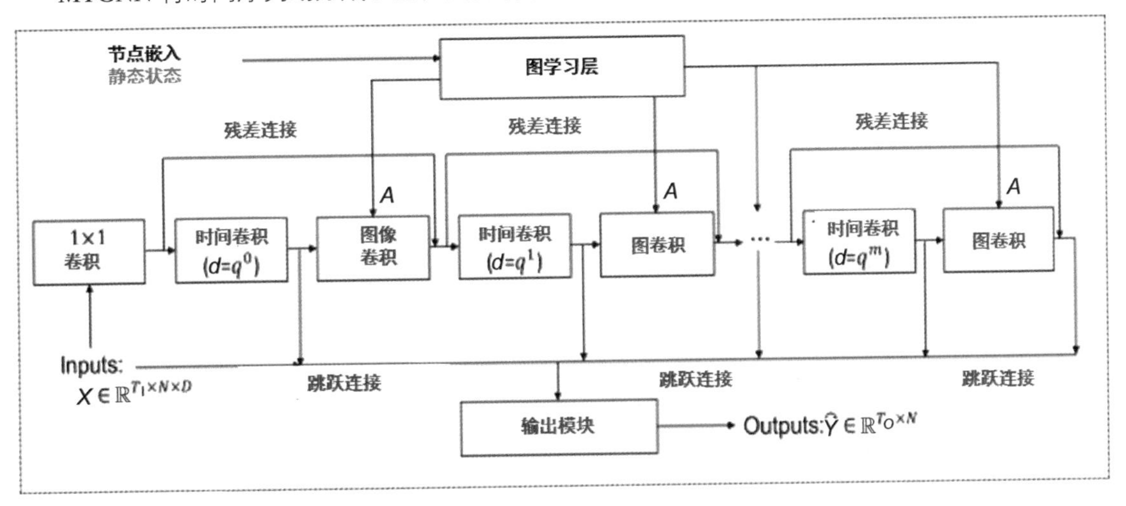

图 12.1　MTGNN 的网络结构

构建 MTGNN 模型时，其网络结构包含一个图学习层、M 个图像卷积模块、M 个时间卷积模块和一个输出模块。

为了学习节点之间的隐藏关联，图学习层会计算稀疏图邻接矩阵，该矩阵随后用作所有图像卷积模块的输入。图像卷积模块与时间卷积模块交错，分别捕获时间序列内的空间依赖性和时间依赖性。为了避免梯度消失的问题，将残余连接从时间卷积模块的输入添加到图像卷积模块的输出。在每个时间卷积模块之后添加跳跃连接层，为了获得最终输出，输出模块将隐藏特征投影到所需的输出尺寸。

12.1.2 MTGNN 时空卷积

MTGNN 时空卷积过程如图 12.2 所示。其中，N、T、D 表示维度。

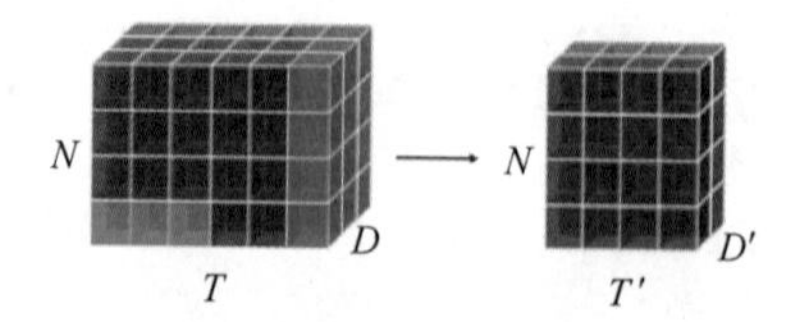

图 12.2　MTGNN 时空卷积过程

其中，红色表示 t 时序卷积，蓝色表示空间卷积，MTGNN 时空卷积过程如下。

$$M_1 = \tanh(\alpha * E_1\theta_1)$$
$$M_2 = \tanh(\alpha * E_2\theta_2)$$
$$A = \mathrm{ReLU}(\tanh(\alpha * M_1M_{T2} - M_2M_{T1}))$$

```
for i=1,2,⋯,N
    idx=argtopk(A[i,:])
    A[i,-idx]=0
```

具体说明如下。

E_1、E_2 表示初始化节点嵌入。

θ_1、θ_2 表示模型参数。

α 表示激活函数的饱和率。

argtopk 表示返回向量中最大值下标。

$A = \mathrm{ReLU}(\tanh(\alpha * M_1M_{T2} - M_2M_{T1}))$ 表示计算稀疏图邻接矩阵的非对称信息，其中使用 ReLU 函数可以正则化稀疏图邻接矩阵的效果，如为正值，那么它的对角元素将为 0。

for 循环中的函数起稀疏图邻接矩阵的作用，以降低后面 GCN 的计算代价。

argtopk 表示选择节点最近的 k 个节点，减少邻居节点的个数，降低计算复杂度。

在交通流量预测问题中，E_1 可以看作源节点嵌入，E_2 可以看作目标节点嵌入。

混合跳跃传播如图 12.3 所示。图像卷积模块旨在将节点的信息与邻居节点的信息融合在一起，以处理图中的空间依赖性。图像卷积模块由两个混合跳跃传播层组成，以分别处理通过每个节点的流入信息和流出信息。通过将两个混合跳跃传播层的输出相加获得净流入信息。

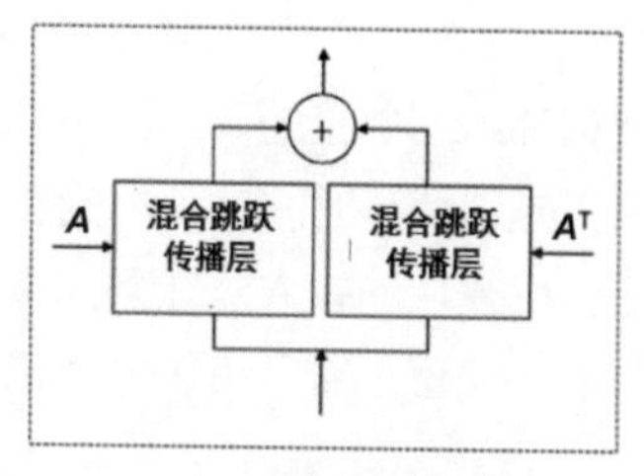

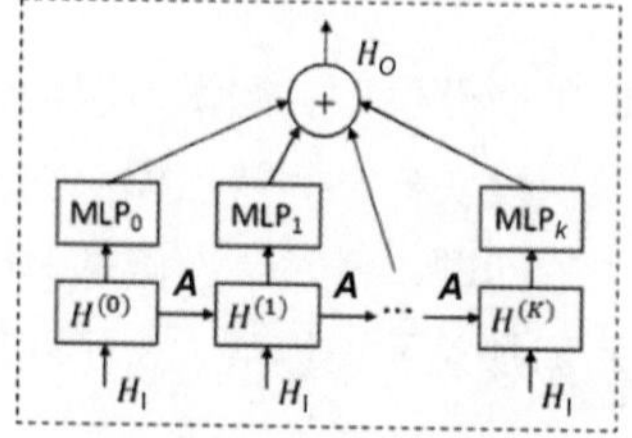

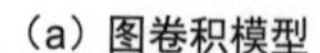
（a）图卷积模型　　（b）混合跳跃传播层

图 12.3　混合跳跃传播

混合跳跃传播层处理信息流在空间上相关的节点，包括信息传播和信息选择。

（1）信息传播中的计算公式如下所示。

$$H^{(k)} = \beta H_I + (1-\beta)\tilde{A}H^{(k-1)} \tag{12.1}$$

其中，$H^{(O)} = H_I$，H_I 表示上一层产生的输入隐藏状态。

（2）信息选择中的计算公式如下所示。

$$H_O = \sum_{k=0}^{K} H^{(k)} W^{(k)} \tag{12.2}$$

其中，K 表示传播的深度，H_O 表示当前层的输出。信息传播通过 K 次卷积运算，计算了 K-hop 的邻居，信息选择则进行信息选择和整合。

12.2 PyTorch-Lightning

PyTorch-Lightning 是 PyTorch 的高级框架，具有可复用性强、易维护、逻辑清晰等优点，可使研发人员编写更少的样板代码对模型进行扩展，同时维护代码的干净和灵活。

12.2.1 安装

使用 pip 或者 conda 安装 PyTorch-Lightning，命令如下所示。

```
pip install pytorch-lightning
conda install pytorch-lightning -c conda-forge
```

12.2.2 基本使用

1）导入

```
import pytorch_lightning as plimport os
import torch
from torch import nn
import torch.nn.functional as F
from torchvision.datasets import MNIST
from torch.utils.data import DataLoader, random_split
from torchvision import transforms
import pytorch_lightning as pl
```

2）定义 LightningModule

LightningModule（nn.Module 子类）定义示例代码如下所示。

```
class LitAutoEncoder(pl.LightningModule):
    def __init__(self):
```

```
        super().__init__()
        self.encoder = nn.Sequential(nn.Linear(28 * 28, 128), nn.ReLU(), 
nn.Linear(128, 3))
        self.decoder = nn.Sequential(nn.Linear(3, 128), nn.ReLU(), nn.Linear
(128, 28 * 28))

    def forward(self, x):
        #对x编码
        embedding = self.encoder(x)
        return embedding
    def training_step(self, batch, batch_idx):
        #定义训练步
        x, y = batch
        x = x.view(x.size(0), -1)
        z = self.encoder(x)
        x_hat = self.decoder(z)
        loss = F.mse_loss(x_hat, x)
        self.log("train_loss", loss)
        return loss
    def configure_optimizers(self):
        optimizer = torch.optim.Adam(self.parameters(), lr=1e-3)
        return optimizer
```

3）训练

```
    def configure_optimizers(self):
        optimizer = torch.optim.Adam(self.parameters(), lr=1e-3)
        return optimizer
        dataset = MNIST(os.getcwd(), download=True, transform=transforms.
ToTensor())
  train, val = random_split(dataset, [55000, 5000])
  autoencoder = LitAutoEncoder()
  trainer = pl.Trainer()
  trainer.fit(autoencoder, DataLoader(train), DataLoader(val))
```

12.3 项目案例：基于 MTGNN 实现交通流量预测

本次实验在 METR-LA 数据集上训练并验证 MTGNN 模型的性能。

本次实验与其他算法模型的训练结果比较如图 12.4 所示。

1. 实验目标

（1）理解 MTGNN 模型的训练原理，掌握其基本的训练方法。

（2）能够使用 PyTorch 的图神经网络库构建并训练 MTGNN 模型。

（3）掌握 PyTorch-Lighting 轻量级库的基本使用。

数据集		METR-LA			
模型	评估指标	3	6	12	24
RNN-GRU	RSE	0.5358	0.5522	0.5562	0.5633
	CORR	0.8511	0.8405	0.8345	0.8300
LSTNet-skip	RSE	0.4777	0.4893	0.4950	0.4973
	CORR	0.8721	0.8690	0.8614	0.8588
TPA-LSTM	RSE	0.4487	0.4658	0.4641	0.4765
	CORR	0.8812	0.8717	0.8717	0.8629
MTGNN	RSE	**0.4162**	0.4754	**0.4461**	**0.4535**
	CORR	**0.8963**	0.8667	**0.8794**	**0.8810**
MTGNN+sampling	RSE	0.4170	**0.4435**	0.4469	0.4537
	CORR	0.8960	**0.8815**	0.8793	0.8758

← 数据流量

图 12.4　本次实验与其他算法模型的训练结果比较

2. 实验环境

实验环境如表 12.1 所示。

表 12.1　实验环境

硬　件	软　件	资　源
PC/笔记本电脑 显卡（模型训练需要，推荐 NVIDIA 显卡，显存 4G 以上）	Ubuntu 18.04/Windows 10 Python 3.7.3 Torch 1.9.1 Torch 1.9.1+cu111（模型训练需要 GPU 版本）	METR-LA 数据集

本次实验需要额外进行以下环境安装和配置。

DL-12-v-001

1）安装 pytables

```
pip install tables
```

或者

```
conda install pytables
```

2）setuptools 版本问题

如果出现“AttributeError:module ‘distutils’ has no attribute 'version”，那么需要对 setuptools 降级，命令如下所示。

```
pip uninstall setuptools
```

```
pip install setuptools==59.5.0
```

3）安装 PyTorch-Lightning

```
pip install pytorch-lightning
```

4）安装 torch_geometric_temporal

首先检查 PyTorch 版本。

```
import torch
print(torch.__version__ )   #查看CPU版本
print(torch.version.cuda   )  #查看GPU版本
```

输出结果如下所示。

```
1.9.1+cu111
cuda 11.1
```

从以下网址找到对应版本。

https://pytorch-geometric.com/whl/

点击超链接后需要下载的组件为 torch_cluster、torch_scatter、torch_sparse、torch_spline_conv。

Windows 系统可以直接使用实验资料 whl 目录下提供的 whl 组件（torch_cluster-1.5.9-cp37-cp37m-win_amd64.whl、torch_scatter-2.0.8-cp37-cp37m-win_amd64.whl、torch_sparse-0.6.12-cp37-cp37m-win_amd64.whl、torch_spline_conv-1.2.1-cp37-cp37m-win_amd64.whl）进行安装。

可以使用 pip 进行安装，如安装 torch_cluster 的命令如下所示。

```
pip install torch_cluster-1.5.9-cp37-cp37m-win_amd64.whl
```

whl 组件依次安装后继续执行如下命令。

```
pip install torch_geometric
pip install torch_geometric_temporal
```

环境安装和配置完成。

3. 实验步骤

对 METR-LA 数据集进行处理，得到时间序列样本，基于 pytorch_geometric_temporal 实现 MTGNN 模型的构建与训练。

本次实验目录结构如图 12.5 所示。

打开 SG12.py，根据以下步骤编写代码完成本次实验。

1）数据处理

METR-LA 数据集来自洛杉矶大都会交通管理局，包含 2012 年 3 月至 2012 年 6 月期间洛杉矶县高速公路上 207 个环路检测器测量的平均交通速度。

将数据集按时间顺序分为训练集（70%）、验证集（20%）和测试集（10%），输入序列长度为12，输出序列包含对未来步骤的预测。

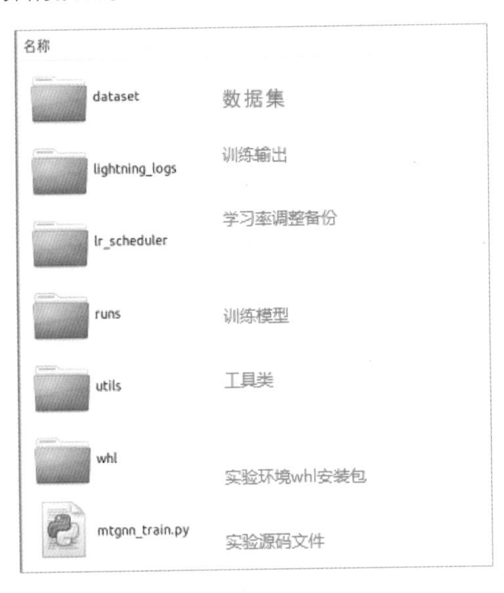

图 12.5　本次实验目录结构

数据加载与可视化。

```
#coding: utf-8
import torch
torch.version.cuda
###1. 数据处理
#
#
#- 生成序列数据
#- 拆分数据集
####1.1 生成序列数据
from __future__ import absolute_import
from __future__ import division
from __future__ import print_function
from __future__ import unicode_literals

import argparse
import numpy as np
import os
import pandas as pd

df=pd.read_hdf('dataset/metr_la/metr-la.h5')
df.head()
```

数据加载与可视化结果如图 12.6 所示。

	773869	767541	767542	717447	717446	717445	773062	767620	737529	717816	...	772167	769372	774204
2012-03-01 00:00:00	64.375000	67.625000	67.125000	61.500000	66.875000	68.750000	65.125	67.125	59.625000	62.750000	...	45.625000	65.500	64.500000
2012-03-01 00:05:00	62.666667	68.555556	65.444444	62.444444	64.444444	68.111111	65.000	65.000	57.444444	63.333333	...	50.666667	69.875	66.666667
2012-03-01 00:10:00	64.000000	63.750000	60.000000	59.000000	66.500000	66.250000	64.500	64.250	63.875000	65.375000	...	44.125000	69.000	56.500000
2012-03-01 00:15:00	0.000000	0.000000	0.000000	0.000000	0.000000	0.000000	0.000	0.000	0.000000	0.000000	...	0.000000	0.000	0.000000
2012-03-01 00:20:00	0.000000	0.000000	0.000000	0.000000	0.000000	0.000000	0.000	0.000	0.000000	0.000000	...	0.000000	0.000	0.000000

5 rows × 207 columns

图 12.6　数据加载与可视化结果

定义输入数据和标签，代码如下所示。

```
#0 是最后一个观察样本
x_offsets = np.sort(
    #np.concatenate(([-week_size + 1, -day_size + 1], np.arange(-11, 1, 1)))
    np.concatenate((np.arange(-11, 1, 1),))
)
#预测下一个小时
y_offsets = np.sort(np.arange(1, 13, 1))
num_samples, num_nodes = df.shape
data = np.expand_dims(df.values, axis=-1)
data_list = [data]
print(x_offsets,y_offsets)
print(num_samples, num_nodes)
print(data.shape)
print(df.index.values)
```

运行代码，结果如下所示。

```
(array([-11, -10,  -9,  -8,  -7,  -6,  -5,  -4,  -3,  -2,  -1,   0]),
 array([ 1,  2,  3,  4,  5,  6,  7,  8,  9, 10, 11, 12]))
34272 207
(34272, 207, 1)
array(['2012-03-01T00:00:00.000000000', '2012-03-01T00:05:00.000000000',
       '2012-03-01T00:10:00.000000000', ...,
       '2012-06-27T23:45:00.000000000', '2012-06-27T23:50:00.000000000',
       '2012-06-27T23:55:00.000000000'], dtype='datetime64[ns]')
```

转换为日期。

```
df.index.values.astype("datetime64[D]")
time_ind = (df.index.values - df.index.values.astype("datetime64[D]")) /
print(np.timedelta64(1, "D"))
```

```
print(time_ind)
time_in_day = np.tile(time_ind, [1, num_nodes, 1]).transpose((2, 1, 0))
print(time_in_day[:3] )
```

输出结果如下所示。

```
array(['2012-03-01', '2012-03-01', '2012-03-01', ..., '2012-06-27',
array([0.        , 0.00347222, 0.00694444, ..., 0.98958333, 0.99305556,
       0.99652778])
array([[[[0.        ],
         [0.        ],
         [0.        ],
         ...,
         [0.        ],
         [0.        ],
         [0.        ]],

        [[0.00347222],
         [0.00347222],
         [0.00347222],
         ...,
         [0.00347222],
         [0.00347222],
         [0.00347222]],

        [[0.00694444],
         [0.00694444],
         [0.00694444],
         ...,
         [0.00694444],
         [0.00694444],
         [0.00694444]]]])
```

时长存储的代码如下所示。

```
min_t = abs(min(x_offsets))
max_t = abs(num_samples - abs(max(y_offsets)))
data = np.expand_dims(df.values, axis=-1)
data_list = [data]
data_list.append(time_in_day )
print(np.array(data_list).shape
data = np.concatenate(data_list, axis=-1)
print(data.shape)
x_t = data[min_t + x_offsets, ...]
print(x_t[0] )
```

运行代码，结果如下所示。

```
(2, 34272, 207, 1)
(34272, 207, 2)
array([[64.375    , 0.       ],
       [67.625    , 0.       ],
       [67.125    , 0.       ],
       [61.5      , 0.       ],
       [66.875    , 0.       ],
       [68.75     , 0.       ],
       [65.125    , 0.       ],
       [67.125    , 0.       ],
       [59.625    , 0.       ],
…
[69.     , 0.       ],
       [59.25     , 0.       ],
       [69.       , 0.       ],
       [61.875    , 0.       ]])
```

定义 2 个函数分别用来生成序列数据和拆分数据。

```
def generate_graph_seq2seq_io_data(
        df, x_offsets, y_offsets, add_time_in_day=True, add_day_in_week=False,
scaler=None
):
    """
    生成序列数据
    :param df:
    :param x_offsets:x 的窗口宽度
    :param y_offsets: y 的窗口宽度
    :param add_time_in_day:  1 天中的时间
    :param add_day_in_week:  1 周的时间
    :param scaler:  缩放
    :return:
    #x: (epoch_size, input_length, num_nodes, input_dim)   x: (批次大小,输入序列长度,节点个数,输入特征维度)
    #y: (epoch_size, output_length, num_nodes, output_dim)  y: (批次大小,输出序列长度,节点个数,输出特征维度)
    """
    num_samples, num_nodes = df.shape
    data = np.expand_dims(df.values, axis=-1)
    data_list = [data]
    if add_time_in_day:
        time_ind = (df.index.values - df.index.values.astype("datetime64[D]"))
/ np.timedelta64(1, "D")
```

```
        time_in_day = np.tile(time_ind, [1, num_nodes, 1]).transpose((2, 1, 0))
        data_list.append(time_in_day)
    if add_day_in_week:
        day_in_week = np.zeros(shape=(num_samples, num_nodes, 7))
        day_in_week[np.arange(num_samples), :, df.index.dayofweek] = 1
        data_list.append(day_in_week)

    data = np.concatenate(data_list, axis=-1)
    #epoch_len = num_samples + min(x_offsets) - max(y_offsets)
    x, y = [], []
    #t 是最后一次观察的时间
    min_t = abs(min(x_offsets))
    max_t = abs(num_samples - abs(max(y_offsets)))  #不包含
    for t in range(min_t, max_t):
        x_t = data[t + x_offsets, ...]
        y_t = data[t + y_offsets, ...]
        x.append(x_t)
        y.append(y_t)
    x = np.stack(x, axis=0)
    y = np.stack(y, axis=0)
    return x, y
####1.2 拆分数据集
def generate_train_val_test(traffic_df_filename,output_dir):
    df = pd.read_hdf(traffic_df_filename)
    #0 是最后一个观察样本
    x_offsets = np.sort(
        #np.concatenate(([-week_size + 1, -day_size + 1], np.arange(-11, 1, 1)))
        np.concatenate((np.arange(-11, 1, 1),))
    )
    #预测下一个小时
    y_offsets = np.sort(np.arange(1, 13, 1))
    #x: (num_samples, input_length, num_nodes, input_dim)
    #y: (num_samples, output_length, num_nodes, output_dim)
    x, y = generate_graph_seq2seq_io_data(
        df,
        x_offsets=x_offsets,
        y_offsets=y_offsets,
        add_time_in_day=True,
        add_day_in_week=False,
    )

    print("x shape: ", x.shape, ", y shape: ", y.shape)
    #保存数据到 npz
    #num_test = 6831, 使用最后 6831 个样本做测试集
```

```
    #其余部分: 7/8 用于训练, 1/8 用于验证
    num_samples = x.shape[0]
    num_test = round(num_samples * 0.2)
    num_train = round(num_samples * 0.7)
    num_val = num_samples - num_test - num_train

    #train
    x_train, y_train = x[:num_train], y[:num_train]

    print('x_train:')
    print(x_train[:5])

    print('y_train:')
    print(y_train[:5])

    #val
    x_val, y_val = (
        x[num_train: num_train + num_val],
        y[num_train: num_train + num_val],
    )
    #test
    x_test, y_test = x[-num_test:], y[-num_test:]

    for cat in ["train", "val", "test"]:
        _x, _y = locals()["x_" + cat], locals()["y_" + cat]
        print(cat, "x: ", _x.shape, "y:", _y.shape)
        np.savez_compressed(
            os.path.join(output_dir, "%s.npz" % cat),
            x=_x,
            y=_y,
            x_offsets=x_offsets.reshape(list(x_offsets.shape) + [1]),
            y_offsets=y_offsets.reshape(list(y_offsets.shape) + [1]),
        )
```

调用以上函数，在 dataset/metr_la 下生成 train.npz、val.npz、test.npz。

```
traffic_df_filename='dataset/metr_la/metr-la.h5'
output_dir='dataset/metr_la'
generate_train_val_test(traffic_df_filename,output_dir)
```

2）模型构建

模型构建代码如下所示。

```
from typing import List
import torch
```

```
from torch import nn
import torch.nn.functional as F
import pytorch_lightning as pl
import random
from torch_geometric_temporal.nn import MTGNN
from utils import callbacks as cb
from utils import time2vec,forecaster
from utils.forecaster import Forecaster
from utils.time2vec import Time2Vec
from utils.metr_la import METR_LA_Data,METR_LA_Torch
from utils.datamodule import DataModule

class MTGNN_Forecaster(Forecaster):
    def __init__(
        self,
        d_y: int,
        d_x: int,
        context_points: int=12,
        target_points: int=12,
        use_gcn_layer: bool = True,
        adaptive_adj_mat: bool = True,
        gcn_depth: int = 2,
        dropout_p: float = 0.2,
        node_dim: int = 40,
        dilation_exponential: int = 1,
        conv_channels: int = 32,
        subgraph_size: int = 8,
        skip_channels: int = 64,
        end_channels: int = 128,
        residual_channels: int = 32,
        layers: int = 3,
        propalpha: float = 0.05,
        tanhalpha: float = 3,
        kernel_set: List[int] = [2, 3, 6, 7],
        kernel_size: int = 7,
        learning_rate: float = 1e-3,
        l2_coeff: float = 0,
        time_emb_dim: int = 0,
        loss: str = "mae",
        linear_window: int = 0,
    ):
        super().__init__(
            l2_coeff=l2_coeff,
            learning_rate=learning_rate,
```

```
            loss=loss,
            linear_window=linear_window,
        )
        subgraph_size = min(subgraph_size, d_y)
        self.learning_rate = learning_rate

        self.time2vec = Time2Vec(input_dim=d_x, embed_dim=time_emb_dim)

        self.model = MTGNN(
            gcn_true=use_gcn_layer,
            build_adj=adaptive_adj_mat,
            gcn_depth=gcn_depth,
            num_nodes=d_y,
            kernel_set=kernel_set,
            kernel_size=kernel_size,
            dropout=dropout_p,
            subgraph_size=subgraph_size,
            node_dim=node_dim,
            conv_channels=conv_channels,
            residual_channels=residual_channels,
            skip_channels=skip_channels,
            end_channels=end_channels,
            seq_length=context_points,
            in_dim=d_x + 1 if time_emb_dim == 0 else time_emb_dim + 1,
            out_dim=target_points,
            layers=layers,
            propalpha=propalpha,
            tanhalpha=tanhalpha,
            dilation_exponential=dilation_exponential,
            layer_norm_affline=True,
        )
        self.d_y = d_y
    @property
    def eval_step_forward_kwargs(self):
        return {}

    @property
    def train_step_forward_kwargs(self):
        return {}

    def forward_model_pass(self, x_c, y_c, x_t, y_t):
        x_c = self.time2vec(x_c)
        pred_len = y_t.shape[-2]
        output = torch.zeros_like(y_t).to(y_t.device)
```

```
        #y_c = (batch, len, nodes) --> (batch, 1, nodes, len)
        y_c = y_c.transpose(-1, 1).unsqueeze(1)
        #x_c = (batch, len, d_x) --> (batch, d_x, nodes, len)
        x_c = x_c.transpose(-1, 1).unsqueeze(-2).repeat(1, 1, self.d_y, 1)
        ctxt = torch.cat((x_c, y_c), dim=1)
        output = self.model.forward(ctxt).squeeze(-1)
        return (output,)
```

3）模型训练

模型包含 3 个图像卷积模块和 3 个扩张指数因子为 1 的时间卷积模块。起始的 1×1 卷积有 2 个输入通道和 32 个输出通道；图像卷积模块和时间卷积模块都有 32 个输出通道；跳跃连接层有 64 个输出通道；输出模块的第 1 层有 128 个输出通道，第 2 层有 12 个输出通道。每个节点的邻居节点为 20，训练轮数为 100，批次大小设置为 64，使用 MAE、RMSE 和 MAPE 作为评估指标。

DL-12-v-002

```
def create_dset(data_path):
    INV_SCALER = lambda x: x
    SCALER = lambda x: x
    NULL_VAL = None
    data = METR_LA_Data(data_path)
    DATA_MODULE = DataModule(
        datasetCls=METR_LA_Torch,
        dataset_kwargs={"data": data},
    )
    INV_SCALER = data.inverse_scale
    SCALER = data.scale
    NULL_VAL = 0.0
    return DATA_MODULE, INV_SCALER, SCALER, NULL_VAL
data_path='dataset/metr_la/'
data_module, inv_scaler, scaler, null_val=create_dset(data_path)
x_dim = 2
y_dim = 207
context_points=12
target_points=12
forecaster = MTGNN_Forecaster(d_y=y_dim, d_x=x_dim )
forecaster.set_inv_scaler(inv_scaler)
forecaster.set_scaler(scaler)
forecaster.set_null_value(null_val)
def create_callbacks():
    saving = pl.callbacks.ModelCheckpoint(
        dirpath=f"./runs/mtgnn_checkpoint/mtgnn-metr_{''.join([str(random.
randint(0,9)) for _ in range(9)])}",
        monitor="val/mse",
        mode="min",
```

```
        filename=f"best-mtgnn-metr" + "{epoch:02d}-{val/mse:.2f}",
        save_top_k=1,
        verbose=True
    )
    callbacks = [saving]

    callbacks.append(
        pl.callbacks.early_stopping.EarlyStopping(
            monitor="val/loss",
            patience=5,
        )
    )
    callbacks.append(
        cb.TimeMaskedLossCallback(
            start=1,
            end=12,
            steps=1000,
        )
    )
    return callbacks
callbacks=create_callbacks()
trainer = pl.Trainer(
        gpus=-1,
        callbacks=callbacks,
        logger=None,
        accelerator="cuda",
        gradient_clip_val=1,
        gradient_clip_algorithm="norm",
        overfit_batches=20,
        sync_batchnorm=True,
        val_check_interval=1.0,
        max_epochs=100
    )
#Train
trainer.fit(forecaster, datamodule=data_module)
#Test
trainer.test(datamodule=data_module, ckpt_path="best")
```

运行代码，部分结果如下所示。

```
  rank_zero_deprecation(
GPU available: True, used: True
TPU available: False, using: 0 TPU cores
IPU available: False, using: 0 IPUs
LOCAL_RANK: 0 - CUDA_VISIBLE_DEVICES: [0,1]
```

```
  | Name     | Type     | Params
----------------------------------------
0 | time2vec | Time2Vec | 0
1 | model    | MTGNN    | 406 K
----------------------------------------
406 K    Trainable params
0        Non-trainable params
406 K    Total params
1.627    Total estimated model params size (MB)
Epoch 1, global step 39: val/mse reached 31083.15625 (best 31083.15625), saving model to "/home/ runs/mtgnn_checkpoint/mtgnn-metr_915276375/best-mtgnn-metrepoch=01-val/mse=31083.16.ckpt" as top 1
Validating: 0it [00:00, ?it/s]
Epoch 2, global step 59: val/mse reached 27795.58125 (best 27795.58125), saving model to "/home/ runs/mtgnn_checkpoint/mtgnn-metr_915276375/best-mtgnn-metrepoch=02-val/mse=27795.58.ckpt" as top 1
Validating: 0it [00:00, ?it/s]…
epoch98,train_loss0.003678,rmse_loss0.064613,mae_loss0.046488,mape_loss15.662756,Timeused0.975884s
epoch99,train_loss0.001068,rmse_loss0.061751,mae_loss0.043498,mape_loss15.260286,Timeused1.085341s
```

4. 实验小结

图像卷积模块的引入显著改善了模型效果，因为它使信息能够在孤立但相互依赖的节点之间流动。混合跳跃传播层产生的效果也很明显，有助于在每个信息传播过程中选择有用的信息。初始层的影响在 RMSE 方面是显著的，但在 MAE 方面是微不足道的，这是因为在扩张初始层的输出通道数保持不变的条件下，使用单个 1×7 滤波器的参数比使用 1×2、1×3、1×5、1×7 滤波器的组合参数多一半。

本章总结

- 使用图神经网络对多元时间序列数据进行研究。
- 图学习层可以学习节点之间的隐藏关联。
- 无论图结构是否预先修改过，它都可以通过多元时间序列数据和图结构联合框架的使用，处理多元时间序列问题。
- MTGNN 模型性能在两个提供额外结构信息的交通流量数据集上可达到与其他图神经网络模型相同的性能。

作业与练习

DL-12-c-001

1．[多选题]（　　）可解决图神经网络模型训练中过度平滑的问题。

A．将图分为越多的连通分量　　B．将残差连接替换为全连接

C．多尺度卷积　　D．增大学习率

2．[多选题] 图神经网络可能存在的缺陷有（　　）。

A．迭代更新不动点的隐藏状态效率低

B．在迭代中使用相同的参数

C．无法有效地对边的一些信息特征进行建模

D．不擅长处理非固定结构的情况

3．[单选题] 关于 MTGNN 描述正确的是（　　）。

A．图像卷积模块与时间卷积模块并行排列

B．由图学习层、M 个图像卷积模块、M 个时间卷积模块组成

C．图学习层可计算稀疏图邻接矩阵

D．图像卷积模块可学习节点之间的隐藏关联

4．[多选题] PyTorch-Lighting 的优势有（　　）。

A．可以更容易地识别和理解 ML 代码

B．在现有项目的基础上进行模型构建和理解变得非常容易

C．非定期维护服务

D．遵循 ML 最佳实践的高质量代码构建

5．[多选题] 关于 PyTorch-Lighting 的 Trainer 参数描述正确的是（　　）。

A．auto_scale_batch_size 可以找到最佳批次

B．auto_lr_find 可以自动选取一个合适的初始学习率

C．reload_dataloaders_every_epoch 可以设置重新加载整个数据集

D．weights_summary 表示模型权重参数结构

第 13 章 注意力机制

本章目标

- 理解自注意力的基本概念与原理。
- 理解自注意力在计算机视觉中的应用原理。
- 掌握 Non-Local 模型的构建和基本应用。
- 能够基于自注意力机制进行视频异常检测。

视频异常检测的目的是在监控背景下对发生的异常事件进行识别。异常事件包括欺凌、入店行窃、暴力等。在深度学习中，可使用具有正常或异常的视频及标签注释的训练样本探索弱监督学习。弱监督学习的目标是在相对较低的人工注释花费情况下实现更高的异常分类精度。

本章包含的项目案例如下。

- 视频异常检测。

基于 PyTorch 在计算机视觉应用中引入自注意力机制，通过对具有分类标签的多示例包的学习，建立多示例分类器，使用该分类器对视频的异常情况进行检测。

13.1 注意力机制的概述

视频异常检测的目标是识别包含异常事件的视频片段，每个视频被表示为一个视频片段包。使用一般的目标识别和检测方法，对异常事件的罕见视频片段的检测表现，在很大程度上受到优势视频片段的影响，特别是当异常事件是细微的异常，与正常事件相比只有微小的差异时。

由于卷积神经网络中卷积核作用的感受野是局部的，因此必须经过许多层后才能将整个图像不同部分的区域关联起来。把注意力机制引入计算机视觉应用中，在特征通道层面统计图像的全局信息，学习识别图像中需要关注的区域，也就形成了视觉注意力。

13.1.1 机器翻译中的注意力机制

1. 机器翻译中的编码器-解码器模型

输入序列（单词、字母、图像特征等）通过 seq2seq 模型后会变为另一个序列，如图 13.1 所示。

图 13.1 seq2seq 模型的工作过程

上下文信息如图 13.2 所示。编码器处理输入序列中的每个元素，将捕获的信息编译成一个向量（称为上下文）。处理完输入序列后，编码器将上下文发送到解码器，解码器逐项生成输出序列。

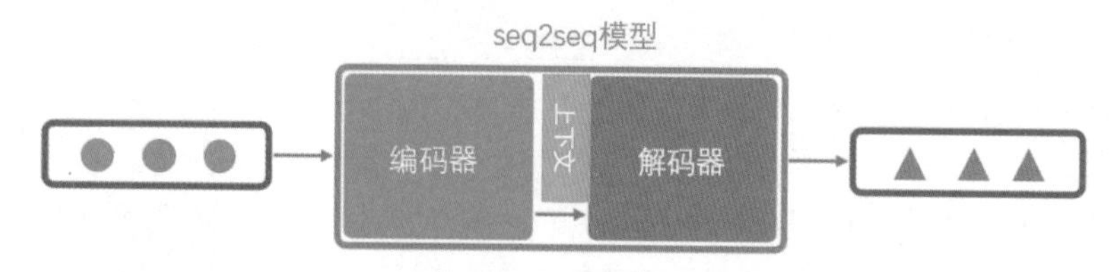

图 13.2 上下文信息

在机器翻译的应用场景中，上下文是一个向量（数字数组），编码器和解码器通常都是 RNN。在设计模型时可以设置上下文的大小，一般是编码器中隐藏层神经元的个数，如 256、512 或 1024。

RNN 在每个时间步都有两个输入向量，分别是输入（输入句子中的一个词）和隐藏状态。使用词嵌入算法将词转换为向量空间，捕获单词的大量含义/语义信息（如 king - man + woman = queen）。词嵌入如图 13.3 所示。

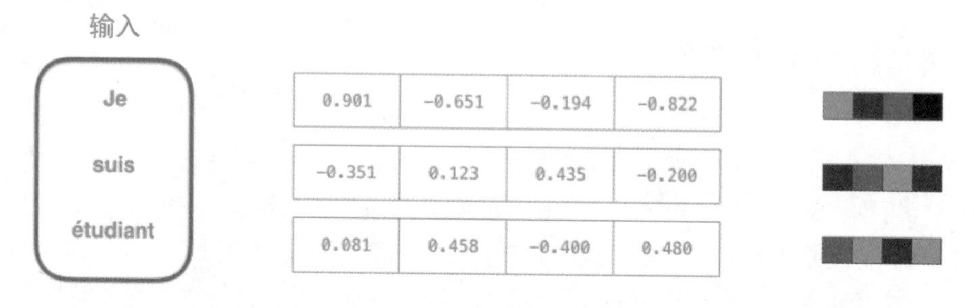

图 13.3 词嵌入

RNN 的输入和输出如图 13.4 所示。RNN 使用输入向量和隐藏状态来预测该时间步的输出向量。

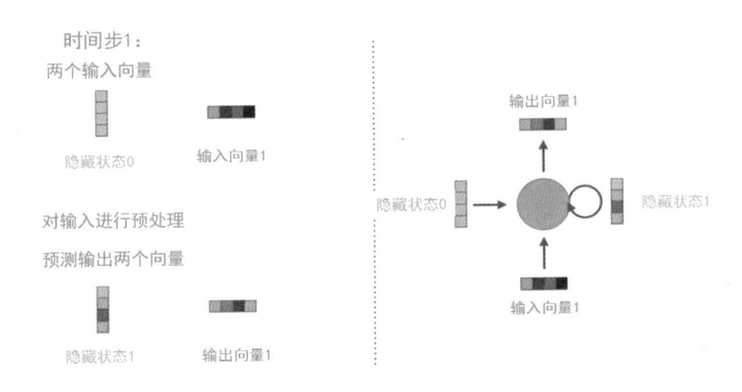

图 13.4　RNN 的输入和输出

由于编码器和解码器都是 RNN，每一个时间步的 RNN 都会进行一些处理，它会根据上一时刻的输出和当前时刻的输入更新其隐藏状态，隐藏状态是编码器传递给解码器的上下文。

上下文是编码器-解码器模型的瓶颈，使得模型处理长句子变得具有挑战性。注意力机制可以极大地提高机器翻译的质量。

2. 带注意力的编码器-解码器模型

注意力使模型对输入序列的各组成部分分配不同大小的权重，表示其信息的重要成分，允许模型根据需要关注输入序列的相关部分。

机器翻译中的注意力机制如图 13.5 所示。注意力机制使解码器能够在生成英文翻译之前关注单词“étudiant”（法语中的“学生”）。这种从输入序列的相关部分放大信号的能力使得带注意力的模型比不带注意力的模型产生更好的结果。

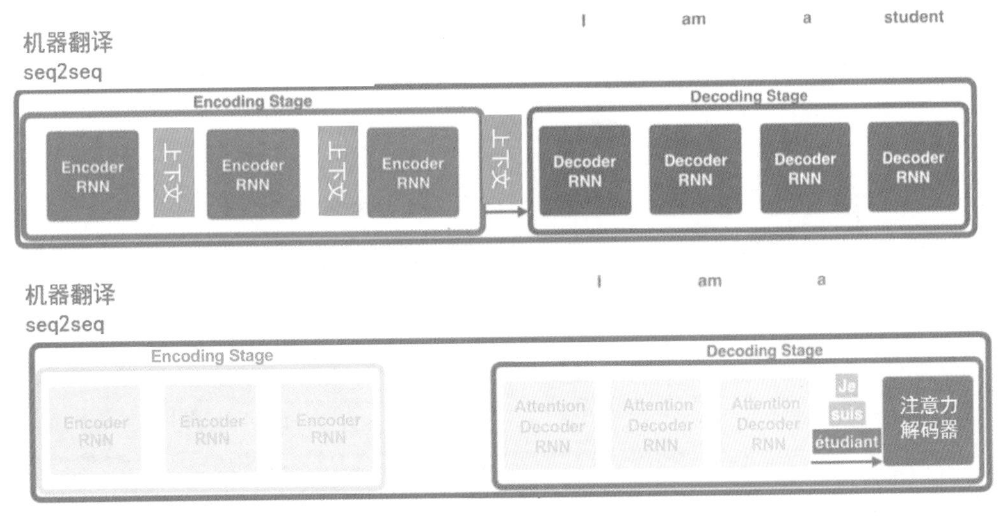

图 13.5　机器翻译中的注意力机制

带注意力的模型与经典的 seq2seq 模型的区别如下。

（1）编码器将更多数据传递给解码器，即将所有隐藏状态传递给解码器。

（2）解码器在产生其输出之前会执行额外的步骤。

解码过程如图 13.6 所示。解码器执行以下操作可解码与时间步相关的输入部分。

（1）查看它接收到的一组编码器隐藏状态 ——每个编码器的隐藏状态与输入句子中的某个单词最相关。

（2）给每个隐藏状态打分。

（3）将每个隐藏状态乘以其 softmax 分数，从而放大高分数的隐藏状态，并淹没低分数的隐藏状态。

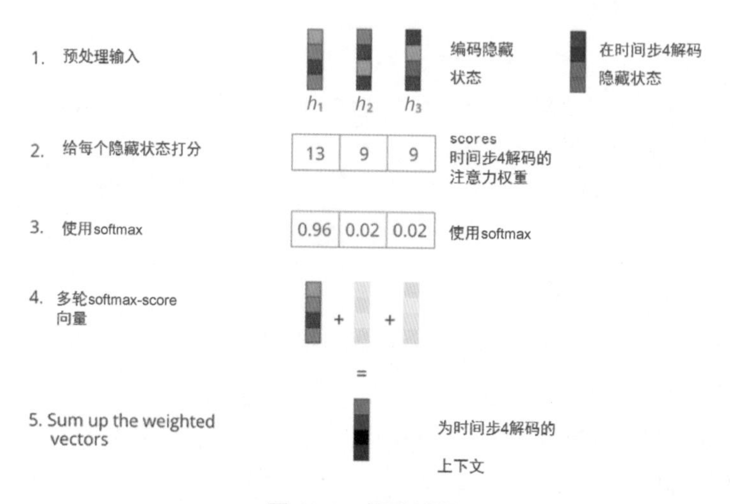

图 13.6 解码过程

注意力工作过程如图 13.7 所示。

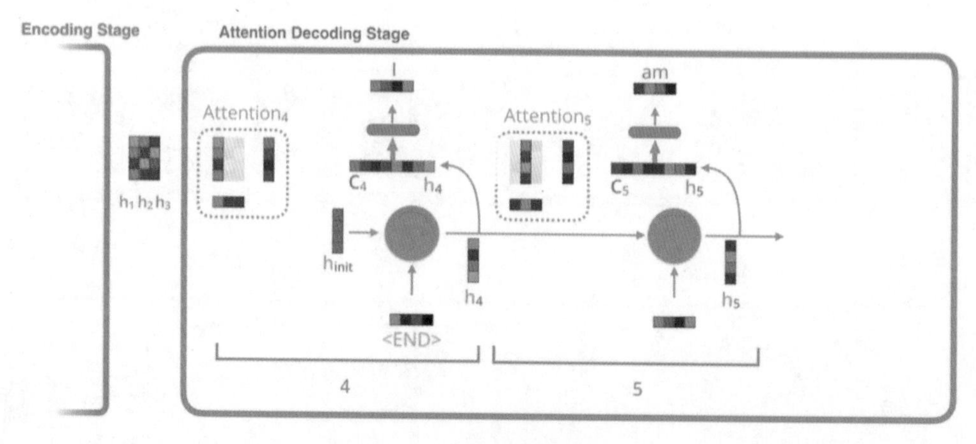

图 13.7 注意力工作过程

（1）解码器接收<END>标记的嵌入和初始解码器隐藏状态。

（2）RNN 处理其输入，产生一个输出和一个新的隐藏状态向量（$\boldsymbol{h}_4$），输出被丢弃。

（3）使用编码器隐藏状态和 $\boldsymbol{h}_4$ 来计算这个时间步的上下文（$\boldsymbol{C}_4$）。

（4）将 $\boldsymbol{h}_4$ 和 $\boldsymbol{C}_4$ 连接成一个向量。

（5）通过一个 Feed Forward 神经网络（与模型联合训练的）传递这个向量。

（6）Feed Forward 神经网络的输出表示该时间步的输出。

（7）重复下一个时间步骤。

13.1.2　自注意力机制的概述

Non-Local（非局部）信息统计基于图像滤波领域的非局部均值滤波操作思想，提出使用自注意力（Self-Attention）捕获时间（一维时序信号）、空间（图像）和时空（视频序列）的长范围依赖。

自注意力机制借鉴了 NLP 的思想，因此其仍保留了 Query、Key 和 Value 等名称。图 13.8 所示为自注意力机制的基本结构。输入的 Feature Map 是由基本的主干 CNN 提取的特征图，如 ResNet、Xception 等。通常将最后 ResNet 的两个下采样层去除，使得到的特征图尺寸为原输入图像尺寸的 1/8。

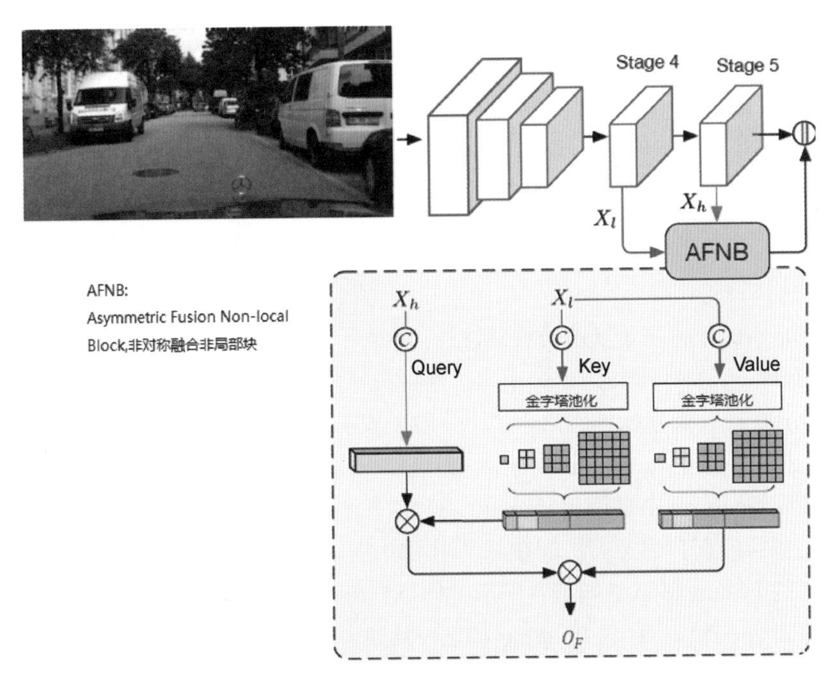

图 13.8　自注意力机制的基本结构

自注意力机制的基本结构自上而下分为 Query、Key 和 Value。计算时通常分为以下几步。

（1）将 Query 和每个 Key 进行相似度计算得到权重，常用的相似度函数有点积、拼接、感知机等。

（2）通常使用 softmax 函数归一化这些权重。

（3）将归一化权重和Key相应的Value进行加权求和，得到最后的注意力。

自注意力机制的具体实现过程如图13.9所示。

$$y_i=\text{softmax}(\boldsymbol{\theta}(x_i)^{\mathrm{T}}\boldsymbol{\phi}(x_j))\boldsymbol{g}(x_j)=\frac{1}{\sum_{\forall j}\mathrm{e}^{\boldsymbol{\theta}(x_i)^{\mathrm{T}}\boldsymbol{\phi}(x_j)}}\mathrm{e}^{\boldsymbol{\theta}(x_i)^{\mathrm{T}}\boldsymbol{\phi}(x_j)}\boldsymbol{W}_g x_j$$

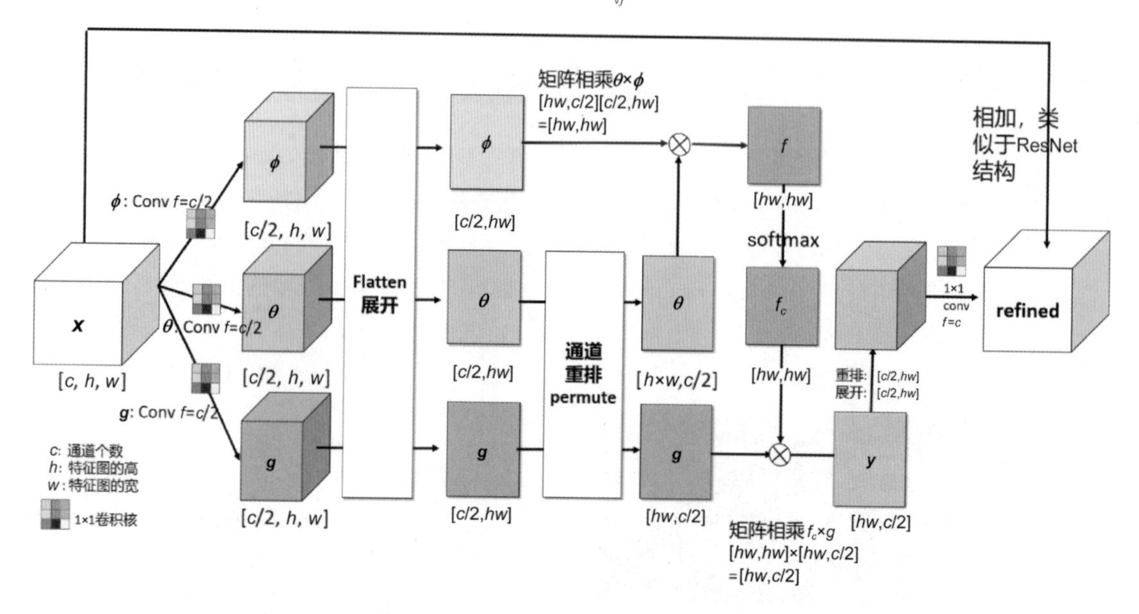

图13.9 自注意力机制的具体实现过程

各个符号说明如下。

$\boldsymbol{x}$ 表示Feature Map，x_i 表示当前位置的信息，x_j 表示全局信息。

$\boldsymbol{\theta}$ 表示 $\boldsymbol{\theta}(x_i)=\boldsymbol{W}_{\theta}x_i$，实际操作为用一个1×1卷积进行学习。

$\boldsymbol{\phi}$ 表示 $\boldsymbol{\phi}(x_j)=\boldsymbol{W}_{\phi}x_j$，实际操作为用一个1×1卷积进行学习，$\boldsymbol{g}$ 同理。

i 表示当前位置的响应，j 表示全局响应，通过加权得到一个非局部的响应值，其中的归一化操作，在Embedding Gaussian中是使用sigmoid函数实现的。

在深度学习框架中，自注意力机制在深度学习中的实现如图13.10所示。

（1）对输入的Feature Map进行线性映射（1×1×1卷积）以压缩通道数，得到 $\boldsymbol{\theta}$、$\boldsymbol{\phi}$、$\boldsymbol{g}$ 的特征。

（2）通过Reshape操作，合并 $\boldsymbol{\theta}$、$\boldsymbol{\phi}$、$\boldsymbol{g}$ 特征中除通道以外的维度，并对 $\boldsymbol{\theta}$ 和 $\boldsymbol{\phi}$ 进行矩阵叉乘计算，得到与协方差矩阵相似的结果，以表示特征的自相关性，即每帧中每个像素和其他所有帧所有像素的关系。

（3）对自相关特征进行softmax操作，得到0~1的自注意力系数。

（4）使自注意力系数与 $\boldsymbol{g}$ 进行点积运算，并使用1×1卷积扩展通道数，与原输入Feature Map进行残差运算，得到Non-Local Block的输出。

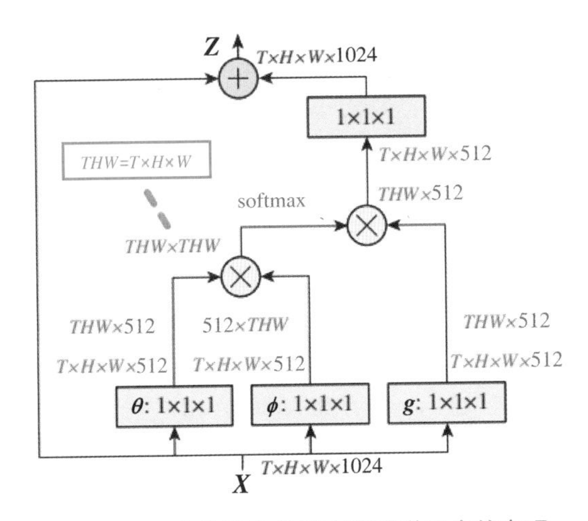

图 13.10　自注意力机制在深度学习中的实现

13.2　项目案例：视频异常检测

本实验构建 Non-Local 模型，并在 ShanghaiTech 数据集上对模型进行训练。实验结果如图 13.11 所示。

车祸

爆炸

图 13.11　实验结果

1. 实验目标

（1）理解自注意力在计算机视觉中的应用原理。

（2）掌握 Non-Local 模型的构建和基本应用。

（3）能够基于自注意力机制进行视频异常检测　。

2. 实验环境

实验环境如表 13.1 所示。

表 13.1 实验环境

硬　件	软　件	资　源
PC/笔记本电脑 显卡（模型训练需要，推荐 NVIDIA 显卡，显存 4GB 以上）	Ubuntu 18.04/Windows 10 Python 3.7.3 Torch 1.9.1 Torch 1.9.1+cu111（模型训练需要 GPU 版本）	ShanghaiTech 数据集 工具类模块

3. 实验步骤

使用 PyTorch 构建 Non-Local 模型，并在 ShanghaiTech 数据集上对其进行训练。

本次实验目录结构如图 13.12 所示。

DL-13-v-001

图 13.12 本次实验目录结构

根据以下步骤编写代码完成本次实验。

1）数据处理

ShanghaiTech 数据集包含 13 个场景，具有复杂的光照条件和摄像机角度，共包含 130 个异常事件和超过 270000 个训练帧。具体所包含的异常事件如下。

CUHK Avenue 数据集包含 16 个训练视频和 21 个测试视频，共有 47 个异常事件，包括投掷物体、闲逛和跑步。

Pedestrian 1 (Ped1) 数据集包括 34 个训练视频和 36 个测试视频，共有 40 个异常事件。所有这些异常事件都与自行车、汽车等交通工具有关。

Pedestrian 2 (Ped2) 数据集包含 16 个训练视频和 12 个测试视频，共有 12 个异常事件。

Subway 数据集视频总时长为 2 小时。异常事件包括走错方向和游荡。更重要的是，这个数据集是在室内环境中记录的，而其他数据集是在室外环境中记录的。

数据集示例样本如图 13.13 所示。

图 13.13 数据集示例样本

本次实验使用的数据是将 63 个原始视频的异常训练视频数量减少到 25 个，并固定了正常的训练视频和测试视频，对视频进行了 I3D（基于 ResNet50 提取的 3D 卷积）特征提取，保存为 npy 文件。

训练集由一组具有分类标签的多示例包组成，每个多示例包含若干个没有分类标签的示例。如果多示例包至少含一个正示例，那么该包被标记为正类多示例包（正包）。如果多示例包的所有示例都是负示例，那么该包被标记为负类多示例包（负包）。多示例学习的目的是，通过对具有分类标签多示例包的学习，建立多示例分类器，并将该分类器应用于未知多示例包的预测。

训练集和测试集列表存储在 dataset/list 目录下的 shanghai-i3d-train-10crop.list 和 shanghai-i3d-test-10crop.list 中。

为模型生成训练数据的代码实现在 dataset.py 中，如下所示。

```
import torch.utils.data as data
import numpy as np
from utils import process_feat
import torch
from torch.utils.data import DataLoader
torch.set_default_tensor_type('torch.cuda.FloatTensor')

class Dataset(data.Dataset):
    def __init__(self, args, is_normal=True, transform=None, test_mode=False):
```

```
        self.modality =args.modality
        self.is_normal = is_normal
        self.dataset =args.dataset

        if test_mode:
            self.rgb_list_file = 'dataset/list/shanghai-i3d-test-10crop.list'
        else:
            self.rgb_list_file = 'dataset/list/shanghai-i3d-train-10crop.list'
        self.tranform = transform
        self.test_mode = test_mode
        self._parse_list()
        self.num_frame = 0
        self.labels = None

    def _parse_list(self):
        self.list = list(open(self.rgb_list_file))
        if self.test_mode is False:
            if self.is_normal:
                self.list = self.list[63:]
                #print('normal list for shanghai tech')
                print(self.list)
            else:
                self.list = self.list[:63]
                #print('abnormal list for shanghai tech')
                #print(self.list)
    def __getitem__(self, index):
        label = self.get_label()  #获取标签 0/1
        features = np.load(self.list[index].strip('\n'), allow_pickle=True)
        features = np.array(features, dtype=np.float32)
        if self.tranform is not None:
            features = self.tranform(features)
        if self.test_mode:
            return features
        else:
            #对 10-cropped 特征进行预处理
            #调整特征维度顺序[10, batch-size,time,feature-size]
            features = features.transpose(1, 0, 2)  #[10, B, T, F]
            divided_features = []
            for feature in features:
                feature = process_feat(feature, 32)  #将视频分为 32 份
                divided_features.append(feature)
            divided_features = np.array(divided_features, dtype=np.float32)
            return divided_features, label
```

```
    def get_label(self):
        if self.is_normal:
            label = torch.tensor(0.0)
        else:
            label = torch.tensor(1.0)
        return label

    def __len__(self):
        return len(self.list)

    def get_num_frames(self):
        return self.num_frame
```

2）模型构建

在 model.py 中编写以下代码。

```
import torch
import torch.nn as nn
import torch.nn.init as torch_init
#torch.set_default_tensor_type('torch.cuda.FloatTensor')
#初始化权重
def weight_init(m):
    classname = m.__class__.__name__
    if classname.find('Conv') != -1 or classname.find('Linear') != -1:
        torch_init.xavier_uniform_(m.weight)
        if m.bias is not None:
            m.bias.data.fill_(0)
#非局部注意力，自注意力
class _NonLocalBlockND(nn.Module):
    def __init__(self, in_channels, inter_channels=None, dimension=3, sub_
sample=True, bn_layer=True):
        super(_NonLocalBlockND, self).__init__()

        assert dimension in [1, 2, 3]

        self.dimension = dimension
        self.sub_sample = sub_sample

        self.in_channels = in_channels
        self.inter_channels = inter_channels

        if self.inter_channels is None:
            self.inter_channels = in_channels // 2
            #进行压缩，得到 channel 个数
            if self.inter_channels == 0:
```

```
                self.inter_channels = 1

        if dimension == 3:
            conv_nd = nn.Conv3d
            max_pool_layer = nn.MaxPool3d(kernel_size=(1, 2, 2))
            bn = nn.BatchNorm3d
        elif dimension == 2:
            conv_nd = nn.Conv2d
            max_pool_layer = nn.MaxPool2d(kernel_size=(2, 2))
            bn = nn.BatchNorm2d
        else:
            conv_nd = nn.Conv1d
            max_pool_layer = nn.MaxPool1d(kernel_size=(2))
            bn = nn.BatchNorm1d

        self.g = conv_nd(in_channels=self.in_channels, out_channels=self.inter_
channels,
                         kernel_size=1, stride=1, padding=0)

        #是否为标准化层
        if bn_layer:
            self.W = nn.Sequential(
                conv_nd(in_channels=self.inter_channels, out_channels=self.in_
channels,
                        kernel_size=1, stride=1, padding=0),
                bn(self.in_channels)
            )
            nn.init.constant_(self.W[1].weight, 0)
            nn.init.constant_(self.W[1].bias, 0)
        else:
            self.W = conv_nd(in_channels=self.inter_channels, out_channels=
self.in_channels,
                             kernel_size=1, stride=1, padding=0)
            nn.init.constant_(self.W.weight, 0)
            nn.init.constant_(self.W.bias, 0)

        self.theta = conv_nd(in_channels=self.in_channels, out_channels=self.
inter_channels,
                             kernel_size=1, stride=1, padding=0)

        self.phi = conv_nd(in_channels=self.in_channels, out_channels=self.
inter_channels,
                           kernel_size=1, stride=1, padding=0)

        #若是，则保持子集
```

```
        if sub_sample:
            self.g = nn.Sequential(self.g, max_pool_layer)
            self.phi = nn.Sequential(self.phi, max_pool_layer)
```

假设输入 Feature Map 的 shape = b×c×w×h (batch_size × channels × width × height)，在初始化函数中定义了 3 个 1×1 卷积，分别为 theta、phi、z。

在 theta 中，模型输入为 b×c×w×h，其输出为 b×c/8×w×h。

在 phi 中，模型输入为 b×c×w×h，其输出为 b×c/8×w×h。

在 z 中，模型输入为 b×c×w×h，其输出为 b×c×w×h。

```
#前向传播
    def forward(self, x, return_nl_map=False):
        """
        :param x: (b, c, t, h, w)
        :param return_nl_map: 如果为True那么返回 z, nl_map, 否则只返回 z
        :return:
        """
        batch_size = x.size(0)
        #位置特征
        g_x = self.g(x).view(batch_size, self.inter_channels, -1)
        g_x = g_x.permute(0, 2, 1)
        #注意力特征
        theta_x = self.theta(x).view(batch_size, self.inter_channels, -1)
        theta_x = theta_x.permute(0, 2, 1)
        phi_x = self.phi(x).view(batch_size, self.inter_channels, -1)

        #计算得到注意力系数
        f = torch.matmul(theta_x, phi_x)
        N = f.size(-1)
        f_div_C = f / N#归一化

        #标准化
        y = torch.matmul(f_div_C, g_x)
        y = y.permute(0, 2, 1).contiguous()
        y = y.view(batch_size, self.inter_channels, *x.size()[2:])
        W_y = self.W(y)
        z = W_y + x

        if return_nl_map:
            return z, f_div_C
        return z
#1 维自注意力
class NONLocalBlock1D(_NonLocalBlockND):
```

```
        def __init__(self, in_channels, inter_channels=None, sub_sample=True, bn_
layer=True):
            super(NONLocalBlock1D, self).__init__(in_channels,
inter_channels=inter_channels,
                                              dimension=1, sub_sample=sub_sample,
                                              bn_layer=bn_layer)
    #聚合，上扩展 channel 数 (1×1 卷积)，与原输入 Feature Map 做残差运算，获得 Non-Local
Block 的输出
    class Aggregate(nn.Module):
        def __init__(self, len_feature):
            super(Aggregate, self).__init__()
            bn = nn.BatchNorm1d
            self.len_feature = len_feature
            self.conv_1 = nn.Sequential(
                nn.Conv1d(in_channels=len_feature, out_channels=512, kernel_size=3,
                        stride=1,dilation=1, padding=1),
                nn.ReLU(),
                bn(512)
                #nn.dropout(0.7)
            )
            self.conv_2 = nn.Sequential(
                nn.Conv1d(in_channels=len_feature, out_channels=512, kernel_size=3,
                        stride=1, dilation=2, padding=2),
                nn.ReLU(),
                bn(512)
                #nn.dropout(0.7)
            )
            self.conv_3 = nn.Sequential(
                nn.Conv1d(in_channels=len_feature, out_channels=512, kernel_size=3,
                        stride=1, dilation=4, padding=4),
                nn.ReLU(),
                bn(512)
                #nn.dropout(0.7),
            )
            self.conv_4 = nn.Sequential(
                nn.Conv1d(in_channels=2048, out_channels=512, kernel_size=1,
                        stride=1, padding=0, bias = False),
                nn.ReLU(),
                #nn.dropout(0.7),
            )
            self.conv_5 = nn.Sequential(
                nn.Conv1d(in_channels=2048, out_channels=2048, kernel_size=3,
                        stride=1, padding=1, bias=False), #是否保持偏差
                nn.ReLU(),
                nn.BatchNorm1d(2048),
```

```
            #nn.dropout(0.7)
        )
        self.non_local = NONLocalBlock1D(512, sub_sample=False, bn_layer=True)
    def forward(self, x):
            #x: (B, T, F)
            out = x.permute(0, 2, 1)
            residual = out
            out1 = self.conv_1(out)
            out2 = self.conv_2(out)
            out3 = self.conv_3(out)
            out_d = torch.cat((out1, out2, out3), dim = 1)
            out = self.conv_4(out)
            out = self.non_local(out)
            out = torch.cat((out_d, out), dim=1)
            out = self.conv_5(out)   #将所有特征融合在一起
            out = out + residual
            out = out.permute(0, 2, 1)
            #out: (B, T, 1)
            return out
class Model(nn.Module):
    def __init__(self, n_features, batch_size):
        super(Model, self).__init__()
        self.batch_size = batch_size
        self.num_segments = 32
        self.k_abn = self.num_segments // 10
        self.k_nor = self.num_segments // 10
        self.Aggregate = Aggregate(len_feature=2048)
        self.fc1 = nn.Linear(n_features, 512)
        self.fc2 = nn.Linear(512, 128)
        self.fc3 = nn.Linear(128, 1)
        self.drop_out = nn.Dropout(0.7)
        self.relu = nn.ReLU()
        self.sigmoid = nn.Sigmoid()
        self.apply(weight_init)

    def forward(self, inputs):
        k_abn = self.k_abn
        k_nor = self.k_nor
        out = inputs
        bs, ncrops, t, f = out.size()
        out = out.view(-1, t, f)
        out = self.Aggregate(out)
        out = self.drop_out(out)
```

```
        features = out
        scores = self.relu(self.fc1(features))
        scores = self.drop_out(scores)
        scores = self.relu(self.fc2(scores))
        scores = self.drop_out(scores)
        scores = self.sigmoid(self.fc3(scores))
        scores = scores.view(bs, ncrops, -1).mean(1)
        scores = scores.unsqueeze(dim=2)

        normal_features = features[0:self.batch_size*10]
        normal_scores = scores[0:self.batch_size]

        abnormal_features = features[self.batch_size*10:]
        abnormal_scores = scores[self.batch_size:]

        feat_magnitudes = torch.norm(features, p=2, dim=2)
        feat_magnitudes = feat_magnitudes.view(bs, ncrops, -1).mean(1)
        nfea_magnitudes = feat_magnitudes[0:self.batch_size]  #正常特征
        afea_magnitudes = feat_magnitudes[self.batch_size:]  #异常特征
        n_size = nfea_magnitudes.shape[0]

        if nfea_magnitudes.shape[0] == 1:  #推理时为 1
            afea_magnitudes = nfea_magnitudes
            abnormal_scores = normal_scores
            abnormal_features = normal_features

        select_idx = torch.ones_like(nfea_magnitudes).cuda()
        select_idx = self.drop_out(select_idx)

        #######处理异常视频 -> 找到前 3 个特征  #######
        afea_magnitudes_drop = afea_magnitudes * select_idx
        idx_abn = torch.topk(afea_magnitudes_drop, k_abn, dim=1)[1]
        idx_abn_feat = idx_abn.unsqueeze(2).expand([-1, -1, abnormal_features.
shape[2]])
        abnormal_features = abnormal_features.view(n_size, ncrops, t, f)
        abnormal_features = abnormal_features.permute(1, 0, 2,3)
        total_select_abn_feature = torch.zeros(0)
        for abnormal_feature in abnormal_features:
            feat_select_abn = torch.gather(abnormal_feature, 1, idx_abn_feat)
#异常视频的前 3 个特征
            total_select_abn_feature  =  torch.cat((total_select_abn_feature,
feat_select_abn))

        idx_abn_score = idx_abn.unsqueeze(2).expand([-1, -1, abnormal_scores.
shape[2]])
```

```
        #异常视频前 3 个特征对应的前 3 个分数
        score_abnormal = torch.mean(torch.gather(abnormal_scores, 1, idx_abn_
score), dim=1)
        #######预处理正常视频 deos ->获取前 3 个特征 #######
        select_idx_normal = torch.ones_like(nfea_magnitudes).cuda()
        select_idx_normal = self.drop_out(select_idx_normal)
        nfea_magnitudes_drop = nfea_magnitudes * select_idx_normal
        idx_normal = torch.topk(nfea_magnitudes_drop, k_nor, dim=1)[1]
        idx_normal_feat = idx_normal.unsqueeze(2).expand([-1, -1, normal_
features.shape[2]])
        normal_features = normal_features.view(n_size, ncrops, t, f)
        normal_features = normal_features.permute(1, 0, 2, 3)
        total_select_nor_feature = torch.zeros(0)
        for nor_fea in normal_features:
            feat_select_normal  =  torch.gather(nor_fea,  1,  idx_normal_feat)
#正常视频的前 3 个特征
            total_select_nor_feature  =  torch.cat((total_select_nor_feature,
feat_select_normal))
        idx_normal_score = idx_normal.unsqueeze(2).expand([-1, -1, normal_
scores.shape[2]])
        score_normal = torch.mean(torch.gather(normal_scores, 1, idx_normal_
score), dim=1) #正常视频前 3 个特征对应的前 3 个分数
        feat_select_abn = total_select_abn_feature
        feat_select_normal = total_select_nor_feature
        return score_abnormal, score_normal, feat_select_abn, feat_select_
normal, feat_select_abn, feat_select_abn, scores, feat_select_abn, feat_select_
abn, feat_magnitudes
```

3）模型训练

在 train.py 中编写代码，并使用 Adam 优化器以端到端方式对模型进行训练，权重衰减为 0.0005，批次大小为 64，持续训练 50 轮。

DL-13-v-002

```
def sparsity(arr, batch_size, lamda2):
    loss = torch.mean(torch.norm(arr, dim=0))
    return lamda2*loss

def smooth(arr, lamda1):
    arr2 = torch.zeros_like(arr)
    arr2[:-1] = arr[1:]
    arr2[-1] = arr[-1]
    loss = torch.sum((arr2-arr)**2)
    return lamda1*loss
def l1_penalty(var):
return torch.mean(torch.norm(var, dim=0))

class SigmoidMAELoss(torch.nn.Module):
```

```
        def __init__(self):
            super(SigmoidMAELoss, self).__init__()
            from torch.nn import Sigmoid
            self.__sigmoid__ = Sigmoid()
            self.__l1_loss__ = MSELoss()

        def forward(self, pred, target):
            return self.__l1_loss__(pred, target)

    class SigmoidCrossEntropyLoss(torch.nn.Module):
        def __init__(self):
            super(SigmoidCrossEntropyLoss, self).__init__()

        def forward(self, x, target):
            tmp = 1 + torch.exp(- torch.abs(x))
            return torch.abs(torch.mean(- x * target + torch.clamp(x, min=0) +
torch.log(tmp)))

    class RTFM_loss(torch.nn.Module):
        def __init__(self, alpha, margin):
            super(RTFM_loss, self).__init__()
            self.alpha = alpha
            self.margin = margin
            self.sigmoid = torch.nn.Sigmoid()
            self.mae_criterion = SigmoidMAELoss()
            self.criterion = torch.nn.BCELoss()

        def forward(self, score_normal, score_abnormal, nlabel, alabel, feat_n,
feat_a):
            label = torch.cat((nlabel, alabel), 0)
            score_abnormal = score_abnormal
            score_normal = score_normal
            score = torch.cat((score_normal, score_abnormal), 0)
            score = score.squeeze()
            label = label.cuda()
            loss_cls = self.criterion(score, label)  #空间损失
            loss_abn  =  torch.abs(self.margin  -  torch.norm(torch.mean(feat_a,
dim=1), p=2, dim=1))
            loss_nor = torch.norm(torch.mean(feat_n, dim=1), p=2, dim=1)
            loss_rtfm = torch.mean((loss_abn + loss_nor) ** 2)
            loss_total = loss_cls + self.alpha * loss_rtfm
            return loss_total
    def train(nloader, aloader, model, batch_size, optimizer, viz, device):
        with torch.set_grad_enabled(True):
```

```
        model.train()

        ninput, nlabel = next(nloader)
        ainput, alabel = next(aloader)
        input = torch.cat((ninput, ainput), 0).to(device)
        score_abnormal, score_normal, feat_select_abn, feat_select_normal,
feat_abn_bottom, \
        feat_normal_bottom, scores, scores_nor_bottom, scores_nor_abn_bag, _ =
model(input)  #b*32 × 2048
        scores = scores.view(batch_size * 32 * 2, -1)
        scores = scores.squeeze()
        abn_scores = scores[batch_size * 32:]
        nlabel = nlabel[0:batch_size]
        alabel = alabel[0:batch_size]
        loss_criterion = RTFM_loss(0.0001, 100)
        loss_sparse = sparsity(abn_scores, batch_size, 8e-3)
        loss_smooth = smooth(abn_scores, 8e-4)
        cost  = loss_criterion(score_normal, score_abnormal, nlabel, alabel,
feat_select_normal, feat_select_abn) + loss_smooth + loss_sparse

        viz.plot_lines('loss', cost.item())
        viz.plot_lines('smooth loss', loss_smooth.item())
        viz.plot_lines('sparsity loss', loss_sparse.item())
        optimizer.zero_grad()
        cost.backward()
        optimizer.step()
```

编写完成后，先运行 python -m visdom.server 开启测评服务器，然后执行“python main.py”命令，结果如下所示。

```
  rank_zero_deprecation(
GPU available: True, used: True
TPU available: False, using: 0 TPU cores
IPU available: False, using: 0 IPUs
LOCAL_RANK: 0 - CUDA_VISIBLE_DEVICES: [0,1]
  | Name     | Type     | Params
---------------------------------------
0 | time2vec | Time2Vec | 0
1 | model    | MTGNN    | 406 K
---------------------------------------
406 K     Trainable params
0         Non-trainable params
406 K     Total params
1.627     Total estimated model params size (MB)
```

```
    Epoch 1, global step 39: val/mse reached 31083.15625 (best 31083.15625), saving model to "/home/ runs/mtgnn_checkpoint/mtgnn-metr_915276375/best-mtgnn-metrepoch=01-val/mse=31083.16.ckpt" as top 1
    Validating: 0it [00:00, ?it/s]
    Epoch 2, global step 59: val/mse reached 27795.58125 (best 27795.58125), saving model to "/home/ runs/mtgnn_checkpoint/mtgnn-metr_915276375/best-mtgnn-metrepoch=02-val/mse=27795.58.ckpt" as top 1
    Validating: 0it [00:00, ?it/s]…
    epoch98,train_loss0.003678,rmse_loss0.064613,mae_loss0.046488,mape_loss16.662756,Timeused0.975884s
    epoch99,train_loss0.001068,rmse_loss0.061751,mae_loss0.043498,mape_loss16.260286,Timeused1.085341s
```

4. 实验小结

数据集均按时间升序（从过去到现在）进行排序，分为训练集（70%）、验证集（10%）和测试集（20%）。训练 60 分钟后验证集上的 MAE、RMSE、MAPE 分别是 3.28%、6.68%、9.08%。

本章总结

- 注意力机制能够显著提高时间特征学习模型的鲁棒性。
- 视频异常检测的目标是识别包含异常事件的视频片段，训练数据需要保证正负样本之间有较大差距。
- 增加模型学习的鉴别特征，能够提高其区分复杂异常（如细微异常）的能力。

作业与练习

DL-13-c-001

1. [单选题] 以下关于注意力机制叙述错误的是（　　）。

   A. 注意力机制借鉴了人类的注意力思维方式，以获得需要重点关注的目标区域

   B. 在计算注意力权重时，Key 和 Query 对应的向量维度需相等

   C. 点积注意力层不引入新的模型参数

   D. 注意力掩码可以用来解决一组变长序列的编码问题

2. [单选题] 以下关于加入注意力机制的 seq2seq 模型的叙述正确的是（　　）。

   A. seq2seq 模型不能生成无穷长的序列

   B. 每个时间步，解码器输入的语义向量相同

   C. 解码器由编码器最后一个时间步的隐藏状态初始化

   D. 引入注意力机制可以加速模型训练

3．[单选题] 关于点积注意力机制描述错误的是（ ）。

A．高维张量的矩阵乘法可用于并行计算多个位置的注意力分数

B．计算点积后除以 $\sqrt{d}$ 以减轻向量维度对注意力权重的影响

C．可视化注意力权重的二维矩阵有助于分析序列内部的依赖关系

D．对于两个有效长度不同的输入序列，若两组键值对完全相同，那么对于同一个键的输出一定相同

4．[多选题] 自注意力和注意力相比，它的优点是（ ）。

A．元素与元素之间的距离进一步缩短

B．由固定大小的感知变成了可变大小的感知

C．以整段语句作为处理单元

D．异步矩阵计算得到了文本序列中任意两个元素的相似度

5．[多选题] 自注意力机制中 Query、Key 和 Value 的正确使用方式为（ ）。

A．三个参数的模型表达能力比只用 Query、Value 或者只用 Value 要好

B．三个参数的模型灵活性比只用 Query、Value 或者只用 Value 要好

C．需要根据具体情况确定

D．很多时候选择其中两个进行组合

第14章

Transformer

本章目标

- 了解 Transformer 的基本概念。
- 熟悉 Transformer 的原理和总体结构。
- 了解 Positional Encoding 和 LayerNorm 的作用。
- 理解多头注意力机制的原理。
- 掌握基于 Transformer 模型实现轨迹预测的基本原理。

Transformer 打破了循环神经网络只能以串行方式处理数据的限制，它能够以并行方式进行语言处理，依赖于注意力机制，使用 Encoder-Decoder 的模型结构，在 NLP 领域取得巨大成功，并迅速迁移到 CV 领域。

本章包含的项目案例如下。

- 轨迹预测。

构建一个 Transformer 模型，并在车辆轨迹预测数据集上对其进行训练，通过历史轨迹数据预测未来某个时间段内车辆的行驶轨迹。

14.1 Transformer 的概述

机器翻译、自动摘要等端到端的生成式应用都属于 seq2seq 问题，均是将一个序列 X（输入序列）转化为另一个序列 Y（输出序列），输入序列和输出序列的长度不固定。

seq2seq 是条件语言模型，即在已知输入序列和输出序列中已生成词的条件下，使下一目标词的概率最大化，最终希望使整个输出序列的生成概率最大。Decoder 依赖于 Encoder 传入。Encoder 对序列的编码能力至关重要，当序列长度很长时，Encoder 的编码能力会明显下降。

由于 Transformer 结合了注意力机制中的 seq2seq 模型，因此它不再局限于定长的语义向量，理论上也不会损失远距离的信息，在实际应用过程中也取得了很好的效果。

14.1.1 Transformer 的简介

Transformer 是 Google 在论文 Attention is All You Need 中提出的，最后发表在 2017 年的神经信息处理系统大会上。Transformer 在 NLP 中的应用取得了开创性的成果。如今 Transformer 的技术已经应用于视觉领域。Transformer 在机器翻译中的应用过程如图 14.1 所示。

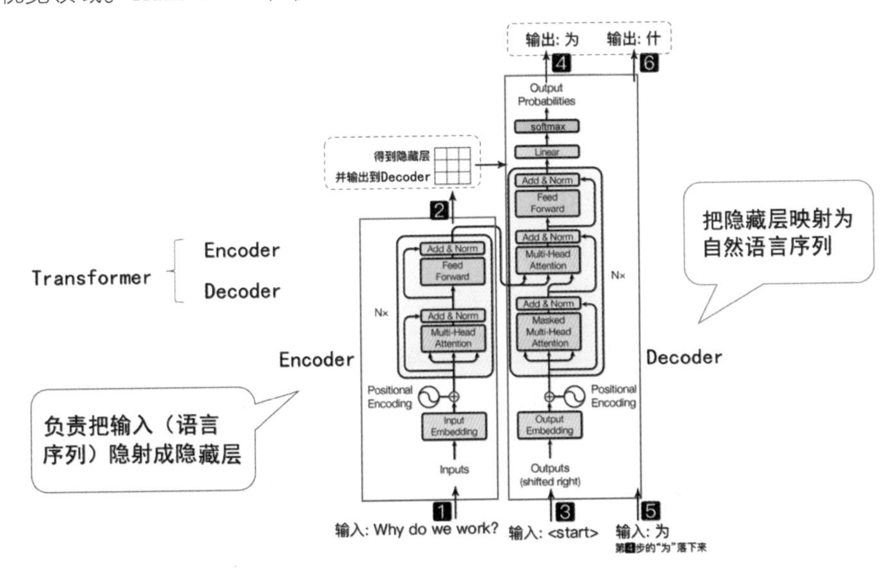

图 14.1 Transformer 在机器翻译中的应用过程

本章将先介绍 Transfomer 的基本原理，然后阐述 Transfomer 在轨迹预测(Trajectory Forecasting)中的具体应用。

14.1.2 Transformer 的总体结构

首先，通过 NLP 中的机器翻译任务理解 Transfomer 的基本原理。可以将 Transformer 看作是一个黑盒。在机器翻译任务中，输入序列是源语言的句子，输出序列是翻译后目标语言，如图 14.2 所示。

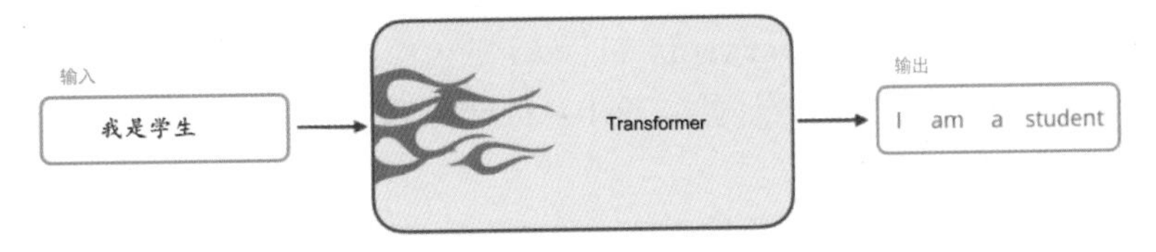

图 14.2 Transformer 黑盒示意图

Transformer 是基于 Encoder 和 Decoder 框架组成的，因此可以将 Transformer 的总体结构表示成图 14.3 所示的形式。

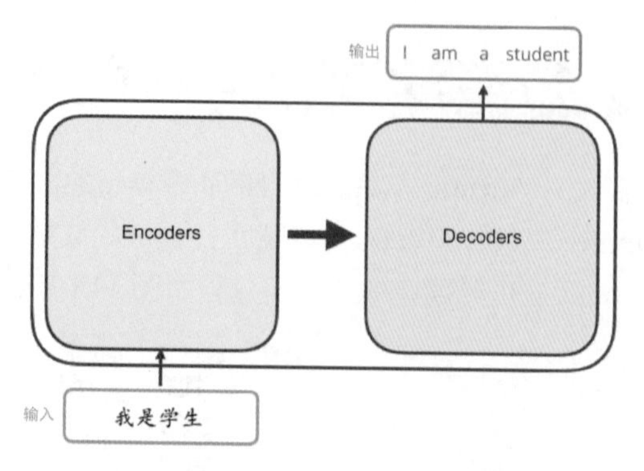

图 14.3　Transformer 的总体结构

其中，Encoders 由 6 个相同的块组成，每个块由相同的结构组成。同样，Decoders 也由 6 个相同的块组成。图 14.4 所示为 Transformer 的详细结构。

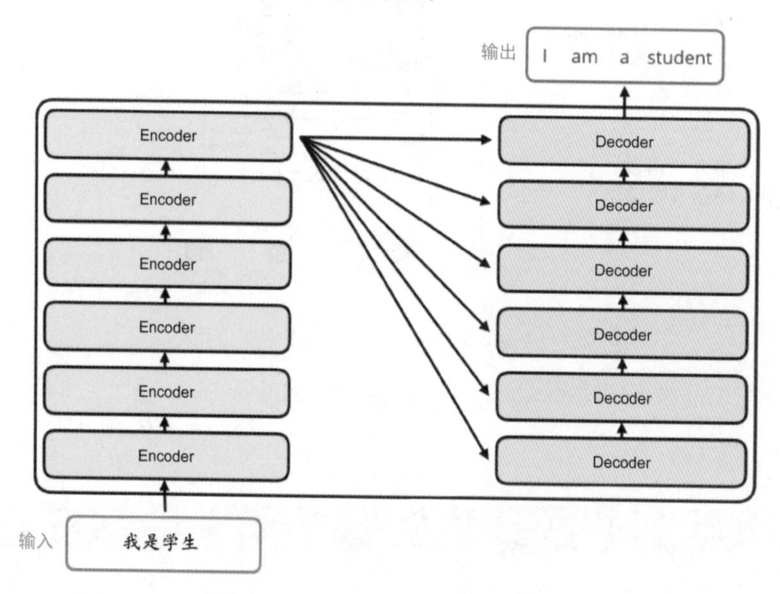

图 14.4　Transformer 的详细结构

Transformer 中的 Encoder 虽然有完全相同的输入序列，但是并不共享参数。每一个 Encoder 的组成部分包含 Self-Attention 和 Feed Forward。Encoder 的内部组成如图 14.5 所示。Feed Forward 也称为多层感知器，是常见的全连接神经网络。Self-Attention 是 Transformer 的核心，代替了传统的 seq2seq 模型，提高了模型训练的速度。

当输入序列经过 Encoder 时，首先将输入序列的单词使用词向量（Word Embedding）算法转换成向量表示，每个单词使用 512 维的向量表示，如图 14.6 所示。

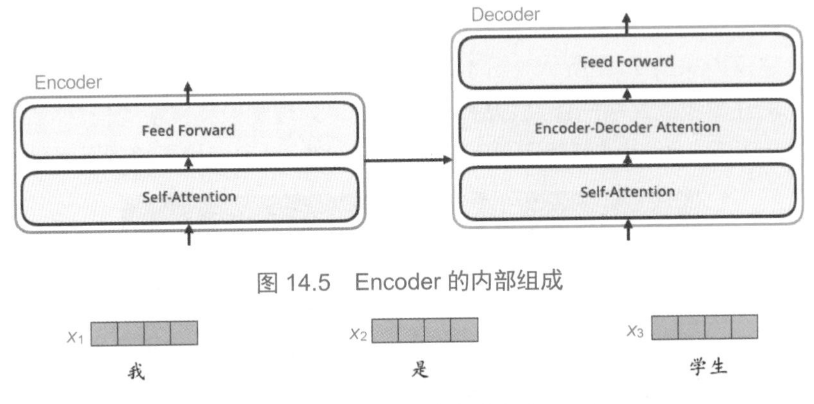

图 14.5　Encoder 的内部组成

图 14.6　单词的向量表示

在对输入序列做文本向量化表示之后，输入序列将流经 Encoder 的两个子层。Transformer 中数据的流向如图 14.7 所示。由图 14.7 可知 Transformer 中每个位置的单词仅通过它自己的 Encoder 路径。

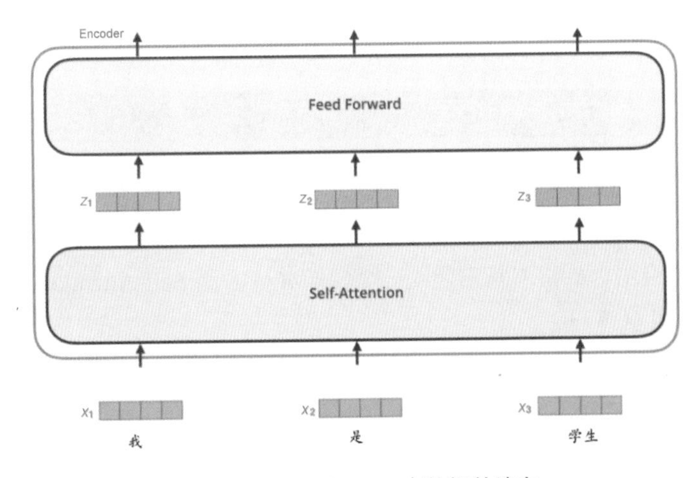

图 14.7　Transformer 中数据的流向

在 Self-Attention 中，这些路径有相互依赖的关系，而在 Feed Forward 中则没有依赖关系，所以这些路径在通过 Feed Forward 时可以并行计算。Self-Attention 机制的原理将在下一节中进行介绍。

14.2　Self-Attention 机制

14.2.1　Self-Attention 机制的原理

Self-Attention 机制源于人的视觉注意力，一张图像中特别显眼的场景会率先吸引人的注意力，这是因为人的大脑对这类信息很敏感。

注意力是神经科学理论的核心，该理论认为人的注意力资源有限，所以大脑会自动提炼出最有用的信息。视觉注意力如图 14.8 所示。图 14.8 中显示人会对图像中的兔子更感兴趣。简单来说，注意力就是让人关注图像或文字的重点，从而可以更好地处理图像和文字的信息。在 Transformer 中使用 Self-Attention 机制，可以使其获取更丰富的语义信息，从而获得更好的预测结果。

图 14.8 视觉注意力

14.2.2 Self-Attention 的计算过程

在 Transformer 中，其核心是计算词与词之间的注意力得分。注意力函数的本质可以描述为一个查询（***Q*** 为查询对应的矩阵）到一系列键（***K*** 为键对应的矩阵）、值（***V*** 为值对应的矩阵）的映射。目前在 NLP 的研究中，***K*** 和 ***V*** 常常是同一个，即 ***K***=***V***。而 Self-Attention 的含义表示查询和键值对的映射也相同，即 ***Q***=***K***=***V***。

在 Self-Attention 中采用了多头注意力（Multi-Headed Attention）机制，而多头注意力由缩放点积的注意力机制（Scaled Dot-Product Attention）组成。多头注意力机制和缩放点积的注意力机制计算图如图 14.9 所示。

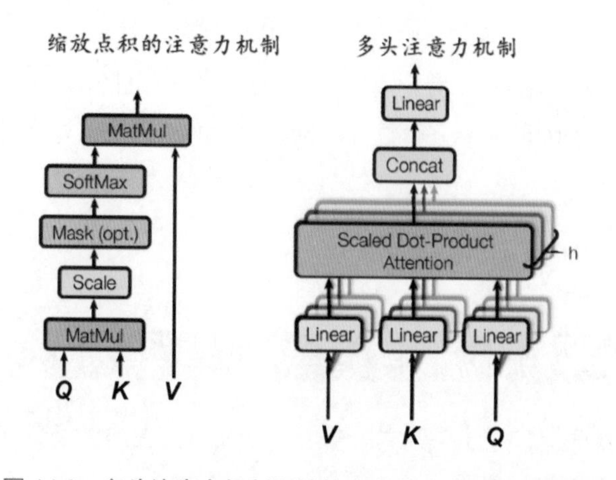

图 14.9 多头注意力机制和缩放点积的注意力机制计算图

其中，查询、键、值对应的矩阵 $\boldsymbol{Q}$、$\boldsymbol{K}$、$\boldsymbol{V}$ 由初始化得到。根据图 14.9 的计算图可知，Transformer 中注意力得分计算公式如下式所示。

$$\text{Attention}(\boldsymbol{Q},\boldsymbol{K},\boldsymbol{V})=\text{softmax}(\frac{\boldsymbol{QK}^{\mathrm{T}}}{\sqrt{d_k}}) \quad (14.1)$$

式中，$\boldsymbol{Q}$、$\boldsymbol{K}$、$\boldsymbol{V}$ 和计算图中表示的含义相同。式（14.1）中除以 $\sqrt{d_k}$ 表示起调节作用，使得内积相乘的结果不至于太大。该数值通常是矩阵 $\boldsymbol{Q}$、$\boldsymbol{K}$、$\boldsymbol{V}$ 第一个维度的开方，在 Transformer 中使用的维度为 64，即 $\sqrt{d_k}=8$。

14.2.3 Positional Encoding 和 LayerNorm

Self-Attention 机制能使文本句子中的单词不仅能关注当前的词语，还能获得上下文的信息。但在 Transformer 的结构中，还缺少能够解释文本句子中单词顺序的方法。而通过为 Transformer 中 Encoder 和 Decoder 的输入序列添加一个 Positional Encoding（向量）可以解决这个问题，该向量的维度和 Word Embedding 的维度一致。Positional Encoding 的计算公式如下式所示。

$$\text{PE}(\text{pos},2i)=\sin\left(\frac{\text{pos}}{10000^{\frac{2i}{d_{\text{model}}}}}\right)$$

$$\text{PE}(\text{pos},2i+1)=\cos\left(\frac{\text{pos}}{10000^{\frac{2i}{d_{\text{model}}}}}\right)$$

式中，pos 表示当前句子重点位置；i 表示每个值对应的索引。在偶数位置使用正弦编码，奇数位置使用余弦编码，并将 Positional Encoding 和 Word Embedding 的值相加，作为输入送到下一层。Positional Encoding 的表示如图 14.10 所示。

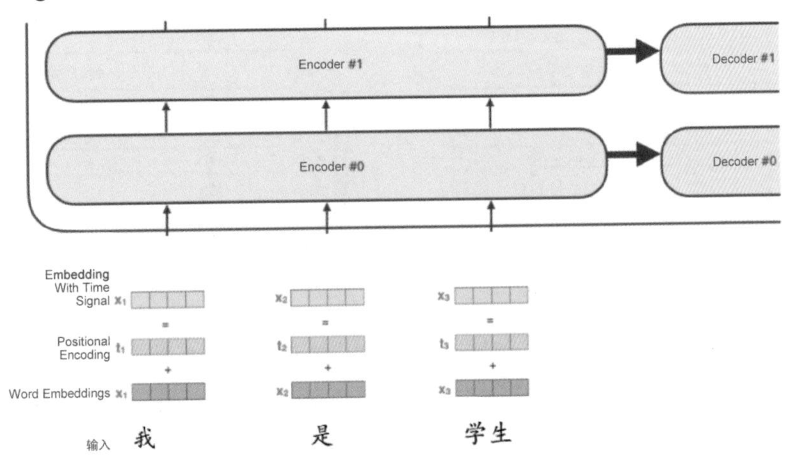

图 14.10 Positional Encoding 的表示

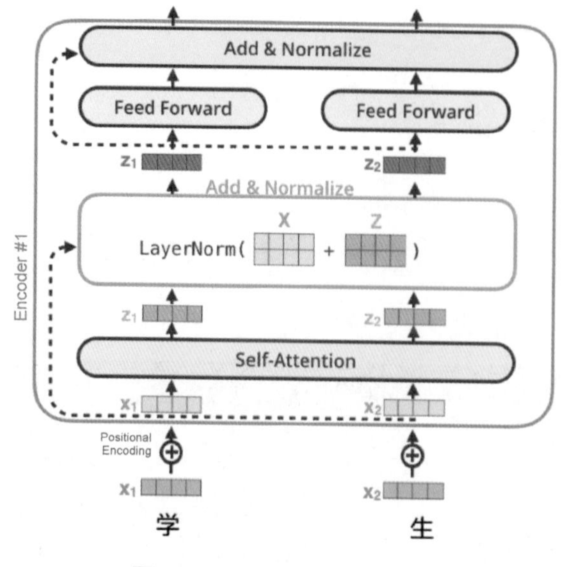

图 14.11　LayerNorm 的作用

从图 14.10 可以看出，输入“我是学生”首先经过 Word Eembedding，然后其值和 Positional Encoding 相加后送入 Encoder 中，这就相当于句子中的单词包含了序列的信息，从而使得 Transformer 可以学习到句子中单词的顺序。

在 Transformer 计算的过程中，数据经过 Self-Attention 之后会接一个 LayerNorm。LayerNorm 的作用如图 14.11 所示。它的具体作用是把输入数据转化成均值为 0、方差为 1 的标准化数据，其实就是对数据进行归一化操作，防止因数据的偏差导致过拟合的现象。

到目前为止，我们已经学习了 Encoder 的全部内容，如果把两个 Encoder 叠加在一起就是图 14.12 所示的结构。

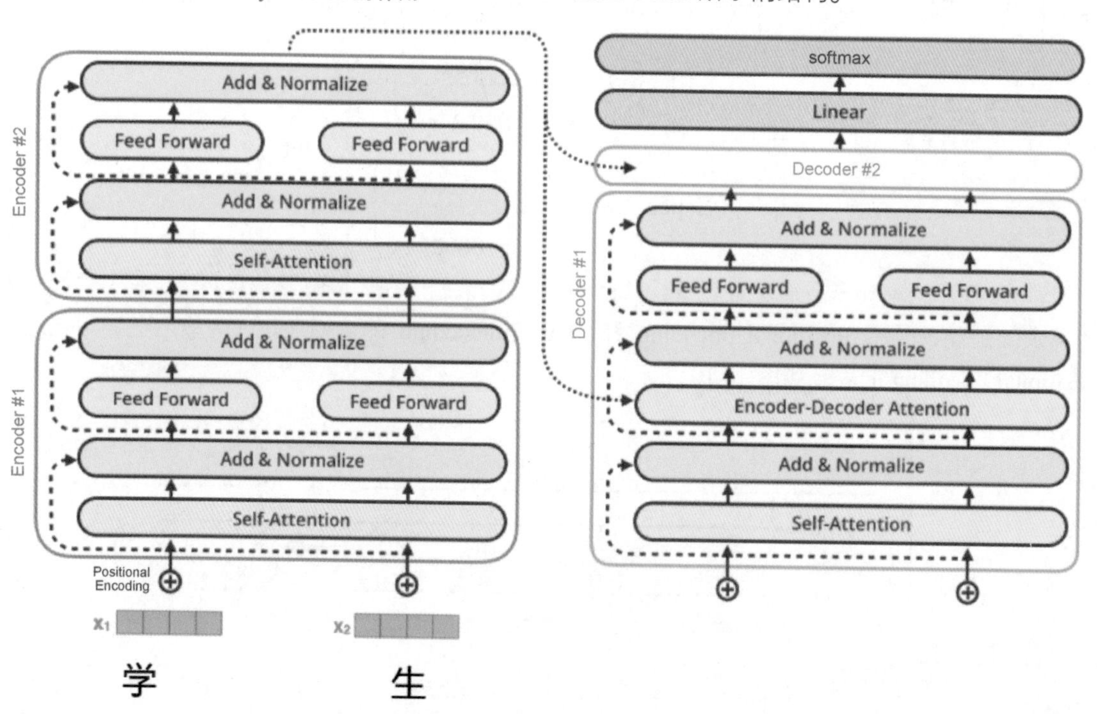

图 14.12　Transformer 中包含两层 Encoder-Decoder 的内部结构

综上所述，Encoder 的具体组成部分包括 Word Embedding、Positional Encoding、Self-Attention、LayerNorm 和 Feed Forward。Decoder 的内部原理与 Encoder 的内部原理大致相同，区别在于它是在 Encoder 的基础上增加一个子层，目的是和 Encoder 输出的结果进行拼接，并完成最终的计算。

Transformer 在轨迹预测中的具体应用将在下节进行介绍。

14.3 项目案例：轨迹预测

预测道路上其他活动目标的行为，对于用户自动驾驶确保安全至关重要。本次实验只考虑车辆的轨迹预测问题，因此对车辆的活动轨迹建模，通过观察其当前和以前的轨迹来预测车辆的未来轨迹，即输入一个观察窗口（看到的序列）和一个预测范围，输出车辆在未来 k 步的预测轨迹。

14.3.1 解决方案

使用 seq2seq 模型进行轨迹预测，已经存在很多成功的案例，但是 seq2seq 模型的实现机制依赖于循环神经网络，无法并行计算，训练效率低下。

Transformer 中的编码器由 Multi-Head Attention、Add & Normalize、Feed Forward 组成。解码器由 Masked Multi-Head Attention、Multi-Head Attention、Add & Normalize、Feed Forward 组成。

基于 Transformer 对车辆的行驶轨迹预测的网络图如图 14.13 所示。

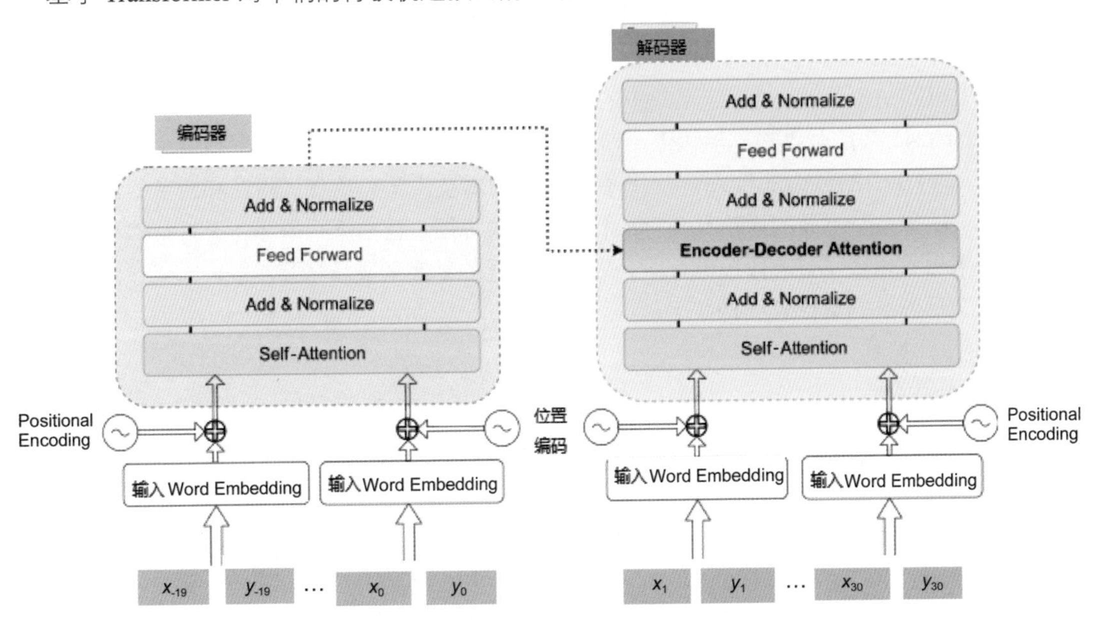

图 14.13 基于 Transformer 对车辆的行驶轨迹预测的网络图

1）Self-Attention

Self-Attention 以矩阵 $\boldsymbol{Q}$、矩阵 $\boldsymbol{K}$、矩阵 $\boldsymbol{V}$、查询和键的维度作为输入，先通过矩阵 $\boldsymbol{Q}$ 和矩阵 $\boldsymbol{K}$ 的点积运算，缩放因子为 $1/d_k$，然后，使用 softmax 函数来获得矩阵 $\boldsymbol{V}$ 的权重。

2）Multi-Head Attention

Multi-Head Attention 包含多个 Self-Attention 层，首先将输入 x 分别传递到 h 个不同的 Self-Attention 中，计算得到 h 个输出矩阵 $\boldsymbol{Z}$，Multi-Head Attention 将输出矩阵连接起来传入一个 Linear 层，得到 Multi-Head Attention 最终的输出矩阵。

Transformer 结构可以基于 Multi-Head Attention 从不同的表示子空间中联合产生轨迹数据的全尺度潜在特征。

3）Positional Encoding

Transformer 使用 Positional Encoding 在网络中表达时间序列特征，每个输入 Word Embedding 都被分配了一个时间序列特征。

编码阶段的输入是一个时间段内的观察窗口，即车辆的轨迹路径，用$[(x_{-19},y_{-19}),\cdots,(x_0,y_0)]$表示。轨迹路径经过 Positional Encoding 后被送入编码器，得到注意力机制的输入编码。解码阶段的输入是下一个时间段内行人的轨迹路径，用$[(x_1,y_1),\cdots,(x_{30},y_{30})]$表示，其过程和编码阶段类似。将编码阶段的输出和解码阶段的输出拼接后一起训练，Transformer 中解码器的输出即车辆在下一个时间段的预测轨迹。

14.3.2 车辆轨迹预测数据集

本次实验使用 Argoverse v1.1 数据集中的车辆轨迹预测数据集。该数据集包含从 1000 多个驾驶小时中提取的 324557 条有效的车辆轨迹。

Argoverse v1.1 中的数据来自 Argo 人工智能的自动驾驶测试车辆在迈阿密和匹兹堡运行的部分区域，这 2 个城市具有不同的城市驾驶挑战和当地驾驶习惯，包括不同季节、天气条件和一天中不同时间的传感器数据或“日志段”的记录，以提供广泛的真实驾驶场景。

车辆轨迹预测数据集目录结构如下。

```
/dataset/
├── train/
|   └── data/
|       ├── 1.csv
|       ├── 2.csv
|       ├── ...
└── val/
    └── data/
        ├── 1.csv
        ├── 2.csv
        ├── ...
```

Argoverse v1-Motion_Forecasting 数据表示如图 14.14 所示。图 14.14 中包含观察目标（红色）、自动驾驶车辆（绿色）和场景中所有其他观察目标（浅蓝色）的轨迹。

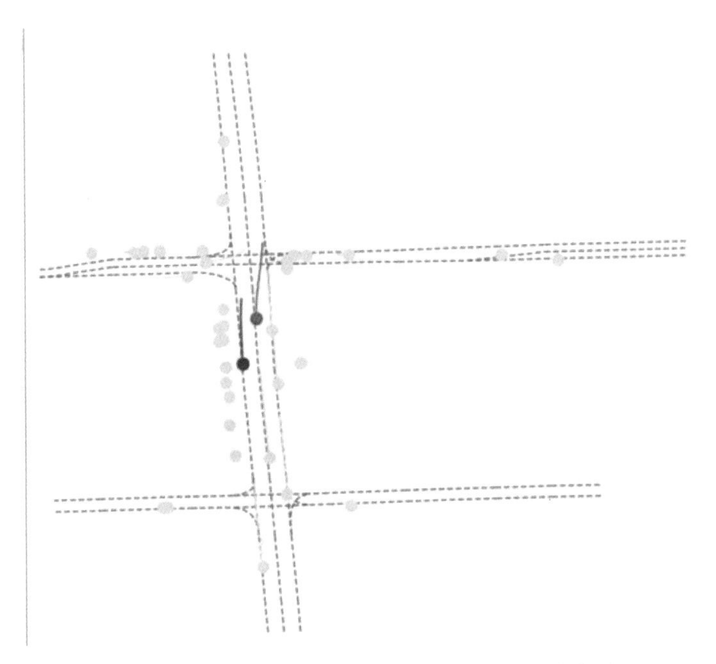

图 14.14 Argoverse v1-Motion_Forecasting 数据表示

一个 csv 文件对应一个时长 5 秒的场景。csv 文件的内容如图 14.15 所示。

1	TIMESTAMP	TRACK_ID	OBJECT_TYPE	X	Y	CITY_NAME
2	315968203.702965	00000000-0000-0000-0000-000000000	AV	419.354577818	1125.9280648874	MIA
3	315968203.702965	00000000-0000-0000-0000-000000023	OTHERS	404.7292168396	1253.0065911729	MIA
4	315968203.702965	00000000-0000-0000-0000-000000023	OTHERS	491.96770374503	1147.2865808928	MIA
5	315968203.702965	00000000-0000-0000-0000-000000023	OTHERS	473.82748231376	1146.6724731074	MIA
6	315968203.702965	00000000-0000-0000-0000-000000023	OTHERS	419.64133675823	1252.0345383663	MIA
7	315968203.702965	00000000-0000-0000-0000-000000023	OTHERS	427.84919485334	1067.492295235	MIA
8	315968203.702965	00000000-0000-0000-0000-000000023	OTHERS	498.6413068155	1147.4305417136	MIA
9	315968203.702965	00000000-0000-0000-0000-000000023	OTHERS	478.12293949692	1138.920083033	MIA
10	315968203.702965	00000000-0000-0000-0000-000000023	OTHERS	419.64432103728	1119.6556813022	MIA
11	315968203.702965	00000000-0000-0000-0000-000000023	OTHERS	424.76651603945	1123.1030512204	MIA
12	315968203.702965	00000000-0000-0000-0000-000000023	OTHERS	466.87032866007	1146.4268376521	MIA
13	315968203.702965	00000000-0000-0000-0000-000000023	OTHERS	426.39182356083	1113.11438159926	MIA
14	315968203.702965	00000000-0000-0000-0000-000000023	OTHERS	423.37740526676	1114.6016065906	MIA

图 14.15 csv 文件的内容

csv 文件的内容说明如下。

TIMESTAMP 表示时间戳。

TRACK_ID 表示观察目标唯一标识。

OBJECT_TYPE 表示观察目标类型。

X、Y 表示观察目标的 X、Y 坐标。

CITY_NAME 表示数据采集城市。

对于 Argoverse 运动预测，允许存在多个预测轨迹（最多 K=6），部分评估指标说明如下。

（1）未命中率（MR），即根据端点误差，预测轨迹均不在地面实况 2 米范围内的场景数量。

（2）最小最终位移误差（minFDE），该指标为最佳预测轨迹的端点与地面实况之间的 L2 距离。

（3）最小平均位移误差（minADE），该指标为最佳预测轨迹与地面实况之间的平均 L2 距离。

（4）可驾驶区域合规性（DAC）。如果一个模型产生 n 个可能的未来轨迹并且其中 m 个轨迹在某个点对离开可行驶区域，那么该模型的 DAC 将为$(nm)/n$。

（5）概率最小最终位移误差（p-minFDE），该指标类似于 minFDE，两者唯一的区别是将 $\min(-\log(p), -\log(0.05))$添加到端点 L2 距离，其中 p 对应于最佳预测轨迹的概率。

（6）概率最小平均位移误差（p-minADE），该指标类似于 minADE，两者唯一的区别是将 $\min(-\log(p), -\log(0.05))$添加到平均 L2 距离，其中 p 对应于最佳预测轨迹的概率。

14.3.3 实现过程

1. 实验目标

（1）理解轨迹预测的核心问题与不同解决方案的区别。

（2）能够构建 Transformer 模型。

（3）能够对车辆轨迹预测数据集进行处理和拆分。

（4）能够训练 Transformer 模型并对其进行评估。

（5）能够对模型训练过程和评估进行可视化。

2. 实验环境

实验环境如表 14.1 所示。

表 14.1 实验环境

硬　件	软　件	资　源
PC/笔记本电脑 显卡（模型训练需要，推荐 NVIDIA 显卡，显存 4G 以上）	Ubuntu 18.04/Windows 10 Python 3.7.3 Torch 1.9.1 Torch 1.9.1+cu111（模型训练需要 GPU 版本）	车辆轨迹预测数据集

3. 实验步骤

本次实验目录结构如图 14.16 所示。

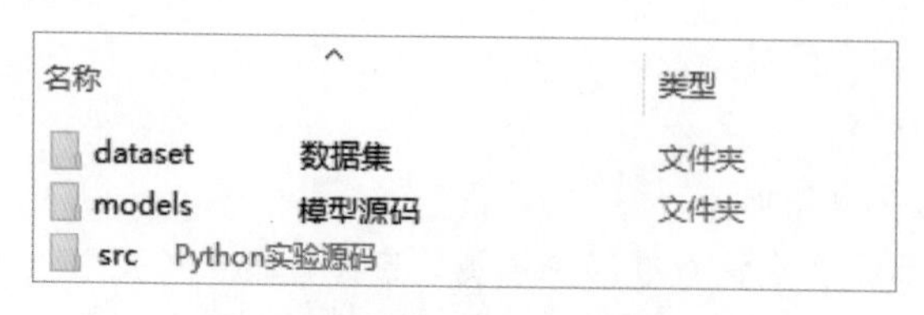

图 14.16 本次实验目录结构

在 PyCharm 中打开 src 下的以下文件。

（1）01_dataset.py。

（2）02_transformer.py。

DL-14-v-001

根据以下步骤编写代码完成本次实验。

1）数据处理

（1）查看数据格式。

在 01_dataset.py 中编写以下代码。

```
import os
from torch.utils.data import Dataset
from pathlib import Path
import pandas as pd
import numpy as np

class TrajectoryDataset(Dataset):

    def __init__(self, root_dir, mode):
        self.root_dir = Path(root_dir)
        self.mode = mode
        self.sequences = [(self.root_dir / x).absolute() for x in os.listdir(self.root_dir)]
        self.obs_len = 20

    def __len__(self):
        return len(self.sequences)

    def __getitem__(self, idx):
        sequence = pd.read_csv(self.sequences[idx])
        agent_x = sequence[sequence["OBJECT_TYPE"] == "AGENT"]["X"]
        agent_y = sequence[sequence["OBJECT_TYPE"] == "AGENT"]["Y"]
        agent_traj = np.column_stack((agent_x, agent_y))
        return {"input": agent_traj[:self.obs_len], "target": agent_traj[self.obs_len:]}
#定义训练集
train_dataset = TrajectoryDataset(TRAIN, "train")

#定义数据加载器
from torch.utils.data import DataLoader
train_dataloader = DataLoader(train_dataset, batch_size=16, shuffle=True, num_workers=0)

#查看数据size
for i, batch in enumerate(train_dataloader):
```

```
    if i > 10:
        break
    print(i, batch["input"].size(), batch["target"].size())
print(batch["input"])
```

运行代码，部分结果如下所示。

```
0 torch.Size([16, 20, 2]) torch.Size([16, 30, 2])
tensor([[[ 748.2907, 1386.8340],
         [ 747.7972, 1386.6627],
         [ 747.3476, 1386.5277],
         [ 746.9154, 1386.4392],
         [ 746.4154, 1386.3906],
         [ 745.9939, 1386.1036],
         [ 745.5612, 1385.9787],
         [ 745.0955, 1385.7606],
         [ 744.6980, 1385.6359],
         [ 744.2975, 1385.4256],
         [ 744.0911, 1385.3073],
         [ 743.4440, 1385.3748],
         [ 743.1316, 1384.9170],
         [ 742.8167, 1384.8653],
         [ 742.4519, 1384.6558],
         [ 742.0047, 1384.3542],
         [ 741.5920, 1383.8820],
         [ 741.2595, 1383.6484],
         [ 740.9098, 1383.3437],
         [ 740.5664, 1383.0928]],
      ...
```

打印数据。

```
#打印数据
for i in range(3):
    sample = train_dataset[i]
    observed = sample["input"]
prediction = sample["target"]
print("input:",objserved, "pred:",prediction)
```

运行代码，部分结果如下所示。

```
input:  [[ 588.33352653 1233.7700584 ]
 [ 588.42291682 1234.4461155 ]
 [ 588.45189439 1235.11019249]
 [ 588.50488842 1235.99347188]
 [ 588.42756258 1236.78349651]
 [ 588.43349344 1237.55734598]
```

```
 [ 588.57714457 1237.83591654]
 [ 588.61982052 1238.61239574]
 [ 588.63882083 1239.21990289]
 [ 588.55020525 1239.84548882]
 [ 588.58871802 1240.41407215]
 [ 588.52781523 1240.96500773]
 [ 588.53786171 1241.54296806]
 [ 588.54788586 1241.97013453]
 [ 588.56296239 1242.42549379]
 [ 588.52700625 1242.91025671]
 [ 588.52144062 1243.51875318]
 [ 588.48951268 1243.93341004]
 [ 588.4935107  1244.36014982]
 [ 588.47525312 1244.64428413]] pred:  [[ 588.44823845 1245.05096774]
...
```

（2）数据预处理。

在 02_transformer.py 中的“数据预处理”中编写以下代码。

```
##数据获取和处理
#数据目录下保存了很多 csv 文件，每个 csv 文件保存了一个 5 秒的 sequence，包含了多个车辆的轨
迹信息
DATASET_PATH = "dataset/forecasting/"
TRAIN = DATASET_PATH + "train/data"
VAL = DATASET_PATH + "val/data"
#TEST = DATASET_PATH + "test_obs/data/"

def data_process(root_dir, mode):
    """
    处理 root_dir 目录下的 csv 文件
    返回 numpy array, shape: (total num of sequences, seq len, 4)
    """
    root_dir = pathlib.Path(root_dir)
    paths = [(root_dir / filename).absolute() for filename in os.listdir
(root_dir)]
    seq_len = 50 if mode != "test" else 20
    features = np.empty((len(paths), seq_len, 4))
    for i in tqdm((range(len(paths)))):
        path = paths[i]
        sequence = pd.read_csv(path)
        agent_x = sequence[sequence["OBJECT_TYPE"] == "AGENT"]["X"]
        agent_y = sequence[sequence["OBJECT_TYPE"] == "AGENT"]["Y"]
        xy = np.column_stack((agent_x, agent_y))
        #若是 train 或者 val，则 xy shape: (50, 2) 记录了 5 秒（每秒 10 帧）的 agent xy
坐标
```

```
        #否则xy shape: (20, 2),是agent前2秒的xy坐标
        vel = xy[1:] - xy[:-1]
        init_unknown_vel = np.array([np.nan, np.nan])
        vel = np.vstack((init_unknown_vel, vel))
        #vel shape: (seq len, 2),差分得到速度,初始速度无法获取,设为NaN
        feature = np.column_stack((xy, vel))
        #feature shape: (seq len, 4),各列分别是x、y、vel_x、vel_y
        features[i] = feature
    return features

def save_features_to_pkl(features, filepath):
    basedir = os.path.dirname(filepath)
    if not os.path.exists(basedir):
        os.makedirs(basedir)
    with open(filepath, 'wb') as f:
        pkl.dump(features, f)

def load_pkl_to_features(filepath):
    with open(filepath, 'rb') as f:
        features = pkl.load(f)
    return features
#训练集和验证集数据特征存储

d = {"train": TRAIN,
     "val": VAL}
for mode, path in tqdm(d.items()):
    save_path = 'dataset/{}.pkl'.format(mode)
    if os.path.isfile(save_path):
        continue
    features = data_process(path, mode)
    save_features_to_pkl(features, save_path)
```

运行代码，部分结果如下所示。

```
100%          208272/208272 [13:03<00:00, 260.29it/s]
100%          208272/208272 [13:03<00:00, 260.29it/s]
```

分析均值和标准差。

```
##分析训练数据中Vx和Vy的均值和标准差
train_features = load_pkl_to_features("dataset/train.pkl")
print(train_features.shape)
train_velocity_mean = train_features[:, 1:, 2:4].mean((0, 1))
train_velocity_std = train_features[:, 1:, 2:4].std((0, 1))
print(train_velocity_mean, train_velocity_std)
```

运行代码，部分结果如下。

```
100%            208272/208272 [13:03<00:00, 260.29it/s]
```

（3）定义 dataset 模块。

```
##为 PyTorch 模型加载数据创建接口
class VelocityDataset(Dataset):

    def __init__(self, pkl_filepath, mode, obs_len = 20, transform = None):
        self.mode = mode
        self.features = load_pkl_to_features(pkl_filepath)
        self.obs_len = obs_len
        self.transform = transform

    def __len__(self):
        return self.features.shape[0]
    def __getitem__(self, idx):
        #返回 source 及 target velocity
        src = self.features[idx, 1:self.obs_len, 2:4]
        trg = self.features[idx, self.obs_len:, 2:4]
        if self.transform:
            src = self.transform(src)
            trg = self.transform(trg)
        return src, trg
```

2）模型构建

在 02_transformer.py 的“模型构建”中编写以下代码。

```
class TrajectoryTransformer(nn.Module):
    def __init__(self,
                 device,
                 source_seq_len: int = 19,
                 target_seq_len: int = 30,
                 input_dim: int = 2,
                 output_dim: int = 2,
                 d_model: int = 512,
                 nhead: int = 8,
                 num_encoder_layers: int = 6,
                 num_decoder_layers: int = 6,
                 dim_feedforward: int = 2048,
                 dropout: float = 0.1,
                 activation: str = 'relu'):
        super().__init__()
        self.source_seq_len = source_seq_len
```

```
        self.target_seq_len = target_seq_len
        self.input_dim = input_dim
        self.output_dim = output_dim
        self.total_seq_len = self.source_seq_len + self.target_seq_len
        self.device = device
        self.scale = torch.sqrt(torch.FloatTensor([d_model])).to(device)

        self.encoder_embedding = nn.Linear(input_dim, d_model) #编码器嵌入
        self.decoder_embedding = nn.Linear(output_dim, d_model) #解码器嵌入
        self.pos_embedding = nn.Embedding(self.total_seq_len, d_model) #位置嵌入
        self.transformer = nn.Transformer(d_model,
                                          nhead,
                                          num_encoder_layers,
                                          num_decoder_layers,
                                          dim_feedforward,
                                          dropout,
                                          activation)
        self.linear = nn.Linear(d_model, output_dim)

    def forward(self, src, trg):
        """
        src shape: (19, batch size, 2)
        trg shape: (30, batch size, 2)
        """
        decoder_input_len = trg.shape[0]
        decoder_mask = self.transformer.generate_square_subsequent_mask
(decoder_input_len).to(self.device)
        #decoder_mask shape: (30, 30), 用来进行30次计算（可并行），每次计算用mask计
算结果

        encoder_input = self.encoder_embedding(src) * self.scale
        #encoder_input shape: (19, batch size, 512)

        encoder_pos_embedding =  self.pos_embedding(
                            torch.arange(0, self.source_seq_len, device=self.
device)
                            ).unsqueeze(1)
        #encoder_pos_embedding shape: (19, 1, 512)

        encoder_input += encoder_pos_embedding


        #使用trg（不包含最后一项）与初始输入序列(0值）连接后作为解码器的输入
        start_of_sequence = torch.zeros(1, trg.shape[1], trg.shape[2], device=
self.device)
```

```
        decoder_input = torch.cat((start_of_sequence, trg[:-1, :, :]), 0)

        decoder_input = self.decoder_embedding(decoder_input) * self.scale +
self.pos_embedding(
                            torch.arange(self.source_seq_len,
                                         self.total_seq_len,
                                         device=self.device)
                        ).unsqueeze(1)
        #decoder_input shape: (30, batch size, 512)

        output = self.transformer(encoder_input, decoder_input, tgt_mask =
decoder_mask)
        #output shape: (30, batch size, 512)

        return self.linear(output)
        #tensor shape: (30, batch size, 2)
```

构建模型并初始化模型参数。

```
##构建模型并初始化模型参数
def count_parameters(model):
    return sum(p.numel() for p in model.parameters() if p.requires_grad)

def initialize_weights(model):
    if hasattr(model, 'weight') and model.weight.dim() > 1:
        nn.init.xavier_uniform_(model.weight.data)

dev = torch.device("cuda:0" if torch.cuda.is_available() else "cpu")
print(dev)
model = TrajectoryTransformer(device = dev).to(dev)
print(f'模型共包含{count_parameters(model):,} 个训练参数')
model.apply(initialize_weights)
```

运行代码，部分结果如下所示。

```
cuda:0
```

模型共包含 44169730 个训练参数。

```
TrajectoryTransformer(
  (encoder_embedding): Linear(in_features=2, out_features=512, bias=True)
  (decoder_embedding): Linear(in_features=2, out_features=512, bias=True)
  (pos_embedding): Embedding(49, 512)
  (transformer): Transformer(
    (encoder): TransformerEncoder(
      (layers): ModuleList(
        (0): TransformerEncoderLayer(
```

```
            (self_attn): MultiheadAttention(
              (out_proj): NonDynamicallyQuantizableLinear(in_features=512, out_
features=512, bias=True)
            )
    ...
```

3）模型训练

在 02_transformer.py 的“模型训练”中编写以下代码。

DL-14-v-002

```
##创建自定义损失函数EuclideanDistanceLoss
def EuclideanDistanceLoss(output, target):
    """
    output shape: (30, batch size, 2), 为预测的车辆速度
    target shape is the same, 为车辆真实速度
    计算所有预测速度和真实速度的欧几里得距离，并将计算结果取平均得到损失
    """
    output = output.contiguous().view(-1, 2)
    target = target.contiguous().view(-1, 2)
    return F.pairwise_distance(output, target).mean()
for x, y in train_loader:
    print(EuclideanDistanceLoss(x, -x))
    break
##初始化optimizer及criterion

LEARNING_RATE = 0.0001
optimizer = torch.optim.Adam(model.parameters(), lr = LEARNING_RATE)
criterion = EuclideanDistanceLoss
##定义训练过程

def train(model, iterator, optimizer, criterion, clip):
    model.train()
    epoch_loss = 0
    for i, (src, trg) in tqdm(enumerate(iterator), total=len(iterator)):
        src = src.to(dev)
        trg = trg.to(dev)

        optimizer.zero_grad()
        output = model(src, trg)
        loss = criterion(output, trg)
        loss.backward()
        torch.nn.utils.clip_grad_norm_(model.parameters(), clip)
        optimizer.step()
        epoch_loss += loss.item()

    return epoch_loss / len(iterator)
```

4）模型评估与可视化

在 02_transformer.py 的“模型测试与可视化”中编写以下代码。

（1）测试与推理。

```
##定义测试过程
def evaluate(model, iterator, criterion):
    model.eval()
    epoch_loss = 0
    with torch.no_grad():
        for i, (src, trg) in tqdm(enumerate(iterator), total=len(iterator)):
            src = src.to(dev)
            trg = trg.to(dev)

            output = model(src, trg)
            loss = criterion(output, trg)
            epoch_loss += loss.item()

    return epoch_loss / len(iterator)
##推理并使其可视化
#
#模型训练时是给模型直接传入理想的输入，但是在推理时，需要迭代地计算出每一步的输出，并将这个
输出加入下一次的输入中
#
#虽然在训练时传入解码器输入的序列长度都是 30，但是实际上 Transformer 解码器可以接受变长的
序列长度输入，所以在训练开始时直接给解码器传入一个长度的 sequence，并且每一轮迭代将输出添加到这
个 sequence 中，以获得包含初始序列及 30 个预测点的输出
def predict(model, agent_observed_vels):
    """
    输入：[19, 2]
    return 预测：[30, 2]
    """
    model.eval()
    with torch.no_grad():
        encoder_input = torch.Tensor(agent_observed_vels).unsqueeze(1).to(model.
device)
        encoder_input = model.encoder_embedding(encoder_input) * model.scale +
model.pos_embedding(
                        torch.arange(0, model.source_seq_len, device=model.device)
                        ).unsqueeze(1)
        #encoder_pos_embedding shape: (19, 1, 512)
        #保存编码器的输出，之后传给解码器
        memory = model.transformer.encoder(encoder_input)

        prediction = torch.zeros(model.target_seq_len + 1, 1, model.output_dim,
device=model.device)
```

```
        #prediction shape: (31, 1, 2), 用来保存start of sequence及之后计算得到的
输出序列
        for i in range(model.target_seq_len):
            cur_len = i + 1
            decoder_mask = model.transformer.generate_square_subsequent_mask
(cur_len).to(model.device)
            decoder_input = prediction[:cur_len]
            decoder_input = model.decoder_embedding(decoder_input) * model.
scale +                      model.pos_embedding(
                            torch.arange(model.source_seq_len,
                                    model.source_seq_len + cur_len,
                                    device=model.device)
                        ).unsqueeze(1)
            out = model.transformer.decoder(decoder_input, memory, decoder_
mask)
            output = model.linear(out)
            prediction[cur_len] = output[i]
        return prediction[1:].squeeze(1)
```

（2）可视化。

```
    #绘制预测轨迹
    def plot_trajectory(prediction, groud_truth = None, obs_len = 20, start =
np.zeros((1, 2))):
        pred_xy = vels_to_coords(prediction, start)
        figure = plt.figure(figsize=(10,10))
        plt.scatter(pred_xy[:obs_len, 0], pred_xy[:obs_len, 1], label="observed
trajectory")
        plt.scatter(pred_xy[obs_len:, 0], pred_xy[obs_len:, 1], label="prediction")
        if groud_truth is not None:
            gt_xy = vels_to_coords(groud_truth, start)
            plt.scatter(gt_xy[obs_len:, 0], gt_xy[obs_len:, 1], label="ground
truth")
        plt.legend()
        return figure

    #随机抽取测试数据进行预测并使其可视化
    def plot_random_sample(model, dataset):
        idx = random.randrange(len(dataset))
        x, y = dataset[idx]
        y_pred = predict(model, x)
        y_pred = y_pred.cpu().numpy()
        x, y = x.cpu().numpy(), y.cpu().numpy()
        zero = np.zeros((1, 2))
        ground_truth = np.concatenate((zero, x, y), axis=0)
        prediction = np.concatenate((zero, x, y_pred), axis=0)
        return plot_trajectory(prediction, ground_truth)
```

```
fig = plot_random_sample(model, train_dataset)
```

开始训练时的输出日志如图 14.17 所示。

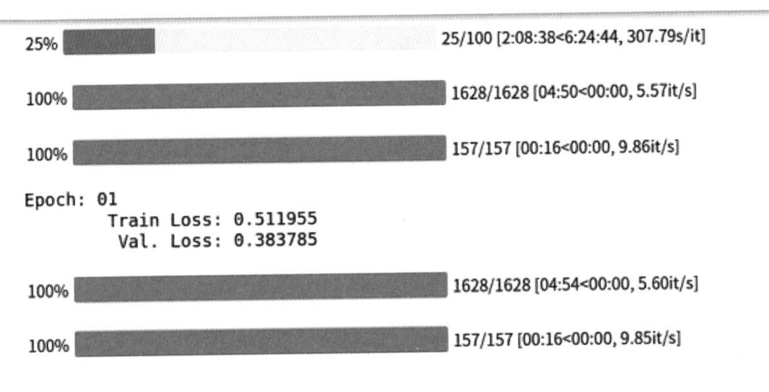

图 14.17　开始训练时的输出日志

训练 98 轮以后的输出日志如图 14.18 所示。

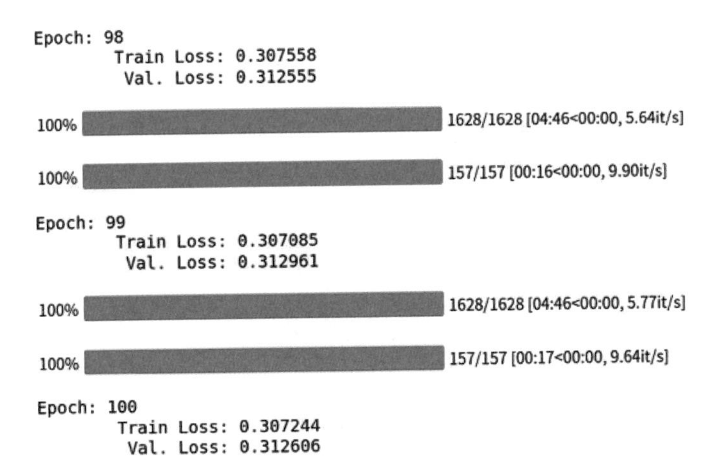

图 14.18　训练 98 轮以后的输出日志

模型训练到 100 轮后结束，随机选择测试数据进行预测，预测结果如图 14.19 所示。

4. 实验小结

自定义损失函数为计算所有预测速度和真实速度的欧几里得距离，并将计算结果取平均值。使用一块 GTX 1080ti 训练模型 100 轮，用时约 10 个小时，训练结束时其在训练集和验证集上的评估结果分别为 0.307244 和 0.3126061。

Transformer 模型缺乏归纳偏置能力，并不具备 CNN 那样的平移不变性和局部性，因此在数据不足时不能很好地将其泛化到任务上。然而，当训练数据量足够大时，归纳偏置的问题便能得到缓解，即如果 Transformer 模型在足够大的数据集上进行训练，那么它便能很好地将其迁移到小规模数据集上。

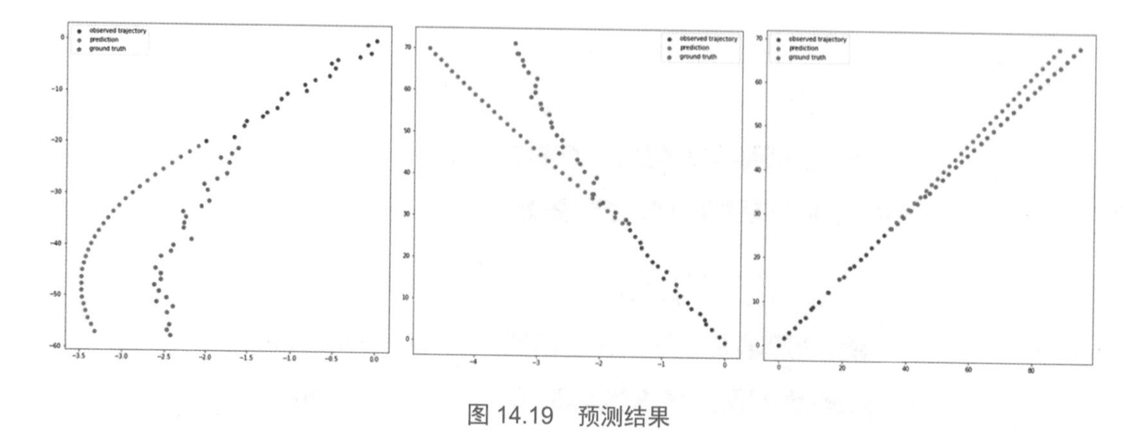

图 14.19　预测结果

本章总结

- Transformer 丢弃了语言序列中的序列，只使用强大的 Self-Attention 机制对时间依赖性建模。
- 与 RNN 相比，Transformer 架构的关键优势在于时间建模的显着改进。
- Transformer 在轨迹预测时通常使用 ADE 和 FDE 作为评估指标。

作业与练习

1. [单选题] 以下关于 Transformer 机制描述正确的是（　　）。

   A．Transformer 是基于 Encoder 的框架

   B．Transformer 中的 Self-Attention 可解决远距离依赖问题

   C．Transformer 不能并行运算

   D．Tranformer 是权重静态的全连接网络

2. [单选题] 以下对 Transformer 权重矩阵中的 $\boldsymbol{Q}$ 和 $\boldsymbol{K}$ 计算描述错误的是（　　）。

   A．$\boldsymbol{Q}$ 和 $\boldsymbol{K}$ 使用不同的权重矩阵生成

   B．$\boldsymbol{Q}$ 和 $\boldsymbol{K}$ 可以使用同一个值进行自身的点积

   C．$\boldsymbol{Q}$ 和 $\boldsymbol{K}$ 的初始化方式与输入序列和输出序列的长度有关系

   D．$\boldsymbol{Q}$ 和 $\boldsymbol{K}$ 的值不同是为了打破对称性

3. [单选题] Transformer 结构不包括（　　）。

   A．Encoder-Decoder　　　　B．Self-Attention

   C．Add & Normalize　　　　D．Single-Head Attention

4．[多选题] 以下（　　）是 Transformer 中的块使用 LayerNorm 的原因。

A．不同训练批次的序列之间没有关系

B．序列问题只需要关注序列内部关系就可以

C．序列问题必须要关注不同批次之间的依赖关系

D．使用 LayerNorm 可以对多个批次的序列进行归一化

5．[多选题] Transformer 中 Positional Encoding 的意义是（　　）。

A．表示序列在句子中的相对位置信息

B．表示序列在句子中的绝对位置信息

C．可以解决 Self-Attention 机制位置混乱的问题

D．可以解决 Self-Attention 机制位置无关的问题

第 4 部分

生成对抗网络及其应用

生成对抗网络是当前深度学习中最为重要的研究热点之一，已经应用于计算机视觉的各个领域，如图像分割、视频预测和风格迁移等。本部分（第 15～16 章）内容主要介绍生成对抗网络及其应用，具体包括以下内容。

（1）第 15 章主要介绍生成对抗网络相关知识。本章先介绍了生成对抗网络的基本概念及其模型的结构和训练过程。然后介绍了 TecoGAN 模型的结构、损失函数和评价指标。最后介绍了基于 TecoGAN 模型实现视频超分辨率的项目案例。

（2）第 16 章主要介绍车牌检测与识别相关知识。本章先介绍了与车牌检测与识别项目案例相关的数据集。然后介绍了 MTCNN 模型的基本原理和结构，并介绍了 STNet 层的结构。最后介绍了使用 MTCNN 模型和 LPRNet 模型实现车牌检测与识别的项目案例。

第 15 章

生成对抗网络

本章目标

- 理解 TecoGAN 模型的结构。
- 理解并能够定义生成对抗网络的损失函数。
- 能够使用 PyTorch 构建 TecoGAN 模型并对其进行优化。
- 能够使用训练好的 TecoGAN 模型实现视频超分辨率。

超分辨率（Super-Resolution）是通过硬件或软件方法提高原有图像的分辨率，通过一系列低分辨率图像得到高分辨率图像的过程就是超分辨率重建。

本章包含的项目案例如下。

- 视频超分辨率。

使用 PyTorch 构建 TecoGAN 模型，并在 TecoGAN 数据集上对其进行训练，实现视频超分辨率。

15.1 生成对抗网络的概述

DL-15-v-001

生成对抗网络（Generative Adversarial Network，GAN）是生成模型的一种，表示模型在训练过程中处于一种对抗博弈状态。

15.1.1 GAN 模型的结构

GAN 模型的结构中包含生成器和判别器，其中生成器用来生成数据，判别器用来对数据的真假进行判别。

在对 GAN 模型进行训练时，如果把生成器看成能伪造出以假乱真的《蒙娜丽莎》为目的的画家，那么判别器就可以看成一位名画鉴别家。

初始阶段“生成器”技艺拙劣，其伪造的《蒙娜丽莎》能非常轻易地被“判别器”判别为假画。“生成器”根据判别依据提高自身的“造假”能力，经过一段时间的修炼，“生成器”再次把伪造的《蒙娜丽莎》交给“判别器”，“判别器”无法判别真假。于是“判别器”学习更复杂的判别技能，直到可以判别出伪造的画作。“生成器”和“判别器”重复以上过程，进行新一轮学习。

生成器和判别器就是在一种对抗的状态中相互博弈、学习、成长，直到在规定条件下判别器无法判别生成器生成数据的真假。

GAN 模型对抗过程如图 15.1 所示。

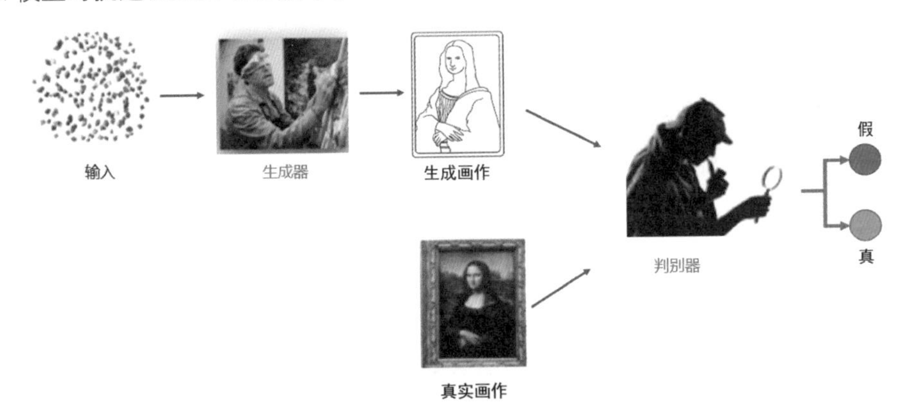

图 15.1　GAN 模型对抗过程

15.1.2　GAN 模型的训练过程

不断提高判别器判别是非的能力和使生成图像越来越像真实图像都是通过控制它们的损失函数来实现的。

1）G_Loss 是 GAN 模型生成器的损失

G_Loss 包含内容损失（Content Loss）和对抗损失（Adversarial Loss）。

通常使用一种非常优秀的损失函数——感知损失函数（Perceptual Losses）对生成图像的质量进行更好地表示。感知损失函数在计算低层的特征损失（如像素颜色、边缘等）的基础上，通过对原始图的卷积输出和生成图像的卷积输出进行对比，以计算损失。

感知损失函数的定义如下。

$$\text{Perceptual Loss} = \text{Content Loss} + \text{Adversarial Loss}$$

感知损失函数计算公式如下。

$$l^{\text{SR}} = l_x^{\text{SR}} + 10^{-3} l_{\text{Gen}}^{\text{SR}} \tag{15.1}$$

式中，l_x^{SR} 又包含 MSE 损失函数和 VGG 损失函数。

MSE 损失函数计算的是像素间的匹配程度，公式如下。

$$l_{\mathrm{MSE}}^{\mathrm{SR}}=\frac{1}{r^2WH}\sum_{x=1}^{r_W}\sum_{y=1}^{r_H}\left[I_{x,y}^{\mathrm{HR}}-G_{\theta_G}\left(I^{\mathrm{LR}}\right)_{x,y}\right]^2 \quad (15.2)$$

式中，LR 表示低分辨率图像；HR 表示高分辨率图像。

VGG 损失函数计算的是某一特征层的匹配程度，公式如下。

$$l_{\mathrm{VGG}_{li,j}}^{\mathrm{SR}}=\frac{1}{W_{i,j}H_{i,j}}\sum_{x=1}^{W_{i,j}}\sum_{y=1}^{H_{i,j}}\left[\oint_{i,j}\left(I^{\mathrm{LR}}\right)_{x,y}-\oint_{i,j}\left(I^{\mathrm{SR}}\right)_{x,y}\right]^2 \quad (15.3)$$

式中，SR 表示超分后的高分辨率图像。

对抗损失的计算公式如下。

$$l_{\mathrm{Gen}}^{\mathrm{SR}}=\sum_{n=1}^{N}-\log D_{\theta_D}\left[G_{\theta_G}\left(I^{\mathrm{LR}}\right)\right] \quad (15.4)$$

2）D_Loss 是 GAN 模型判别器的损失

D_Loss 与普通的 GAN 模型判别器的损失基本一样。

$$\min_G\max_D E_{I^{\mathrm{HR}}-P_{\mathrm{train}}}\left[\log D_{\theta_D}\left(I^{\mathrm{HR}}\right)\right]+E_{I^{\mathrm{LR}}-P_G}\left[\log\left(1-D_{\theta_D}\left(G_{\theta_G}\left(I^{\mathrm{LR}}\right)\right)\right)\right] \quad (15.5)$$

GAN 模型的优化过程通常不是求损失函数的最小值，而是保持生成与判别两股力量的动态平衡。因此，其训练过程要比一般神经网络难很多。

在模型训练过程中，生成器和流估计器一起训练，与判别器形成对抗训练状态。判别器是核心组件，既考虑空间因素又考虑时间因素，并对存在时间不连贯性的结果进行惩罚。

15.2 TecoGAN 模型

超分辨率领域包含单图像超分辨率（Single Image Super-Resolution，SISR）和视频超分辨率（Video Super-Resolution，VSR），其实现技术涉及离散小波变换（Discrete Wavelet Transform，DWT）、视频帧插值（Video Frame Interpolatiion，VFI）及深度学习。

在超分辨率问题中包含 HR 图像、LR 图像、SR 图像。

超分辨率问题的本质是通过不同的上采样方式将图像从一个低分辨率图像恢复到高分辨率图像，从像素级别的角度来看，这是一个一对多或者多对多的问题，属于回归问题。回归问题在拟合的过程中恢复的是“大多数”数据，而在图像中，低频信息占多数，高频信息占少数，所以高频信息就容易丢失。

TecoGAN（Temporally Coherent GANs for Video Super-Resolution，时序一致 GAN 视频超分辨率）能够生成精细的细节，同时还能保持视频的连贯性。

15.2.1 TecoGAN 模型的结构

TecoGAN 模型的结构包含循环生成器、流估计网络和时空判别器。循环生成器 G 基于低分辨率输入，循环地生成高分辨率视频帧，流估计网络 F 学习帧与帧之间的动态补偿，以帮助循环生成器和时空判别器。

循环生成器生成与前帧连续的高频细节，其网络结构如图 15.2 所示。

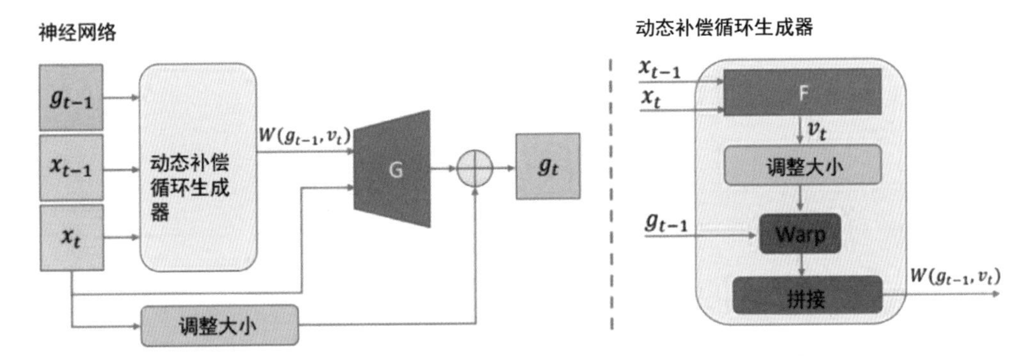

图 15.2　循环生成器网络结构

时空判别器网络结构如图 15.3 所示。它接收了真值和生成结果两组输入。

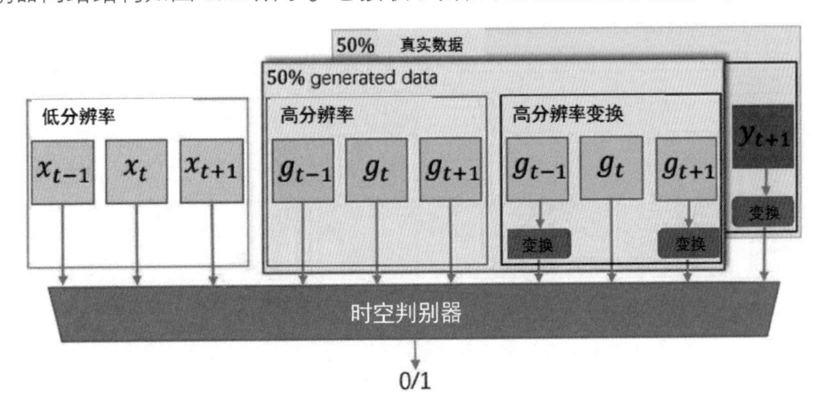

图 15.3　时空判别器网络结构

15.2.2 TecoGAN 损失函数

TecoGAN 损失函数定义如下。

$$L = \sum_{i=1}^{n-1} g_t - g'_{t2}$$

式中，g'_{t2} 表示 g_t 在时间上的逆向生成损失，训练目标是使两者之间的 L2 距离最小化，以移除漂移伪影、改进时间连贯度。

15.2.3 TecoGAN 评价指标

TecoGAN 评价指标包含 PSNR、SSIM、MOS。

（1）PSNR（峰值信噪比）用于衡量图像质量的指标。

（2）SSIM（结构相似性）用于从亮度、对比度、结构方面衡量图像相似性。

（3）MOS（平均意见得分）用于衡量主观质量。

15.3 项目案例：视频超分辨率

本次实验使用 TecoGAN 模型实现视频超分辨率，其效果如图 15.4 所示。

图 15.4 使用 TecoGAN 模型实现视频超分辨率的效果

1. 实验目标

（1）理解并能够定义 TecoGAN 损失函数。

（2）能够使用 PyTorch 构建 TecoGAN 模型并对其进行优化。

（3）能够使用训练好的 TecoGAN 模型实现视频超分辨率。

2. 实验环境

实验环境如表 15.1 所示。

表 15.1 实验环境

硬　件	软　件	资　源
PC/笔记本电脑 显卡（模型训练需要，推荐 NVIDIA 显卡，显存 4G 以上）	Ubuntu 18.04/Windows 10 Python 3.7.3 Torch 1.9.1 Torch 1.9.1+cu111（模型训练需要 GPU 版本）	TecoGAN 数据集 数据预处理、部分训练源码 预训练模型

3. 实验步骤

本次实验目录结构如图 15.5 所示。

名称		大小
dataset	数据集	0 项
model	模型源码	3 项
models	预训练模型	1 项
Resources	资源	5 项
runs	生成路径	0 项
utils	工具类模块	6 项
main.py	入口程序	17.5 KB
train.py	训练程序	17.8 KB

图 15.5　本次实验目录结构

根据以下步骤编写代码完成本次实验。

1）数据预处理

在 model/dataloader.py 中编写如下代码。

```
class inference_dataset(Dataset):
    def __init__(self, args):
        filedir = args.input_dir_LR
        self.args = args
        self.downSP = False
        if (args.input_dir_LR is None) or (not os.path.exists(args.input_dir_LR)):
            if (args.input_dir_HR is None) or (not os.path.exists(args.input_dir_HR)):
                raise ValueError('Input directory not found')
```

```
                filedir = args.input_dir_HR
                self.downSP = True
            self.filedir = filedir
            self.image_list_LR = os.listdir(filedir)

            #图像预处理
        def __len__(self):
            return len(self.image_list_LR)

        def __getitem__(self, idx):
            path = self.image_list_LR[idx]
            imgs = []
            for img in os.listdir(self.filedir + "/" + path):
                image = Image.open(self.filedir + "/" + path + "/" + img)
                image = transforms.functional.resize(image, size=(self.args.crop_
size, self.args.crop_size))
                image = transforms.functional.to_tensor(image)
                imgs.append(image)
            images = torch.stack(imgs, dim=0)
            return images
    class train_dataset(Dataset):
        def __init__(self, args):
            if args.input_video_dir == '':
                raise ValueError('Video input directory input_video_dir is not 
provided')
            if not os.path.exists(args.input_video_dir):
                raise ValueError('Video input directory not found')
            self.image_list_len = []
            image_set_lists = []
            for dir_i in range(args.str_dir, args.end_dir + 1):
                inputDir = os.path.join(args.input_video_dir, '%s_%04d' % (args.
input_video_pre, dir_i))
                if os.path.exists(inputDir):  #读取输入数据
                    if len(os.listdir(inputDir)) < 120:
                        print("Skip %s, 路径错误!" % inputDir)
                        continue

                image_list = [os.path.join(inputDir, 'col_high_%04d.png' % frame_i)
                              for frame_i in range(args.max_frm + 1)]

                self.image_list_len.append(os.path.join(inputDir, 'col_high_
%04d.png' % frame_i)
                                           for frame_i in range(args.max_frm + 1))

                for i in range(110):
```

```
                rnn_list = image_list[i:i + 10]
                image_set_lists.append(rnn_list)
        self.image_set_lists = image_set_lists
        self.lr_first = transforms.RandomResizedCrop(args.crop_size)
        self.hr_first = transforms.RandomResizedCrop(args.crop_size * 4)
        self.hr_transforms = transforms.Compose(
            [transforms.Resize((args.crop_size  *  4,  args.crop_size  *  4)),
transforms.ToTensor()])
        self.lr_transforms = transforms.Compose(
            [transforms.Resize((args.crop_size, args.crop_size)), transforms.
ToTensor()])

    def __len__(self):
        return len(self.image_list_len)

    def __getitem__(self, idx):
        rnn_images = self.image_set_lists[idx]
        hr_images = []
        lr_images = []
        for i in range(len(rnn_images)):
            hr_image = Image.open(rnn_images[i])
            lr_image = hr_image

            hr_image = self.hr_transforms(hr_image)
            lr_image = self.lr_transforms(lr_image)
            if i == 0:
                hr_image = self.hr_first(hr_image)
                lr_image = self.lr_first(lr_image)
            lr_images.append(lr_image.unsqueeze(0))
            hr_images.append(hr_image.unsqueeze(0))
        hr_images = torch.cat(hr_images, dim=0)
        lr_images = torch.cat(lr_images, dim=0)
        return [lr_images.float(), hr_images.float()]
```

2）构建模型

在 model/models.py 中编写如下代码。

（1）定义流估计网络，流估计网络学习帧与帧之间的动态补偿。

```
#定义流估计网络
def down_block(inputs, output_channel=64, stride=1):
    net = nn.Sequential(conv2(inputs, 3, output_channel, stride, use_bias=
True), lrelu(0.2),
                        conv2(output_channel, 3, output_channel, stride, use_
bias=True)
                        , lrelu(0.2), maxpool())
```

```
        return net
    def up_block(inputs, output_channel=64, stride=1):
        net = nn.Sequential(conv2(inputs, 3, output_channel, stride, use_bias=
True), lrelu(0.2),
                            conv2(output_channel, 3, output_channel, stride, use_
bias=True)
                          , lrelu(0.2), nn.Upsample(scale_factor=2, mode="bilinear"))

        return net
    class f_net(nn.Module):
        def __init__(self):
            super(f_net, self).__init__()
            self.down1 = down_block(3, 32)
            self.down2 = down_block(32, 64)
            self.down3 = down_block(64, 128)
            self.down4 = down_block(128, 256)

            self.up1 = up_block(256, 512)
            self.up2 = up_block(512, 256)
            self.up3 = up_block(256, 128)
            self.up4 = up_block(128, 64)

            self.output_block = nn.Sequential(conv2(64, 3, 32, 1), lrelu(0.2),
conv2(32, 3, 2, 1))

        def forward(self, x):
            net = self.down1(x)
            net = self.down2(net)
            net = self.down3(net)
            net = self.down4(net)
            net = self.up1(net)
            net = self.up2(net)
            net = self.up3(net)
            net = self.up4(net)
            net = self.output_block(net)
            net = torch.tanh(net) * 24.0
            return net
```

（2）定义循环生成器，生成高分辨率视频。

```
    #定义循环生成器
    def residual_block(inputs, output_channel=64, stride=1):
        net = nn.Sequential(conv2(inputs, 3, output_channel, stride, use_bias=
True), nn.ReLU(),
```

```
                    conv2(output_channel, 3, output_channel, stride, use_bias=
False))

        return net
    class generator(nn.Module):
        def __init__(self, gen_output_channels, args=None):
            super(generator, self).__init__()

            if args is None:
                raise ValueError("No args is provided for generator")

            self.conv = nn.Sequential(conv2(51, 3, 64, 1), nn.ReLU())
            self.num = args.num_resblock
            self.resids = nn.ModuleList([residual_block(64, 64, 1) for i in
range(int(self.num))])

            self.conv_trans = nn.Sequential(conv2_tran(64, 3, 64, stride=2,
output_padding=1), nn.ReLU()
                                        , residual_block(64, 64, 1), residual_block
(64, 128, 1),
                                        conv2_tran(128, 3, 128, stride=2, output_
padding=1), nn.ReLU(),
                                        conv2(128, 3, 64, 1), nn.ReLU())
            self.output = conv2(64, 3, gen_output_channels, 1)

        def forward(self, x):
            net = self.conv(x)

            for block in self.resids:
                net = block(net) + net
            net = self.conv_trans(net)
            net = self.output(net)
            return torch.sigmoid(net)
```

（3）定义时空判别器。

```
#定义时空判别器
def discriminator_block(inputs, output_channel, kernel_size, stride):
    net = nn.Sequential(conv2(inputs, kernel_size, output_channel, stride, use_
bias=False),
                        batchnorm(output_channel, is_training=True),
                        lrelu(0.2))
    return net
class discriminator(nn.Module):
    def __init__(self, args=None):
        super(discriminator, self).__init__()
```

```
        if args is None:
            raise ValueError("No args is provided for discriminator")
        self.conv = nn.Sequential(conv2(27, 3, 64, 1), lrelu(0.2))
        #block1
        self.block1 = discriminator_block(64, 64, 4, 2)
        self.resids1 = nn.ModuleList(
            [nn.Sequential(residual_block(64, 64, 1), batchnorm(64, True)) for
i in range(int(args.discrim_resblocks))])

        #block2
        self.block2 = discriminator_block(64, args.discrim_channels, 4, 2)
        self.resids2 = nn.ModuleList([nn.Sequential(residual_block(args.discrim_
channels, args.discrim_channels, 1),
                                    batchnorm(args.discrim_channels,
True)) for i in range(int(args.discrim_resblocks))])

        #block3
        self.block3 = discriminator_block(args.discrim_channels, args.discrim_
channels, 4, 2)
        self.resids3 = nn.ModuleList([nn.Sequential(residual_block(args.discrim_
channels, args.discrim_channels, 1),
                                    batchnorm(args.discrim_channels,
True)) for i in
                            range(int(args.discrim_resblocks))])

        self.block4 = discriminator_block(args.discrim_channels, 64, 4, 2)

        self.block5 = discriminator_block(64, 3, 4, 2)

        self.fc = denselayer(48, 1)

    def forward(self, x):
        layer_list = []
        net = self.conv(x)
        net = self.block1(net)
        for block in self.resids1:
            net = block(net) + net
        layer_list.append(net)
        net = self.block2(net)
        for block in self.resids2:
            net = block(net) + net
        layer_list.append(net)
        net = self.block3(net)
        for block in self.resids3:
            net = block(net) + net
```

```
        layer_list.append(net)
        net = self.block4(net)
        layer_list.append(net)
        net = self.block5(net)
        net = net.view(net.shape[0], -1)
        net = self.fc(net)
        net = torch.sigmoid(net)
        return net, layer_list
```

3）训练模型

代码编写完成后，使用以下命令对模型进行训练。

```
python main.py
```

部分执行结果如下所示。

```
Training complete in 1011m 52s
100%|████████████████████████████████████████|
998/1000 [16:51:51<02:01, 60.84s/it]Epoch: 999
Generator loss is: 0.5639349818229675
Discriminator loss is: 0.049151796847581 86
Generator    lr    is:    5.120000000000001e-05,    Discriminator    lr    is:
5.120000000000001e-05

Saving model...

Training complete in 1012m 52s
100%|████████████████████████████████████████|
999/1000 [16:52:52<01:00, 60.70s/it]Epoch: 1000

Generator loss is: 0.578364372253418
Discriminator loss is: 0.01282044593244791

Generator    lr    is:    4.0960000000000014e-05,    Discriminator    lr    is:
4.0960000000000014e-05

Saving model...

Training complete in 1013m 53s
100%|████████████████████████████████████████|
1000/1000 [16:53:52<00:00, 60.83s/it]
```

4. 实验小结

使用 TecoGAN 数据集，通过使用 convert2images 脚本将其转换为图像来训练模型，训练时长约 22 小时，共 1000 轮，最终循环生成器损失为 0.5783，时空判别器损失为 0.0128。

本章总结

- TecoGAN 可以使分辨率具备时间连贯度，同时不会损失空间细节。
- TecoGAN 的损失函数可以有效移除循环网络中的时间伪影，且不会降低视觉质量。
- TecoGAN 模型的结构包含循环生成器、流估计网络和时空判别器。

作业与练习

DL-15-c-001

1．[多选题] TecoGAN 的改进主要是（　　）。

A．包含循环生成器、流估计网络和时空判别器

B．损失函数的目标可以移除漂移伪影、改进时间连贯度

C．生成网络和判别网络的结构基本是对称的

D．在循环生成器中使用 LeakReLU 函数，时空判别器中仍然采用 ReLU 函数

2．[多选题] 关于在图像生成中使用的 GAN 模型评价指标描述正确的是（　　）。

A．只关注生成图像是否清晰

B．关注生成图像是否清晰、生成图像是否多样

C．模式坍塌是指生成的图像不够清晰

D．模式坍塌是指只能生成有限的清晰图像

3．[单选题] 下面对 GAN 描述错误的是（　　）。

A．GAN 是一种生成学习模型

B．GAN 是一种区别学习模型

C．GAN 包含生成网络和判别网络

D．生成网络和判别网络分别依次迭代优化

4．[多选题] 关于 GAN 模型训练时数据采样描述正确的有（　　）。

A．当分布比较复杂时，采样依然比较容易

B．可以在均匀分布的空间直接采样

C．当分布比较复杂时，采样十分困难

D．可以采用逆函数法进行间接采样

5．[多选题] 下列对 GAN 模型的训练描述正确的是（　　）。

A．生成器和判别器是分开训练的

B．判别器训练 k 轮，生成器训练 1 轮

C．训练很容易收敛

D．判别器容易崩溃

第 16 章

车牌检测与识别

本章目标

- 能够对车牌数据进行预处理。
- 能够使用检测模型对车牌进行检测。
- 能够使用识别模型对车牌进行识别。
- 能够对预测结果进行评估。

对车牌图像进行增强处理后，可使用检测模型和识别模型对车牌进行检测与识别。

本章包含的项目案例如下。

- 车牌检测与识别。

使用 PyTorch 实现基于 MTCNN 和 LPRNet 的车牌检测与识别。

16.1 项目案例：车牌检测与识别

在智能交通系统中，快捷准确的车牌检测必不可少。MTCNN 是一个非常著名的实时检测模型，主要用于人脸识别，对其进行修改后可用于车牌检测。LPRNet 是一种实时的端到端深度神经网络，用于模糊识别，该网络性能优越、计算成本较低且不需要初步的字符分割，其模型中嵌入了空间变换网络(Spatial Transformation Network，STNet)层，以便其有更好的识别特性。

车牌识别如图 16.1 所示。

图 16.1 车牌识别

16.1.1 数据集

CCPD 是一个大型的、多样化的、经过仔细标注的中国城市车牌开源数据集。CCPD 数据集主要分为 CCPD2019 数据集和 CCPD2020（CCPD-Green）数据集。CCPD2019 数据集车牌类型仅有普通车牌（蓝色车牌），CCPD2020 数据集车牌类型仅有新能源车牌（绿色车牌），CCPD2021 数据集仅有黄色车牌。

在 CCPD 数据集中，每张图像仅包含一张车牌，车牌的车牌省份主要为皖。CCPD 数据集中的每张图像都包含大量的数据标注信息，但是它没有专门的标注文件，每张图像的文件名就是该图像对应的数据标注信息。

1）CCPD2019 数据集

CCPD2019 数据集主要采集于合肥市停车场，采集时间为上午 7：30 到晚上 10：00，停车场采集人员手持 Android POS 机对停车场的车辆拍照以进行数据采集。所拍摄的车牌图像涉及多种复杂因素及环境，包括模糊、倾斜、雨天、雪天等。CCPD2019 数据集包含了 25 万多张中国城市车牌图像、车牌检测与识别信息的标注。CCPD2019 数据集如图 16.2 所示。该数据集包含类别、拍摄环境及图像数量。

类别	描述	图片数
CCPD-Base	通用车牌图像	200k
CCPD-FN	车牌离摄像头拍摄位置相对较近或较远	20k
CCPD-DB	车牌区域亮度较亮、较暗或者不均匀	20k
CCPD-Rotate	车牌水平倾斜20到50度，竖直倾斜-10到10度	10k
CCPD-Tilt	车牌水平倾斜15到45度，竖直倾斜15到45度	10k
CCPD-Weather	车牌在雨雪雾天气拍摄得到	10k
CCPD-Challenge	在车牌检测与识别任务中较有挑战性的图像	10k
CCPD-Blur	由于摄像机镜头抖动导致的模糊车牌图像	5k
CCPD-NP	没有安装车牌的新车图像	5k

图 16.2　CCPD2019 数据集

CCPD2019/CCPD-Base 中的图像被拆分为 train/val 数据集。本实验使用 CCPD2019 数据集中的子数据集（CCPD-DB、CCPD-Blur、CCPD-FN、CCPD-Rotate、CCPD-Tilt、CCPD-Challenge）进行测试。示例图像如图 16.3 所示。由图 16.3 可以明显看出不同图像之间差异很大。

2）CCPD2020 数据集

CCPD2020 数据集的数据采集方法和 CCPD2019 数据集的数据采集方法类似，但是该数据集中仅有新能源车牌图像，包含不同亮度、不同倾斜角度、不同天气环境下的车牌图像。CCPD2020 数据集中的图像被拆分为 train、val、test 数据集。train、val、test 数据集中的图像数量分别为 5769、1001、5006。CCPD2020 数据集的数据大小为 865.7MB。

01-1_3-263&456_407&514-407&510_268&514_263&460_402&456-0_0_10_23_32_28_33-166-2.jpg

01-2_3-306&477_450&535-450&535_307&528_306&477_449&484-0_0_15_32_30_29_1-131-4.jpg

02-1_4-352&371_544&458-539&454_352&458_357&375_544&371-0_0_20_24_21_30_27-19-2.jpg

图 16.3 示例图像

3）CCPD2021 数据集

CCPD2021 数据集是黄色车牌数据集，其数据大小为 42.8MB。

4）CCPD 数据集的数据标注

CCPD 数据集没有专门的标注文件，每张图像的文件名就是该图像对应的数据标注。例如，图像 3061158854166666665-97_100-159&434_586&578-558&578_173&523_159&434_586&474-0_0_3_24_33_32_28_30-64-233.jpg 的文件名可以由分割符“-”分为多个部分。

（1）3061158854166666665 为区域（此参数可能不准确，仅供参考）。

（2）97_100 对应车牌的水平倾斜角和垂直倾斜角，即该车牌的水平倾斜角为 97 度，竖直倾斜角为 100 度，其中水平倾斜角是车牌与水平线之间的夹角。

（3）159&434_586&578 对应边界框左上角坐标和右下角坐标，分别(159, 434)和(586, 578)。

（4）558&578_173&523_159&434_586&474 对应车牌 4 个顶点坐标（从右下角开始顺时针排列），分别是(558, 578)、(173, 523)、(159, 434)和(586, 474)。

（5）0_0_3_24_33_32_28_30 为车牌号码（第 1 位为省份缩写），在 CCPD2019 数据集中该参数为 7 位，在 CCPD2020 数据集中该参数为 8 位，有对应的关系表。

（6）64 为亮度，数值越大车牌越亮（此参数可能不准确，仅供参考）。

（7）233 为模糊度，数值越小车牌越模糊（此参数可能不准确，仅供参考）。

16.1.2 MTCNN 模型

MTCNN 中的“MT”是指多任务（Multi-Task），故 MTCNN 可以同时识别车牌位置、边框回归、车牌号码识别。

MTCNN 模型的结构如图 16.4 所示。

MTCNN 模型的主要工作流程如下。

（1）对图像不断进行调整，得到图像金字塔。按照一定比例（如 0.7，比例的数值具体根据数据集检测目标大小分布来确定，其合适范围为 0.7 ~ 0.8，设的比较大，容易延长推理时间，设的比较小，容易漏掉一些中小型车牌）对图像的尺寸进行调整，直到图像尺寸满徐 Pnet 要求的尺寸（12×12）。

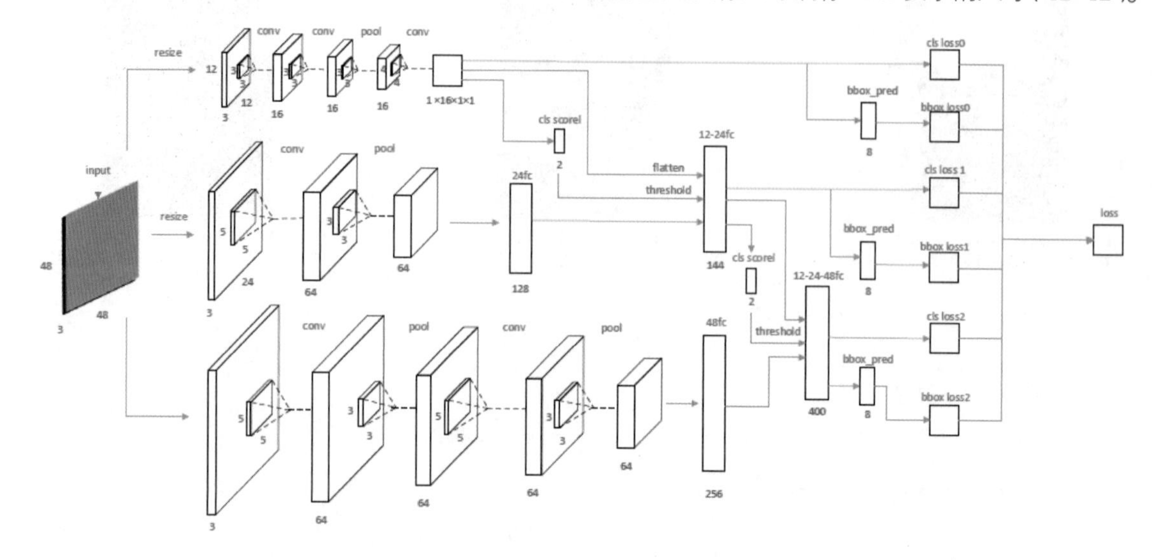

图 16.4　MTCNN 模型的结构

PNet 的网络结构如图 16.5 所示。

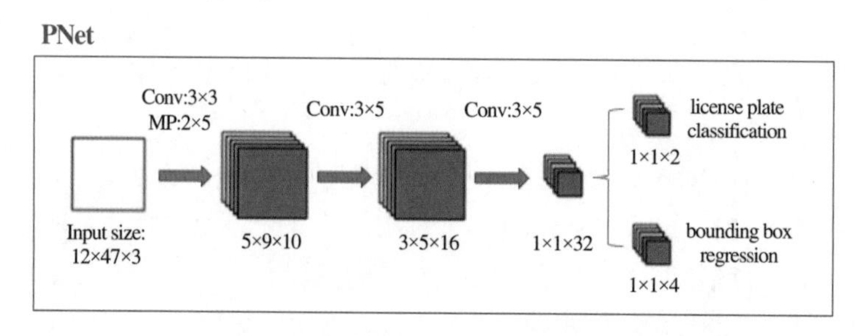

图 16.5　PNet 的网络结构

（2）根据上一流程得到的图像金字塔，将所有图像输入 PNet，得到输出图像的形状是$(m, n, 16(2+4+10))$。先根据分类得分，筛选掉部分候选图像，再根据得到的偏移量对检测框进行校准后得到其左上、右下的坐标，对这些候选图像根据 IoU 值使用非极大值抑制筛选掉一大部分候选图像。

（3）根据 PNet 输出的坐标，去原图上截取图像，将其尺寸调整为 24×24，并输入 RNet 进行精调。RNet 会输出二分类结果、边界框坐标（4 个输出）、掩码坐标（10 个输出）。

（4）图像经过 RNet 后输入 ONet。ONet 的网络结构如图 16.6 所示。最终得到准确的边界框坐标和掩码坐标。

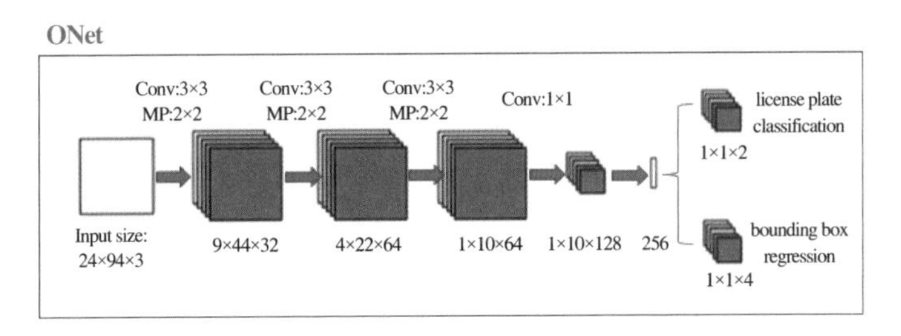

图 16.6　ONet 的网络结构

16.1.3　LPRNet

基于深层神经网络的车牌识别（License Plate Recognition via Deep Neural Networks，LPRNet）由轻量级的 CNN 组成，可以采用端到端的方法对其进行训练。

LPRNet 可以鲁棒地应对各种困难情况，包括透视变换、镜头畸变带来的成像失真、强光、视点变换等。

STNet 具有平移不变性、旋转不变性及缩放不变性等强大的性能。这个网络可以加在现有的 CNN 中，以提高其分类的准确性。

STNet 主要有如下作用。

（1）可以将输入图像变换为下一层期望的形式。

（2）可以在训练的过程中自动选择感兴趣的区域特征。

（3）可以实现对各种形变的数据进行空间变换。

STNet 层的结构由本地网络、网格生成器和样本组成，如图 16.7 所示。

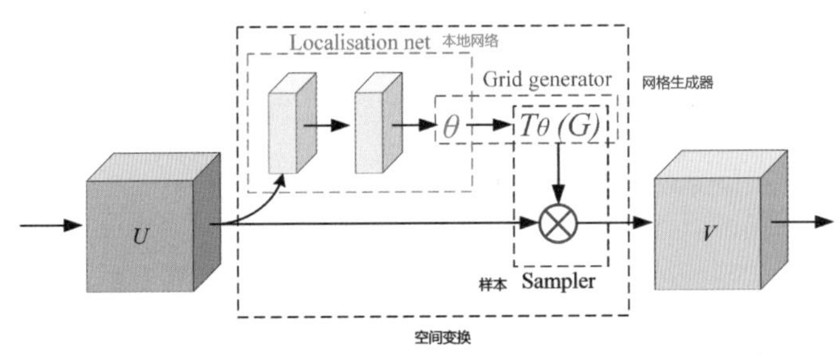

图 16.7　STNet 层的结构

各组成部分说明如下。

（1）本地网络决定输入图像所需的变换参数 θ。

（2）网格生成器通过 θ 和定义的变换形式寻找输出图像与输入图像的映射 $T\theta(G)$。

（3）样本结合映射和变换参数对输入图像特征进行选择并结合双线性插值进行输出。

输入图像由 STNet 预处理，STNet 对检测到的车牌形状上的校正，可以使得图像更好地被识别，但这一步是可选的。

16.2 项目案例实现

1. 实验目标

（1）使用检测模型对车牌进行检测。
（2）使用识别模型对车牌进行识别。
（3）对预测结果进行评估。

2. 实验环境

实验环境如表 16.1 所示。

表 16.1 实验环境

硬 件	软 件	资 源
PC/笔记本电脑 显卡（模型训练需要，推荐 NVIDIA 显卡，显存 4G 以上）	Ubuntu 18.04/Windows 10 Python 3.7.3 Torch 1.9.1 Torch 1.9.1+cu111（模型训练需要 GPU 版本）	中国城市停车数据集 数据预处理、部分训练源码 预训练模型

3. 实验步骤

DL-16-v-001

本次实验目录结构如图 16.8 所示。

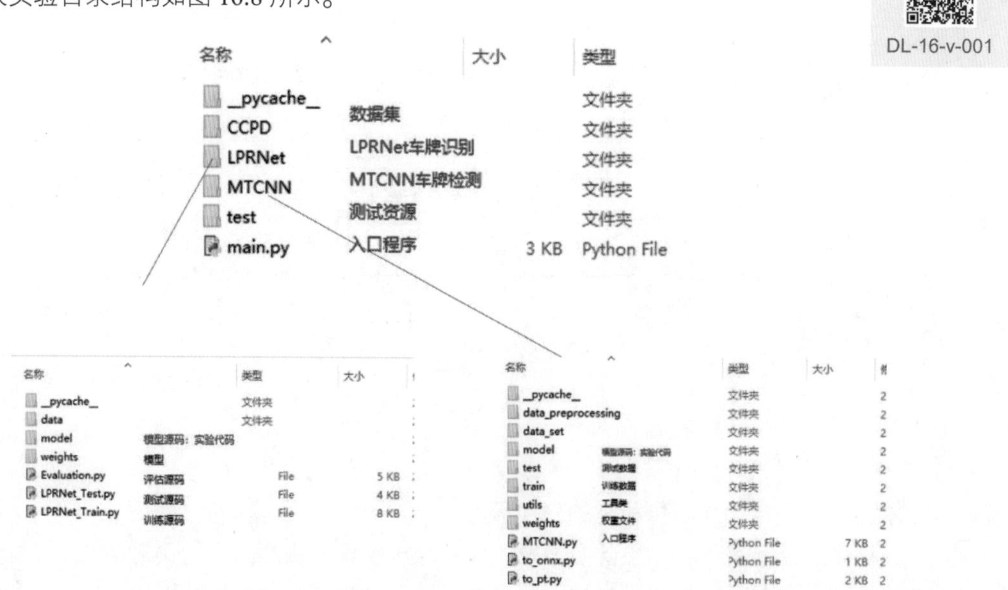

图 16.8 本次实验目录结构

根据以下步骤编写代码完成本次实验。

1）构建模型

（1）在 MTCNN/model/MTCNN_nets.py 中编写代码构建检测模型。

实验中只使用 PNet 和 ONet，因为在这种情况下跳过 RNet 不会损害 MTCNN 模型的准确性。ONet 接受 24（高度）×94（宽度）图像，这与 LPRNet 的输入一致。

```
class Flatten(nn.Module):

    def __init__(self):
        super(Flatten, self).__init__()

    def forward(self, x):
        """
        Arguments:
            x: 张量[batch_size, c, h, w]
        Returns:
            张量 [batch_size, c*h*w]
        """
        #调用 contiguous()，强制复制一份 tensor
        x = x.transpose(3, 2).contiguous()
        return x.view(x.size(0), -1)
#PNet
class PNet(nn.Module):
    def __init__(self, is_train=False):

        super(PNet, self).__init__()
        self.is_train = is_train
        self.features = nn.Sequential(OrderedDict([
            ('conv1', nn.Conv2d(3, 10, 3, 1)),
            ('prelu1', nn.PReLU(10)),
            ('pool1', nn.MaxPool2d((2,5), ceil_mode=True)),

            ('conv2', nn.Conv2d(10, 16, (3,5), 1)),
            ('prelu2', nn.PReLU(16)),

            ('conv3', nn.Conv2d(16, 32, (3,5), 1)),
            ('prelu3', nn.PReLU(32))
        ]))

        self.conv4_1 = nn.Conv2d(32, 2, 1, 1)
        self.conv4_2 = nn.Conv2d(32, 4, 1, 1)
    def forward(self, x):
        """
        Arguments:
            x: 张量 [batch_size, 3, h, w]
```

```
        Returns:
            b: 张量[batch_size, 4, h', w']
            a: 张量[batch_size, 2, h', w']
        """
        x = self.features(x)
        a = self.conv4_1(x)
        b = self.conv4_2(x)
        if self.is_train is False:
            a = F.softmax(a, dim=1)
        return b, a
#ONet
class ONet(nn.Module):
    def __init__(self, is_train=False):
        super(ONet, self).__init__()
        self.is_train = is_train
        self.features = nn.Sequential(OrderedDict([
            ('conv1', nn.Conv2d(3, 32, 3, 1)),
            ('prelu1', nn.PReLU(32)),
            ('pool1', nn.MaxPool2d(3, 2, ceil_mode=True)),

            ('conv2', nn.Conv2d(32, 64, 3, 1)),
            ('prelu2', nn.PReLU(64)),
            ('pool2', nn.MaxPool2d(3, 2, ceil_mode=True)),

            ('conv3', nn.Conv2d(64, 64, 3, 1)),
            ('prelu3', nn.PReLU(64)),
            ('pool3', nn.MaxPool2d(2, 2, ceil_mode=True)),

            ('conv4', nn.Conv2d(64, 128, 1, 1)),
            ('prelu4', nn.PReLU(128)),

            ('flatten', Flatten()),
            ('conv5', nn.Linear(1280, 256)),
            ('drop5', nn.Dropout(0.25)),
            ('prelu5', nn.PReLU(256)),
        ]))

        self.conv6_1 = nn.Linear(256, 2)
        self.conv6_2 = nn.Linear(256, 4)
    def forward(self, x):
        """
        Arguments:
            x: 张量[batch_size, 3, h, w]
        Returns:
```

```
            c: 张量 [batch_size, 10]
            b: 张量 [batch_size, 4]
            a: 张量 [batch_size, 2]
        """
        x = self.features(x)
        a = self.conv6_1(x)
        b = self.conv6_2(x)
        if self.is_train is False:
            a = F.softmax(a, dim=1)
        return b, a
```

（2）在 LPRNet/model/STN.py 中编写代码，构建 STNet。

```
class STNet(nn.Module):
    def __init__(self):
        super(STNet, self).__init__()

        #时序 STNet
        self.localization = nn.Sequential(
                nn.Conv2d(3, 32, kernel_size=3),
                nn.MaxPool2d(2, stride=2),
                nn.ReLU(True),
                nn.Conv2d(32, 32, kernel_size=5),
                nn.MaxPool2d(3, stride=3),
                nn.ReLU(True)
                )
        #回归指标
        self.fc_loc = nn.Sequential(
                nn.Linear(32 * 14 * 2, 32),
                nn.ReLU(True),
                nn.Linear(32, 3*2)
                )
        #使用特征转换初始化权重/偏差
        self.fc_loc[2].weight.data.zero_()
        self.fc_loc[2].bias.data.copy_(torch.tensor([1,0,0,0,1,0], dtype=
torch.float))
    def forward(self, x):
        xs = self.localization(x)
        xs = xs.view(-1, 32*14*2)
        theta = self.fc_loc(xs)
        theta = theta.view(-1,2,3)
        grid = F.affine_grid(theta, x.size())
        x = F.grid_sample(x, grid)
        return x
```

（3）在 LPRNet/model/LPRNET.py 中编写代码，构建识别模型。

骨干网络将原始的图像作为输入，计算得到空间分布的丰富特征。为了利用局部字符的上下文信息，该文使用了宽卷积（1×13 kernel）而没有使用 LSTM-based RNN。骨干网络最终的输出可以被认为是一系列字符的概率，其长度对应于输入图像宽度。

由于解码器的输出与目标字符序列长度不同，训练时使用了 CTC Loss，可以很好地应对不需要字符分割和对齐的 end-to-end 训练。

为了进一步突出模型的表现，增强解码器所得的中间特征图，可采用全局上下文关系进行嵌入，通过全连接层对骨干网络的输出层进行计算，随后将其平铺到所需的尺寸，最后与骨干网络的输出进行拼接。

```
class small_basic_block(nn.Module):
    def __init__(self, ch_in, ch_out):
        super(small_basic_block, self).__init__()
        self.block = nn.Sequential(
            nn.Conv2d(ch_in, ch_out // 4, kernel_size=1),
            nn.ReLU(),
           nn.Conv2d(ch_out // 4, ch_out // 4, kernel_size=(3, 1), padding=(1, 0)),
            nn.ReLU(),
           nn.Conv2d(ch_out // 4, ch_out // 4, kernel_size=(1, 3), padding=(0, 1)),
            nn.ReLU(),
            nn.Conv2d(ch_out // 4, ch_out, kernel_size=1),
        )
    def forward(self, x):
        return self.block(x)
class LPRNet(nn.Module):
    def __init__(self, class_num, dropout_rate):
        super(LPRNet, self).__init__()
        self.class_num = class_num
        self.backbone = nn.Sequential(
            nn.Conv2d(in_channels=3, out_channels=64, kernel_size=3, stride=1), #0
            nn.BatchNorm2d(num_features=64),
            nn.ReLU(),  #2
            nn.MaxPool3d(kernel_size=(1, 3, 3), stride=(1, 1, 1)),
            small_basic_block(ch_in=64, ch_out=128),    #*** 4 ***
            nn.BatchNorm2d(num_features=128),
            nn.ReLU(),  #6
            nn.MaxPool3d(kernel_size=(1, 3, 3), stride=(2, 1, 2)),
            small_basic_block(ch_in=64, ch_out=256),   #8
            nn.BatchNorm2d(num_features=256),
            nn.ReLU(),  #10
            small_basic_block(ch_in=256, ch_out=256),   #*** 11 ***
            nn.BatchNorm2d(num_features=256),   #12
            nn.ReLU(),
```

```
            nn.MaxPool3d(kernel_size=(1, 3, 3), stride=(4, 1, 2)),  #14
            nn.Dropout(dropout_rate),
            nn.Conv2d(in_channels=64,  out_channels=256,  kernel_size=(1,  4),
stride=1),  #16
            nn.BatchNorm2d(num_features=256),
            nn.ReLU(),  #18
            nn.Dropout(dropout_rate),
            nn.Conv2d(in_channels=256, out_channels=class_num, kernel_size=(13,
1), stride=1), #20
            nn.BatchNorm2d(num_features=class_num),
            nn.ReLU(),  #*** 22 ***
         )
         self.container = nn.Sequential(
            nn.Conv2d(in_channels=256+class_num+128+64,
out_channels=self.class_num, kernel_size=(1,1), stride=(1,1)),
            #nn.BatchNorm2d(num_features=self.class_num),
            #nn.ReLU(),
            #nn.Conv2d(in_channels=self.class_num, out_channels=self.lpr_max_
len+1, kernel_size=3, stride=2),
            #nn.ReLU(),
         )
      def forward(self, x):
         keep_features = list()
         for i, layer in enumerate(self.backbone.children()):
            x = layer(x)
            if i in [2, 6, 13, 22]:  #[2, 4, 8, 11, 22]
               keep_features.append(x)

         global_context = list()
         for i, f in enumerate(keep_features):
            if i in [0, 1]:
               f = nn.AvgPool2d(kernel_size=5, stride=5)(f)
            if i in [2]:
               f = nn.AvgPool2d(kernel_size=(4, 10), stride=(4, 2))(f)
            f_pow = torch.pow(f, 2)
            f_mean = torch.mean(f_pow)
            f = torch.div(f, f_mean)
            global_context.append(f)
         x = torch.cat(global_context, 1)
         x = self.container(x)
         logits = torch.mean(x, dim=2)
         return logits
```

2）模型训练

在 MTCNN/train/Train_Pnet.py 中补充以下代码，并在终端执行“Python Train_Pnet.py”命令训练 PNet 模型。

```
#初始化权重参数
model = PNet(is_train=True).to(device)
model.apply(weights_init)
print("Pnet 加载")
train_logging_file = 'Pnet_train_logging.txt'
#优化器
optimizer = torch.optim.Adam(model.parameters())
since = time.time()
#预训练权重
best_model_wts = copy.deepcopy(model.state_dict())
best_accuracy = 0.0
best_loss = 100

loss_cls = nn.CrossEntropyLoss()
loss_offset = nn.MSELoss()

num_epochs = 16
for epoch in range(num_epochs):
    print('Epoch {}/{}'.format(epoch, num_epochs-1))
    print('-' * 10)

    #每一轮都进行训练
    for phase in ['train', 'val']:
        if phase == 'train':
            model.train()  #训练
        else:
            model.eval()  #评估
        running_loss, running_loss_cls, running_loss_offset = 0.0, 0.0, 0.0
        running_correct = 0.0
        running_gt = 0.0
        #遍历
        for i_batch, sample_batched in enumerate(dataloaders[phase]):

            input_images, gt_label, gt_offset = sample_batched['input_img'],
sample_batched[
                'label'], sample_batched['bbox_target']
            input_images = input_images.to(device)
            gt_label = gt_label.to(device)
            #print('gt_label is ', gt_label)
            gt_offset = gt_offset.type(torch.FloatTensor).to(device)
```

```
            #print('gt_offset shape is ',gt_offset.shape)
            #清零
            optimizer.zero_grad()

            #前向
            with torch.set_grad_enabled(phase == 'train'):
                pred_offsets, pred_label = model(input_images)
                pred_offsets = torch.squeeze(pred_offsets)
                pred_label = torch.squeeze(pred_label)
                #计算损失
                #获取大于等于 0 的掩码元素，只有 0 和 1 可以影响检测损失
                mask_cls = torch.ge(gt_label, 0)
                valid_gt_label = gt_label[mask_cls]
                valid_pred_label = pred_label[mask_cls]

                #计算边框损失
                unmask = torch.eq(gt_label, 0)
                mask_offset = torch.eq(unmask, 0)
                valid_gt_offset = gt_offset[mask_offset]
                valid_pred_offset = pred_offsets[mask_offset]

                loss = torch.tensor(0.0).to(device)
                cls_loss, offset_loss = 0.0, 0.0
                eval_correct = 0.0
                num_gt = len(valid_gt_label)

                if len(valid_gt_label) != 0:
                    loss += 0.02*loss_cls(valid_pred_label, valid_gt_label)
                    cls_loss = loss_cls(valid_pred_label, valid_gt_label).item()
                    pred = torch.max(valid_pred_label, 1)[1]
                    eval_correct = (pred == valid_gt_label).sum().item()

                if len(valid_gt_offset) != 0:
                    loss += 0.6*loss_offset(valid_pred_offset, valid_gt_offset)
                    offset_loss = loss_offset(valid_pred_offset, valid_gt_
offset).item()
                #反向传播
                if phase == 'train':
                    loss.backward()
                    optimizer.step()
                #更新
                running_loss += loss.item()*batch_size
                running_loss_cls += cls_loss*batch_size
                running_loss_offset += offset_loss*batch_size
```

```
                running_correct += eval_correct
                running_gt += num_gt

        epoch_loss = running_loss / dataset_sizes[phase]
        epoch_loss_cls = running_loss_cls / dataset_sizes[phase]
        epoch_loss_offset = running_loss_offset / dataset_sizes[phase]
        epoch_accuracy = running_correct / (running_gt + 1e-16)

        print('{} Loss: {:.4f} accuracy: {:.4f} cls Loss: {:.4f} offset Loss: {:.4f}'
              .format(phase, epoch_loss, epoch_accuracy, epoch_loss_cls, epoch_loss_offset))
        with open(train_logging_file, 'a') as f:
            f.write('{} Loss: {:.4f} accuracy: {:.4f} cls Loss: {:.4f} offset Loss: {:.4f}'
                    .format(phase, epoch_loss, epoch_accuracy, epoch_loss_cls, epoch_loss_offset)+'\n')
        f.close()
        #复制
        if phase == 'val' and epoch_loss < best_loss:
            best_loss = epoch_loss
            best_model_wts = copy.deepcopy(model.state_dict())
```

执行“Python Train_Onet.py”命令对 ONet 进行训练，过程如下。

```
数据集:
ccpd
[INFO] total images, train: 12797, val: 3196
[INFO] total faces, train: 97311, val: 24101
[INFO] writes 216096 positives, 405760 negatives, 238143 part

网络:
pnet
耗时 20 分钟
test_iter: 1557
test_interval: 6278
base_lr: 0.05
display: 500
max_iter: 125560Namespace(epoch=20, gpu=0, lr=0.05, lrp=5, lrw=0.1, net='p', size=128, snapshot=None)
I1130 21:31:22.283428 11185 solver.cpp:228] Iteration 0, loss = 0.593411
I1130 21:31:22.283479 11185 solver.cpp:244]     Train net output #0: bbox_reg_loss = 0.0405373 (* 0.5 = 0.0202686 loss)
I1130 21:31:22.283486 11185 solver.cpp:244]     Train net output #1: lp_cls_loss = 0.366912 (* 1 = 0.366912 loss)
I1130 21:31:22.283490 11185 solver.cpp:244]     Train net output #2: lp_cls_neg_acc = 0.921875
```

```
    I1130 21:31:22.283501 11185 solver.cpp:244]        Train net output #3:
lp_cls_pos_acc = 0.0390625
    I1130 21:31:22.283506 11185 solver.cpp:244]        Train net output #4:
landmark_reg_loss = 0.412462 (* 0.5 = 0.206231 loss)
    ...
    I1201 00:57:27.383491 12698 solver.cpp:404]         Test net output #1:
lp_cls_loss = 0.0569045 (* 1 = 0.0569045 loss)
    I1201 00:57:27.383497 12698 solver.cpp:404]         Test net output #2:
lp_cls_neg_acc = 0.976772
    I1201 00:57:27.383502 12698 solver.cpp:404]         Test net output #3:
lp_cls_pos_acc = 0.937635
    I1201 00:57:27.383507 12698 solver.cpp:404]         Test net output #4:
landmark_reg_loss = 0.00137772 (* 1 = 0.00137772 loss)
```

经过 20 轮训练，负样本准确率为 0.976772，正样本准确率为 0.937635。

执行“Python LPRNet_Train.py”命令，对 LPRNet 进行训练。

DL-16-v-002

```
    Epoch 1/20
    235/235 [==============================] - 434s 2s/step - loss: 0.9942 -
accuracy: 0.6011 - val_loss: 0.4492 - val_accuracy: 0.8756
    Epoch 2/20
    235/235 [==============================] - 429s 2s/step - loss: 0.4063 -
accuracy: 0.8963 - val_loss: 0.3334 - val_accuracy: 0.9041
    ...
    Epoch 20/20
    235/235 [==============================] - 420s 2s/step - loss: 0.0809 -
accuracy: 0.9768 - val_loss: 0.1012 - val_accuracy: 0.9709
```

训练 20 轮，模型在训练集上的准确率为 0.9768，在验证集上的准确率为 0.9709。

3）模型应用

在 MTCNN/MTCNN.py 中补充以下代码实现车牌检测。

```
def detect_pnet(pnet, image, min_lp_size, device):

    #start = time.time()
    thresholds = 0.6 #检测阈值
    nms_thresholds = 0.7 #IoU
    #构建图像
    height, width, channel = image.shape
    min_height, min_width = height, width
    factor = 0.707  #sqrt(0.5)
    #缩放
    scales = []
    factor_count = 0
    while min_height > min_lp_size[1] and min_width > min_lp_size[0]:
        scales.append(factor ** factor_count)
```

```
            min_height *= factor
            min_width *=factor
            factor_count += 1
        #返回值
        bounding_boxes = []
        with torch.no_grad():
            #执行
            for scale in scales:
                sw, sh = math.ceil(width * scale), math.ceil(height * scale)
                img = cv2.resize(image, (sw, sh), interpolation=cv2.INTER_LINEAR)
                img = torch.FloatTensor(preprocess(img)).to(device)
                offset, prob = pnet(img)
                probs = prob.cpu().data.numpy()[0, 1, :, :]  #probs:概率
                offsets = offset.cpu().data.numpy()  #offsets: 偏移
                #应用 PNet 相当于用步幅 2 移动 12x12 窗口
                stride, cell_size = (2,5), (12,44)
                #可能存在 lp 的方框索引
                #返回包含行 idx 数组和列 idx 数组的元组
                inds = np.where(probs > thresholds)
                if inds[0].size == 0:
                    boxes = None
                else:
                    #变换
                    tx1, ty1, tx2, ty2 = [offsets[0, i, inds[0], inds[1]] for i in
range(4)]
                    offsets = np.array([tx1, ty1, tx2, ty2])
                    score = probs[inds[0], inds[1]]
                    #PNet 应用在图像上
                    bounding_box = np.vstack([
                        np.round((stride[1] * inds[1] + 1.0) / scale),
                        np.round((stride[0] * inds[0] + 1.0) / scale),
                        np.round((stride[1] * inds[1] + 1.0 + cell_size[1]) / scale),
                        np.round((stride[0] * inds[0] + 1.0 + cell_size[0]) / scale),
                        score, offsets])
                    boxes = bounding_box.T
                    keep = nms(boxes[:, 0:5], overlap_threshold=0.5)
                    boxes[keep]
                bounding_boxes.append(boxes)
            #计算(and offsets, and scores) 在缩放后的图像上
            bounding_boxes = [i for i in bounding_boxes if i is not None]
            if bounding_boxes != []:
                bounding_boxes = np.vstack(bounding_boxes)
                keep = nms(bounding_boxes[:, 0:5], nms_thresholds)
                bounding_boxes = bounding_boxes[keep]
```

```
        else:
            bounding_boxes = np.zeros((1,9))
        #使用 PNet 预测的偏移来变换边界框
        bboxes = calibrate_box(bounding_boxes[:, 0:5], bounding_boxes[:, 5:])
        #shape [n_boxes, 5],  x1, y1, x2, y2, score

        bboxes[:, 0:4] = np.round(bboxes[:, 0:4])

        #print("pnet  predicted  in  {:2.3f}  seconds".format(time.time()  -
start))
        return bboxes
```

执行“python MTCNN.py”命令进行车牌检测，结果如图 16.9 所示。

执行“python main.py”命令进行车牌识别，结果如图 16.10 所示。

图 16.9　车牌检测结果

图 16.10　车牌识别结果

4. 实验小结

MTCNN 模型跳过 RNet 不会损害其准确性；ONet 接受 24（高度）×94（宽度）图像，与 LPRNet 的输入一致；骨干网络最终的输出可以被认为是一系列字符的概率，其长度对应于输入图像宽度。

本章总结

- MTCNN 模型的结构为三个逐级递进的级联网络，分别为 PNet、RNet、ONet。
- PNet 可快速生成粗略候选框，RNet 可通过过滤得到高精度候选框，ONet 可输出边界框坐标和掩码坐标。
- LPRNet 是一种实时的端到端的深度神经网络，用于模糊识别，该网络性能优越、计算成本较低且不需要初步的字符分割。

作业与练习

1．[多选题] MTCNN 模型的结构特点是（　　）。

A．级联网络　　B．在线选择样本困难

C．速度非常快，可做实时检测　　D．易于检测小目标

2．[多选题] LPRNet 的网络结构特点是（　　）。

A．轻量级的 CNN（骨干）　　B．每个位置的字符分类头

C．进一步序列解码的字符概率　　D．后过滤过程

3．[多选题] 使用 LPRNet 进行车牌识别时，需要注意（　　）。

A．对所有池层使用 3×3 步幅来修改基础 LPRNet

B．消除复杂的 BiLSTM 解码器

C．使用全局纹理

D．进行批量规范化

4．[多选题] 以下关于目标检测说法错误的是（　　）。

A．目标位置可以使用极坐标表示

B．目标位置可以使用中心点坐标表示

C．训练数据的 Annotations 下存放的是 XML 文件，描述了类别信息

D．MTCNN 属于一阶段目标检测

5．[单选题] 设计一个目标检测系统，当一罐饮料沿着传送带向下移动，系统要对其进行拍照，并确定照片中是否有饮料罐，如果有就对其进行包装。饮料罐是圆柱形的，而包装盒是长方体。每一罐饮料的大小是一样的，每个图像中最多只有一罐饮料，现在有以下方案可供选择，这里有一些训练集图像，神经网络最合适的输出结果是（　　）。

A．Logistic unit （用于分类图像中是否有饮料罐）

B．Logistic unit、b_x 和 b_y

C．Logistic unit、b_x，b_y、b_h（因为 b_w = b_h，所以只需要一个就行了）

D．Logistic unit、b_x、b_y、b_h、b_w